新型

有机化学试剂制备与应用（一）

XINXING YOUJI HUAXUE SHIJI ZHIBEI YU YINGYONG

楼　鑫◎编著

合肥工業大學出版社

图书在版编目(CIP)数据

新型有机化学试剂制备与应用．一/楼鑫编著．—合肥：合肥工业大学出版社，2017.7

ISBN 978-7-5650-3476-3

Ⅰ.①新… Ⅱ.①楼… Ⅲ.①有机试剂—制备 Ⅳ.①TQ421.1

中国版本图书馆CIP数据核字(2017)第176264号

新型有机化学试剂制备与应用(一)

楼 鑫 编著

责任编辑	张择瑞
出版发行	合肥工业大学出版社
地　　址	(230009)合肥市屯溪路193号
网　　址	www.hfutpress.com.cn
电　　话	理工编辑部:0551-62903204 市场营销部:0551-62903198
开　　本	710毫米×1000毫米 1/16
印　　张	15.5
字　　数	201千字
版　　次	2017年7月第1版
印　　次	2017年7月第1次印刷
印　　刷	合肥现代印务有限公司
书　　号	ISBN 978-7-5650-3476-3
定　　价	35.00元

前　言

有机化学试剂的发掘一直是有机合成的重要环节，特别是一些功能性新型试剂的开发，对于有机的合成有时起着关键的作用。这些年，我国有机化学研究领域的快速发展，推动着新型有机化学试剂的不断开发，相较于有机化学百舸争流般研究论文的蓬勃发展，目前介绍有机化学试剂的书显得凤毛麟角了。清华大学的胡跃飞教授出版了现代有机合成试剂的系列丛书，按照试剂的不同功能单独列了分册，其他作者鲜有著述。本书的出发点，是根据自己有机化学的知识，选择有机合成中各类有一定应用价值的化学试剂，按照两个一对，或几个一组的形式来介绍。在不同的组合系列中，有的是按照功能相同的原则，所谓“神”是而“形”不似；有的按照“形”似而“神”不是进行组合来阐述有机化学上的“谬以毫厘，差以千里”；有的按照类似官能团进行组合，探究类似官能团在有机合成上的异曲同工之妙。本书的目的，主要是通过一种新型的视界和方式来介绍现代的有机合成试剂，即如何通过有机化学试剂结构的细微转变，观察其相应的化学性质及其在现代有机合成中的应用起着些许的或者跳跃式的变化，这也是古人一直提倡的格物致知方法，从而加深对有机化学知识的理解。另外希望通过本系列试剂丛书的出版，起抛砖引玉的作用，通过对功能性化学试剂的结构归纳，总结新型有机化学试剂的构效关系；开发一些类似系列的新型有机化学合成试剂。

本书中每组试剂的阐述首先介绍试剂的普通物化性质，接着介绍通常的制备方法，而后用化学反应来例证试剂的应用范围，每个反应例子都有具体的化学文献支撑。本书的读者主要是针对高等院校，研究机构和企业的有机合成与制药行业的科研人员。

本书作为系列丛书的第一分册，选录了杂环类试剂、苯并唑类化合物；也选录了进行环合的试剂，如能够合成普通的五、六元环，也可以有效地合成三、四元环的试剂;也选录了相转移类型的卤化试剂和氧化试剂,通过这些新型有机化学试剂的介绍,希望激发对有机化学和有机试剂的兴趣。由于作者在有机化学的学术水平有限,该书存在着诸多遗憾之处,如试剂的选录不够完善,试剂的解读不够全面,选择的反应实例有一定片面性。所以,在本书出版后,希望得到广大读者和同行的反馈。

本书的出版非常感谢安徽省教育厅科研项目(KJ2014A181)的经费支撑,在本书的撰写编辑工作中感谢滁州学院材料与化工学院学生在画图和部分文字整理工作的帮助,特别是许思兴、胡忠伏、刘安、汪守福、陆兆辉、石红伟、朱祖强和李学俊几位同学的帮忙。

楼　鑫

2017 年 6 月于滁州

目　录

苄基甲氧甲基甲胺[Benzyl(methoxymethyl)methylamine]

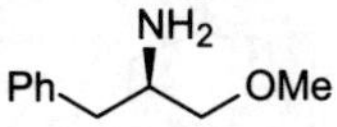

(*S*)[64715-80-6](*R*)[59919-07-2] $C_{10}H_{15}NO$ (MW 165.23)

作为手性助剂，该试剂主要和酮形成亚胺的方式对酮类[1]和醛类[2]进行不对称烷基化，也可以形成手性铜酸试剂[3]。

物理数据：(*S*) bp 55～59℃(0.1毫米汞柱)；mp 盐酸盐 151～152℃；

旋光度 25°～14.4°(C 5.7，苯)；盐酸盐旋光度 +19.7°(C 2.5，乙醇)。

制备方法：这些手性甲氧基胺都很容易从相应的(*S*)-或(*R*)-苯丙氨酸通过还原，再通过甲基化进行制备[2]。

处理、储存和注意事项：新蒸馏的胺转化为其盐酸盐再进行存储和处理，是该化合物的一种方便的处理方法。游离胺和大气中的二氧化碳反应生成碳酸盐。游离胺蒸馏后为避免吸附空气的二氧化碳，应贮在有氩气或氮气保护下的密封瓶里。

不对称烷基化反应

这两个手性对映的胺可通过转化为其对应的非外消旋的胺锂盐对酮和醛进行不对称烷基化反应[反应式(1)]。烷基化反应的立体选择性由其胺锂盐和甲氧基进行螯合时所产生的诱导刚性结构来决定，假设这偏向性是在影响亲电试剂进攻的方向和速度的时候。

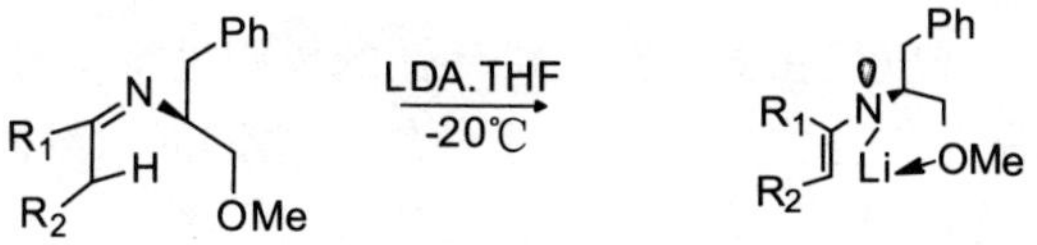

LDA.THF, -20℃ (1)

中型环酮已经通过他们的手性胺锂化合物光学选择性地进行烷基化生成2-烃基环己酮，ee值为80%～100%[4]，该操作也可以进行对环己酮进行二烃基化，ee值非常高[反应式(2)][4]。根据这个实验方法可对3-甲基环己酮进行区域选择性的重氢化，其光学选择性非常良好[5]。

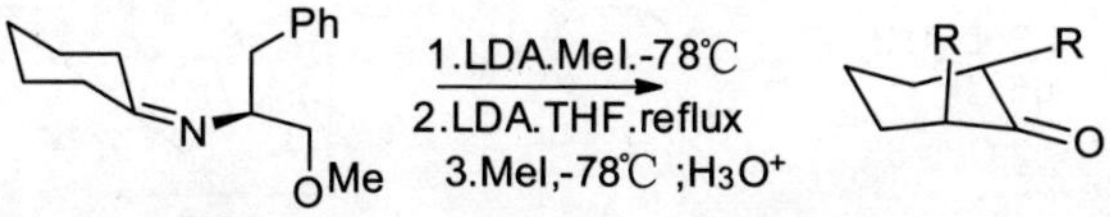

1.LDA.MeI.-78℃ 2.LDA.THF.reflux 3.MeI,-78℃；H_3O^+ (2)

和中型环酮相反，对大型环酮进行烷基化只能得到一种光学对映体，该异构体取决于其胺锂是通过动力学(E - enamine)还是通过热力学条件(Z - enamine)形成的[反应式(3)][6]。光学活性的烷基大环酮其收率为62%～90%,ee值为30%～82%。

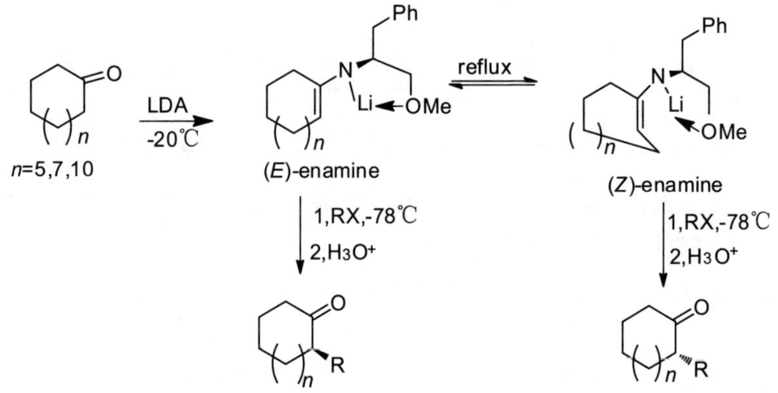

(3)

类似地,醛也可以通过这个方法进行光学选择性地烷基化。然而,得到的ee值却低得多(47%)[2]。该方法的一个特殊应用是对醛进行光学选择性地烃基化构成手性中心。如可以通过该方法对2-苯基丙醛构建一个手性的中心,如反应式(4),可得到非常高的ee值。

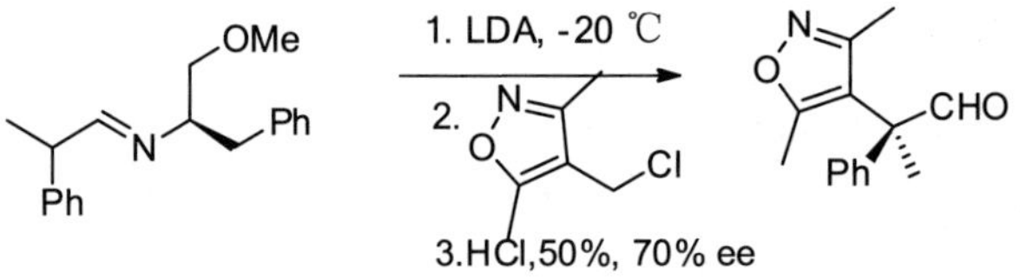

(4)

手性铜酸盐试剂

这种手性胺还发现应用在铜亚胺盐对环性的烯酮进行不对称共轭加成。光学活性的酮亚胺有机铜锂化合物用来制备手性铜酸盐试剂。然而,当这个胺用来进行加成时其ee值相当低(17%～28% ee)[反应式(5)][3]。

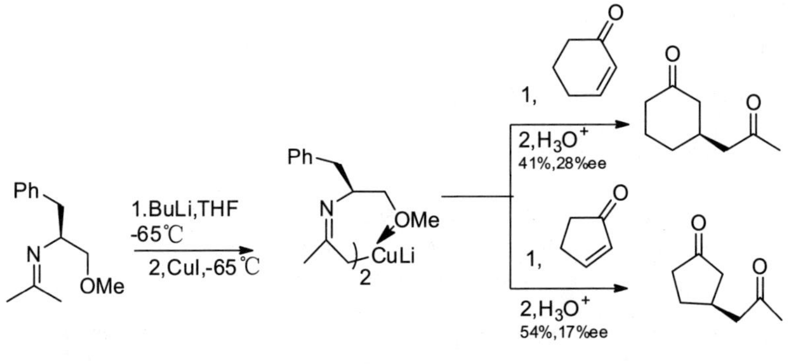

(5)

对醛和酮进行光学选择性地烃基化也可以使用 Enders 试剂 SAMP 和 RAMP[8]。和 Meyer 的手性辅助试剂相反,Enders 试剂合成路线冗长而且回收不方便,因为辅助试剂裂解后并没有重新生成原来的试剂。同时它还生成硝胺类化合物,而该类化合物一般被认为是致癌物质。因此,简易制备,起始物料易购,该试剂高效的回收使它成为一个方便的手性胺辅助剂。

参考文献

1. Meyers, A. I.; Williams, D. R.; Druelinger, M. J. Am. Chem. Soc. 1976, 98, 3032.

2. Meyers, A. I.; Poindexter, G. S.; Brich, Z. J. Org. Chem. 1978, 43, 892.

3. Yamamoto, K.; Iijima, M.; Ogimura, Y. Tetrahedron Lett. 1982, 23, 3711.

4. Meyers, A. I.; Williams, D. R.; Erickson, G. W.; White, S.; Druelinger, M. J. Am. Chem. Soc. 1981, 103, 3081.

5. Kallmerten, J.; Knopp, M. A.; Durham, L. L.; Holak, I. J. Label. Compound Radiopharm. 1986, 23, 329.

6. Meyers, A. I.; Williams, D. R.; White, S.; Erickson, G. W. J. Am. Chem. Soc. 1981, 103, 3088.

7. Marron, B. E.; Schlicksupp, L.; Natale, N. R. J. Heterocycl. Chem. 1988, 25, 1067.

8. Enders, D.; Eichenauer, H. Angew. Chem1 1976, 88, 579; Angew. Chem., Int. Ed. Engl. 1976, 15, 549.

4-苄基噁唑烷-2-硫代酮
(4-Benzyloxazolidine-2-thione)

[145588-94-9] $C_{10}H_{11}NOS$ (MW 193.27)

该试剂等同于前者的酰化物利用自身分子结构进行选择性合成反应。

多功能手性辅剂用于不对称羟醛和其他不对称烯醇化反应。

溶解度:溶于二氯甲烷和四氢呋喃,微溶于己烷。

供应的形式:无色油状物。

制备方法[1,2]

从2-氨基-3-苯基-1-丙醇(苯丙氨醇)可以有两种方法合成4-苄基噁唑烷-2-硫酮。适量的氨基醇可以容易地从(*R*)-苯丙氨酸溶液或(*S*)-苯丙氨酸通过硼氢化钠和四氢呋喃的碘还原制备[3]。苯丙氨醇的二硫化碳和碳酸钠水溶液在100℃条件下反应15分钟生成4-苄基噁唑烷-2-硫代酮,收率为63%[反应式(1)][1]。另一方法,氨基醇与硫光气和三乙胺的二氯甲烷溶液在25℃的条件下反应30分钟生成95%噁唑烷硫代酮[反应式(2)][2]。前面的方法往往导致噁唑烷硫代酮中含有不同量的噻唑硫代酮杂质。

$Na_2CO_3(aq), H_2O, CS_2$; 100℃, 63% (1)

$Et_3N, CSCl_2$; CH_2Cl_2, 25℃; 95% (2)

N-酰化的方法

噁唑硫代酮通过各种常规的方法进行N-酰化,包括其锂或钠盐[4]用一酰氯或混合酸酐进行酰化[反应式(3)],或在三乙胺存在下通过与一酰氯酰化制备[反应式(4)][2,5]。

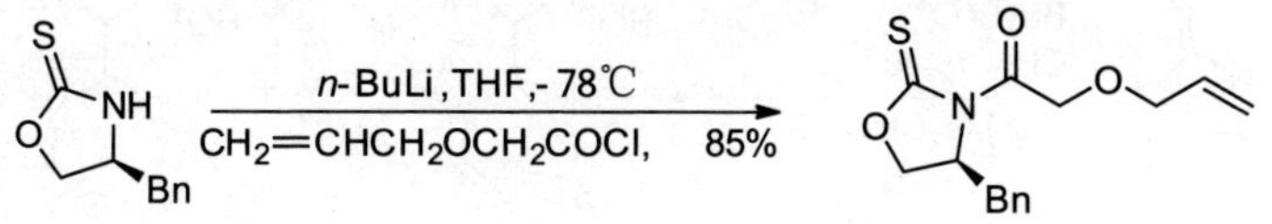

(3)

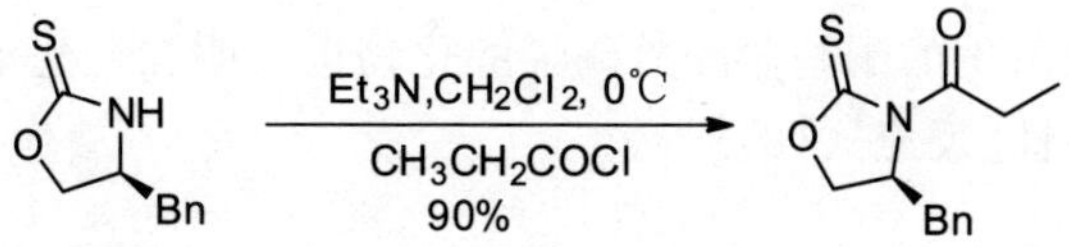

(4)

N-酰化噁唑烷硫代酮锡(Ⅱ)烯醇盐

N-噁唑烷硫代酮烯醇化锡(Ⅱ)在生成非埃文斯羟醛产物时表现出中度非对映选择性[反应式(5),(6)],大概是通过螯合过渡态进行的[6]。在非对称选择性醋酸羟醛缩合反应中,N-乙酰噁唑硫代酮通常比相应的硫代噁唑硫酮的选择性更差。

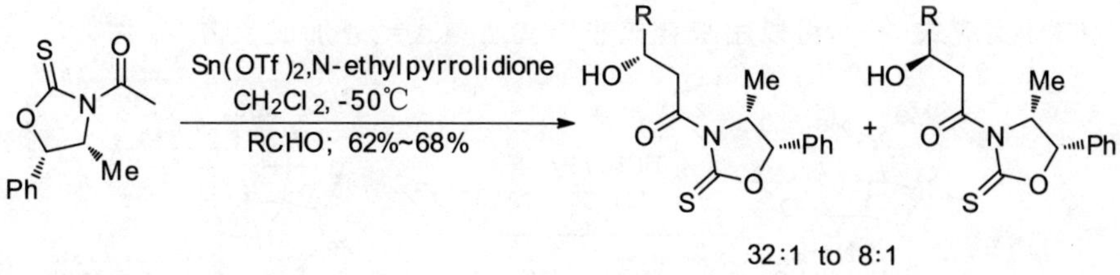

(5)

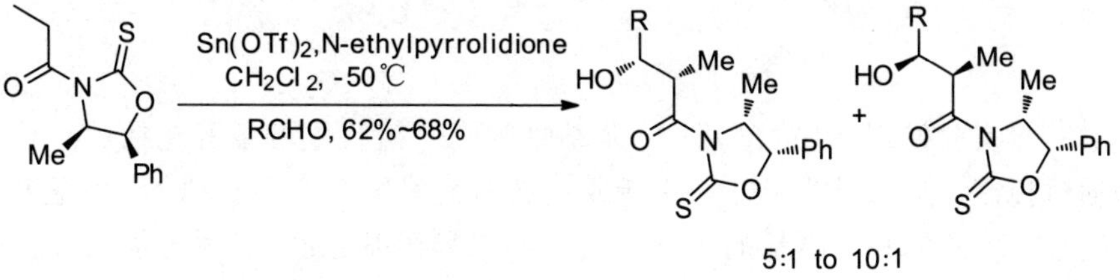

32:1 to 8:1

(6)

5:1 to 10:1

N-正丙基噁唑烷硫代酮硼烯醇酯

N-正丙基噁唑烷硫代酮硼烯醇酯可以在标准的烯醇化条件下用二丁基三氟甲磺酸硼酯和二异丙基乙胺反应制备。该硼的烯醇化物与醛反应生成顺式的埃文斯羟醛产物,具有非常好的非对应立体选择性[反应式(7)]。在一些文献报道中,无须氧化处理直接制备[7]。

Bu$_2$B(OTf), *i*-Pr$_2$NEt
CH$_2$Cl$_2$, 0℃
Me$_2$CHCHO
89%
(7)
1:99

从噁唑硫代酮衍生的酮基蒎酸酸硼烯醇化物也表明在羟醛缩合反应中具有高的非对应立体选择性[反应式(8)][4]。

Bu$_2$(OTf), *i*-Pr$_2$NEt
CH$_2$Cl$_2$, 0℃
C$_3$H$_7$CHO
82%
(8)
99:1

噁唑硫酮的烯醇化钛(Ⅳ)最近像锡(Ⅱ)烯醇化物一样,已普遍使用,该钛(Ⅳ)烯醇化物[反应式(9)],可以用来合成非埃文斯顺式羟醛加成产物[4]。

TiCl$_4$, *i*-Pr$_2$NEt
CH$_2$Cl$_2$, -78℃
C$_3$H$_7$CHO
88%
(9)
99:1

进一步实验发现 N-丙酰基-4-苯基噁唑-2-硫代酮的烯醇化钛(Ⅳ)可以适当地通过控制反应条件生成非埃文斯或埃文斯羟醛缩合产品。把 N-丙酰基-4-苯基噁唑-2-硫酮和 2 当量的氯化钛(Ⅳ)和二异丙基乙胺,然后再加入醛优先生成非埃文斯顺式产物[反应式(10)]。

TiCl$_4$(2-equiv), *i*-PrNEt
CH$_2$Cl$_2$, -78℃;Me$_2$CHCHO
(10)
87% (1:99) + 5%*anti*

如果用 1 当量氯化钛(Ⅳ)和 2.2 当量的(-)-鹰爪豆碱生成埃文斯顺式产物作

为主要对映体[反应式(11)][8]。

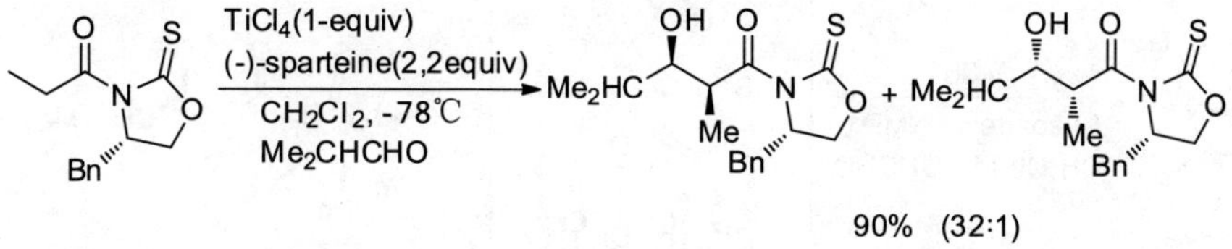

(11)

90% (32:1)

这些结果是通过螯合和非螯合过渡态之间切换模型假设得到的。最终,用1当量的氯化钛(Ⅳ)、1当量的(-)-鹰爪豆碱和1当量N-甲基吡咯烷酮作为金属配体,无须大于1当量的(-)-鹰爪豆碱用来进行反应[反应式(12)][2]。

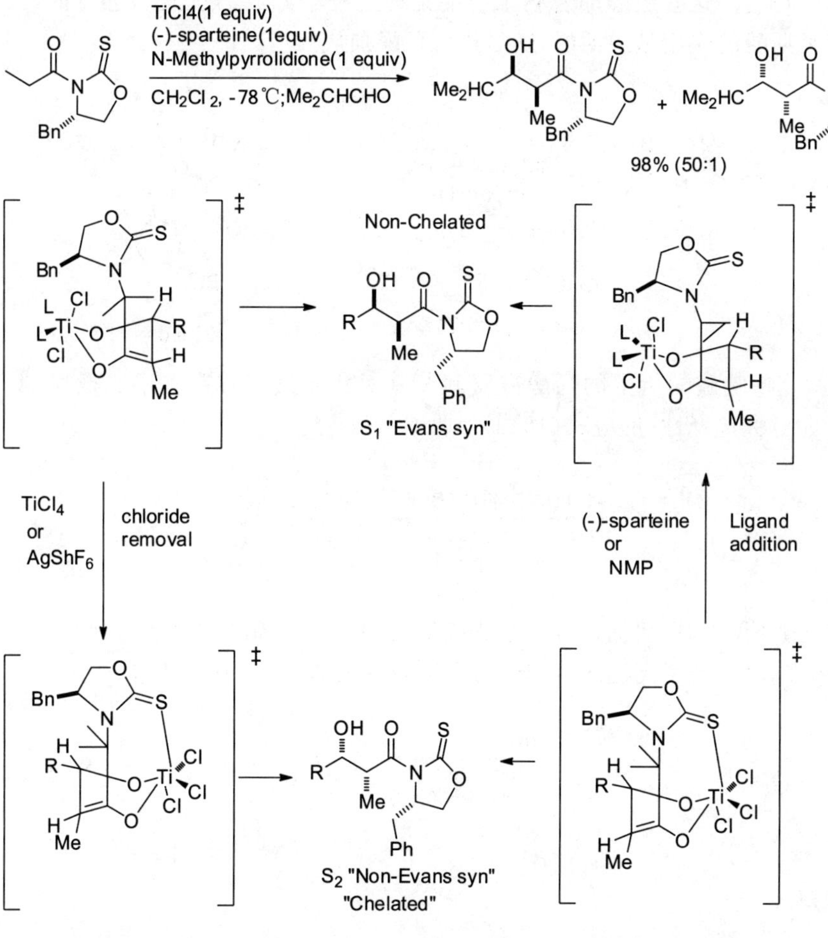

98% (50:1)

(12)

用四氯化钛、(-)-鹰爪豆碱和NMP(甲基吡咯烷酮),在烯醇化条件下和N-乙酰基-4-异丙基-5,5-二苯基噁唑-2-硫代酮反应生成了羟醛加合物乙酸酯,具有非常高的非对映选择性[反应式(13)][9]。

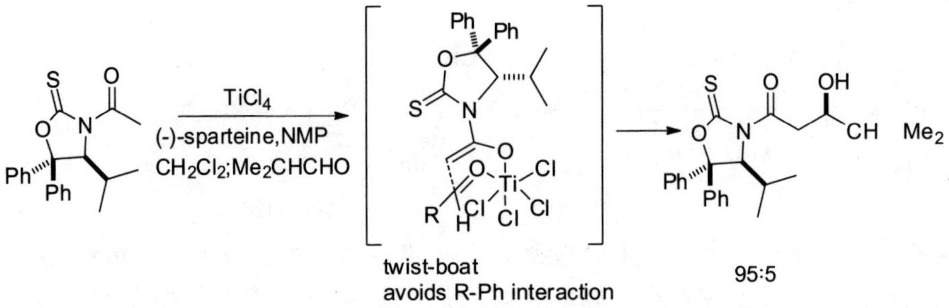

(13)

使用过量的氯化钛(Ⅳ)与N-糖苷基噁唑硫代酮易选择性生成反式的羟醛加合物[反应式(14)]。这些羟醛加合物很可能是通过一个开放的过渡态进行的,其中添加的路易斯酸的作用是激活醛,随后进行羟醛加成反应[5]。

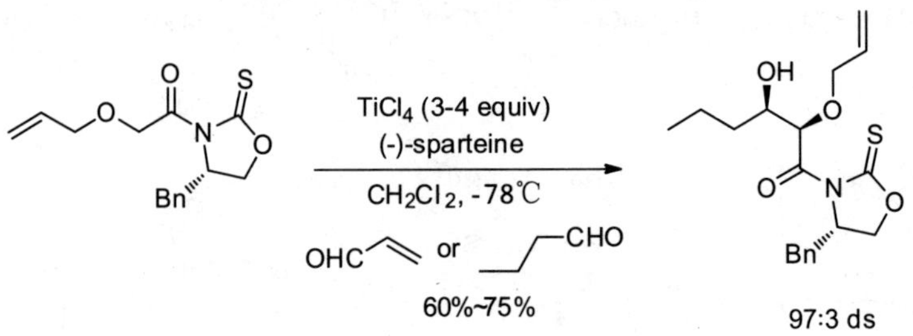

(14)

由N-酰基噁唑硫酮衍生的烯醇硅醚和苯基氯化硒反应可制备硒二酰胺,具有非常好的非对称选择性[反应式(15)],但收率一般[10]。

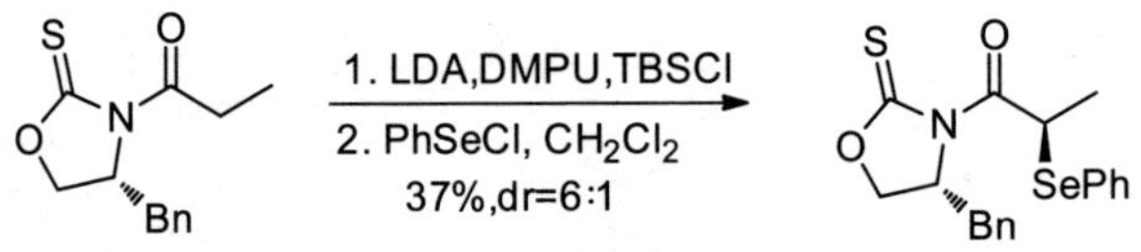

(15)

由四氯化锡(Ⅳ)和取代的巴豆酰基噁唑硫代酮形成的烯醇化物进行热重排生成3-巯基噁唑烷酮,产率高达80%,dr值高达50∶1[反应式(16)][11]。

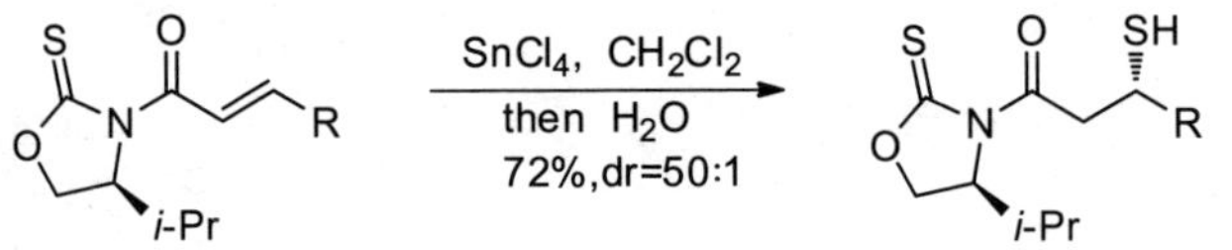

(16)

参考文献

1. Delaunay,D.;Toupet,L.;Le Corre,M.,J. Org. Chem. 1995,60,6604.

2. Crimmins,M. T.;King,B. W.;Tabet,E. A.;Chaudhary,K.,J. Org. Chem. 2001,66,894.

3. McKennon, M. J.; Meyers, A. I.; Drauz, K.; Schwarm, M., J. Org. Chem. 1993,58,3568.

4. (a) Yan, T. -H.; Tan, C. -W.; Lee, H. -C.; Lo, H. -C.; Huang, T. -Y., J. Am. Chem. Soc. 1993, 115, 2613-2621. (b) Yan, T. -H.; Hung, A. -W.; Lee, H. -C.; Chang, C. -S.; Liu, W. -H., J. Org. Chem. 1995,60,3301.

5. Crimmins, M. T.; McDougall, P. J., Org. Lett. 2003,4,591.

6. Nagao, Y.; Inone, T.; Hashimoto, K.; Hagiwara, Y.; Ochiai, M.; Fujita, E., J. Chem. Soc., Chem. Commun. 1985,1418.

7. (a) Hsiao, C.; Miller, M., Tetrahedron Lett. 1985, 26, 4855-4858. (b) Hsiao, C.; Miller, M., J. Org. Chem. 1987,52,2201.

8. Crimmins, M. T.; King, B. W.; Tabet, E. A., J. Am. Chem. Soc. 1998, 120,9084.

9. Guz, N. R.; Phillips, A. J., Org. Lett. 2002,4,2253.

10. Holmes, A., Tetrahedron: Asymmetry 1992,3,1289.

11. Palomo, C., J. Am. Chem. Soc. 2001,123,5602.

乙酸甲磺酸酐(Acetyl Methanesulfonate)[1]

$$CH_3C(=O)-O-SO_2Me$$

[5539-53-7]　$C_3H_6O_4S$　(MW 138.14)

混合酸酐类试剂，一般裂解为乙酰基正离子，进行乙酰化反应，除此外还可以起路易斯酸的作用，裂解活泼化合物。

醚裂解试剂[2]，裂解环丙基酮所含活泼的环丙烷单元[3-6]，芳环乙酰化试剂[7]。

物理参数：bp 50℃(10^{-2} mmHg)；mp 33～36℃。

溶解度：溶于乙腈、二氯甲烷。

供应形式：非购买商品。

制备方法：可以通过加热回馏乙酰氯和甲基磺酸来大规模(1mol)制备，再进行分馏产出量为85%[1]。

提纯：蒸馏后得白色或者无色固体。

处理、存储和预防措施：略有吸湿性。然而，如果在空气中短期使用，不需要特殊的预防措施。在4℃条件下，可稳定存放几个月。一般在通风橱中使用。

醚断裂

乙酸甲磺酸酐(AcOMs)可用来断裂非环醚类和环醚的醚键[2]。这个反应和路易斯酸促进裂解反应(例如SN1-type过程)类似。反应顺序为：三级醚类≫二级醚类＞一级醚类。根据环醚裂解速度可以预测非对称醚裂解后得混合产物。

环丙烷裂解

乙酸甲磺酸酐是裂解环丙基酮环非常有效的试剂。在该反应中，AcOMs为该反应的引发剂，裂解环丙烷随后进行螺环化，得到一个三环中间体，最后生成epi-cedrone，如反应式(1)[3]：

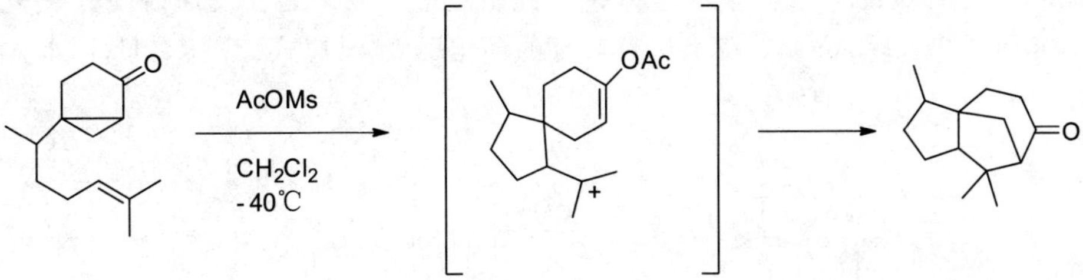
O
AcOMs
CH_2Cl_2
-40℃
OAc
+
O
(1)

如果没有捕获分子内的阳离子中间产物，乙酸甲磺酸酐就会对环丙基酮进行区域选择性的加成生成烯醇酯，对环丙基进行区域和立体选择性的裂解[反应式(2)选择性优良，反应式(3)选择性优异][4]，细微的立体因素可对反应过程起主导作用，总体而言，这是 SN2 反应类型。另外，在四甲基溴化铵或者碘化物存在的条件下，如果这些底物和 AcOMs 结合，可以生成原溴或碘烯醇醋酸盐[反应式(2)～(5)中，X＝Br 或者 I][4,5]。

通过用 AcOMs 激化底物中酮结构可以增强环丙烷的亲电性，从而引入亲核离子(Br^-或 I^-)，这些离子单独存在时并不活跃。在该反应过程使用四甲基铵盐，因为四甲基铵盐在有机溶剂中具有一定的溶解度，并且具有影响构型平衡的潜力。

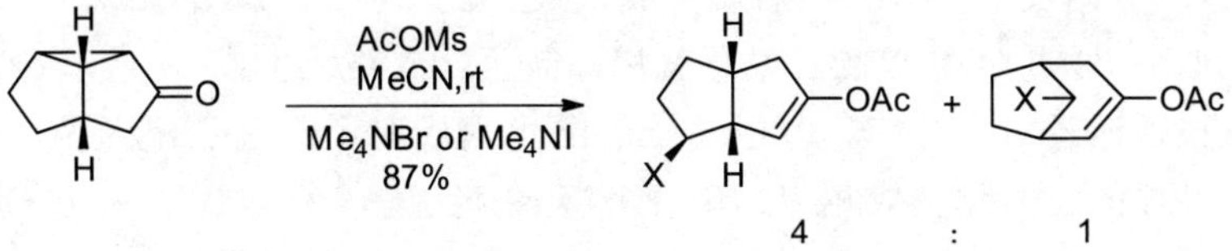
H
O
H
AcOMs
MeCN,rt
Me_4NBr or Me_4NI
87%
H
OAc
X
H
+
X
OAc
4 : 1
(2)

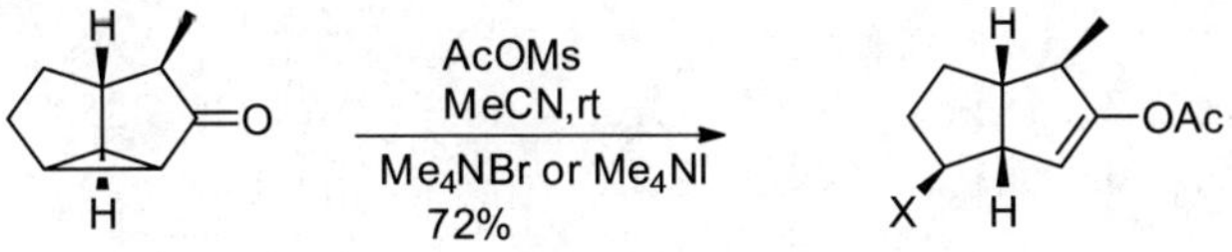
H
O
H
AcOMs
MeCN,rt
Me_4NBr or Me_4NI
72%
H
OAc
X
H
(3)

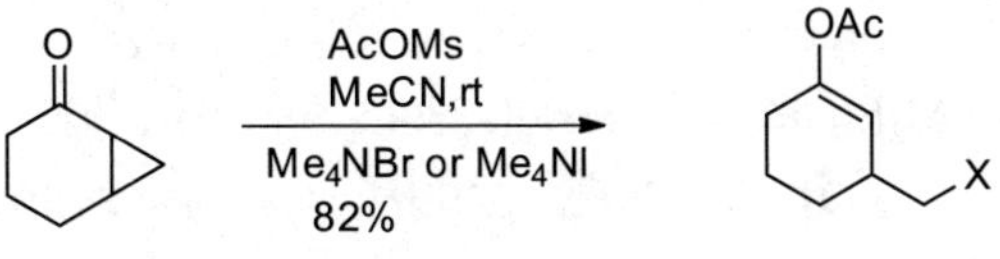
O
AcOMs
MeCN,rt
Me_4NBr or Me_4NI
82%
OAc
X
(4)

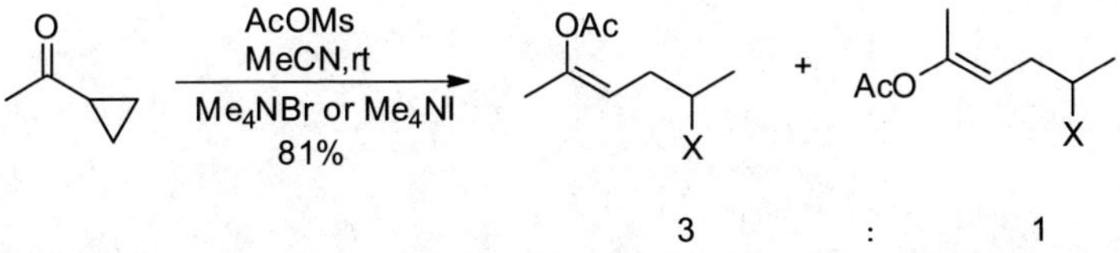
O
AcOMs
MeCN,rt
Me_4NBr or Me_4NI
81%
OAc
X
+
AcO
X
3 : 1
(5)

对于三环丙酮衍生物，AcOMs 可以引发三步连续高收率的反应[反应式(6)][6,7]，如果该反应在室温条件下进行，用 1 当量的 AcOMs，反应 1 小时就会生成烯醇乙酸酯,该反应是完全的立体化学控制反应。如果延长反应时间延长至10 h,并用2.2当量AcOMs就会进行B环的环化反应[反应式(7),R=H;用水处理后]。

AcOMs / $CHCl_3$, rt, 1h (6)

AcOMs / $CHCl_3$ / rt (7)

R=H, 10h, 75%
R=Ac, 24h, 85%

当使用过量的试剂(4～6当量)就会发现唯有在芳环的C-2位置顺利进行乙酰化作用,24 h内反应完全。最后就生成2-乙酰-C,18双螺环-13,17雌二醇衍生物。相似地,通过对环A的乙酰化就用一简短合成路线生成2-羟基3-甲基醚。同一文献报道通过对2-羟基3-甲基醚的酰化生成对甲氧基乙酰苯酮,通过对环戊烯和环己烯的乙酰化生成相应的1-乙酰环烷烃。

参考文献

1. Karger, M. H.; Mazur, Y. J. Org. Chem. 1971, 36, 528.
2. Karger, M. H.; Mazur, Y. J. Org. Chem. 1971, 36, 532.
3. Corey, E. J.; Balanson, R. D. Tetrahedron 1973, 3153.
4. Demuth, M.; Raghavan, P. R. Helv. Chim. Acta 1979, 62, 2338.
5. Demuth, M.; Mikhail, G. Tetrahedron 1983, 39, 991.
6. Mikhail, G.; Demuth, M. Helv. Chim. Acta 1983, 66, 2362.
7. Mikhail, G.; Demuth, M. Synlett 1989, 54, 4350.

苯甲酸三氟甲磺酸酐(Benzoyl Trifluoromethanesulfonate)

Ph–C(=O)–OSO_2CF_3

[36967-85-8]　$C_8H_5F_3O_4S$　(MW 254.18)

类似于乙酸甲磺酸酐,苯甲酸三氟甲磺酸为混合酸酐类试剂,主要裂解为苯甲酰正离子,起苯甲酰化作用。该试剂以苯甲酰酯的形式用于保护位阻羟基[1];有效的桥头碳醛的环扩张试剂[2,3];是用于 Friedel-Crafts 反应进行酰化的高活性苯甲酰化试剂[4]。

备用名称:苯甲酰基三氟甲磺酸酯。

物理数据:bp 92～94℃(2.2 mmHg);d 1.51 g · cm^{-3}。

溶解性:在惰性溶剂如二氯甲烷、四氯化碳、硝基甲烷或二硫化碳中合成和使用。

制备方法:由苯甲酰氯和三氟甲磺酸合成[1,5]。用苯甲酰氯和三氟甲磺酸银[5a,6]进行苯甲酸酐和三氟甲磺酸[5b,7]以及 S-甲基硫代苯甲酸酯和三氟甲磺酸甲酯反应[8]。

纯化:试剂可以用减压蒸馏进行纯化。

操作、贮存和注意事项:对空气的水敏感且有腐蚀性。暴露于空气时变暗,但可以在室温下在干燥氮气下储存几个月,而不会发生明显的分解。

立体位阻醇的苯甲酰化

苯甲酰基三氟甲磺酸酯是已经成功地用于保护空间位阻醇作为其苯甲酰酯的试剂[1]. 反应在没有碱的情况下进行,但在这种情况下,简单的缩酮和缩醛用水处理时发生脱保护[1a,1b]。如果其他路易斯酸敏感性官能团存在于底物中,譬如环氧化物和螺缩醛,必须加入吡啶以防止实质分解是必需的[1b]。然而,已经观察到当由环氧化物裂解产生的碳正离子可以通过重排[反应式(1)]而猝灭时,一些环氧化物官能团可以进行单一的开环反应[1a,1b]。

4 equiv BzOTf
6 equiv pyridine
CH_2Cl_2
-78℃
90%

OH　H　BzO　O　H　OBz　H　(1)

桥头醛的环扩展

桥头碳醛与苯甲酰三氟甲磺酸酐和三氟甲磺酸反应得到环扩链的 1,2 -二醇单苯甲酰酯[反应式(2)][2,3],但如用其他强酸代替三氟甲磺酸,会大大降低产量[2b]. 不对称的碳醛反应可能得到的重排产物的混合物[2],如用四正丁基碘化铵代替水淬灭反应,得到相应的叔碘苯甲酸酯[3]。

CHO ——1.1.1 equiv BzOTfCCl$_4$ / 2.2 equiv TfOH / 3 H_2O / 72%——> OBz, OH (2)

Friedel - Crafts **苯甲酰化**

混合的羧酸三氟乙酸酐是高活性的弗瑞德-克来福特酰化剂[4]。苯甲酰基三氟甲磺酸酯,在不加入弗瑞德-克来福特催化剂的情况下,可以苯甲酰化苯和非活性的氯苯,而其他磺酸-羧酸酐在较高温度下不能进行弗克反应,甚至与活化的芳烃如茴香醚反应[5,6],Friedel - Crafts 在可以催化循环中进行苯甲酰化[5b,6,9]。使用苯甲酰氯或苯甲酸酐和物质的量比例为 1%～10%的三氟甲磺酸,其催化效果远远优于其他布朗斯台德酸或路易斯酸[5b,9]。同样的方法也可以制备取代的苯甲酰三氟甲磺酸酯,例如,4 -硝基-[5,6,8,10],4 -甲基-[8],和 2,4,6 -三甲基苯甲酰基三氟甲磺酸酯[8]。苯甲酰基三氟甲磺酸酯也可以用于苯甲酸化较不常见的杂芳族底物,例如 1,3,5,2,4 -三硫杂二氮杂[7]。虽然产量低,但常规的弗瑞德-克来福特化学方法完全不行。

2 -吡啶(三氟甲基磺酰氧基),苯甲酸和三氟乙酸的反应混合物也可以用于苯甲酰化芳烃,并且苯甲酰基三氟甲磺酸酯是在该混合物中可能进行酰化试剂之一[11]。

据报道苯甲酰基三氟甲磺酸酯可对炔烃[12]进行苯甲酰化。生成顺式和反式乙烯基三氟甲磺酸酯以及茚酮,其产品比例取决于环和炔取代基[反应式(3)]。

——(4-RC$_6$H$_4$CO$_2$Tf, CH$_2$Cl$_2$ rt)——> PhOC, OTf + PhOC, OTf + O (3)

R=H	715	6.5	22.0
R=NO$_2$	40.0	60.0	0.0
R=OMe	82.0	1.5	16.5

与重氮酮[13]的反应显示可对 O 进行苯甲酰化。用胺淬灭反应生成三唑,而加

热导致放出氮气,生成 1,3 -二氧杂环戊烷盐[反应式(4)]。

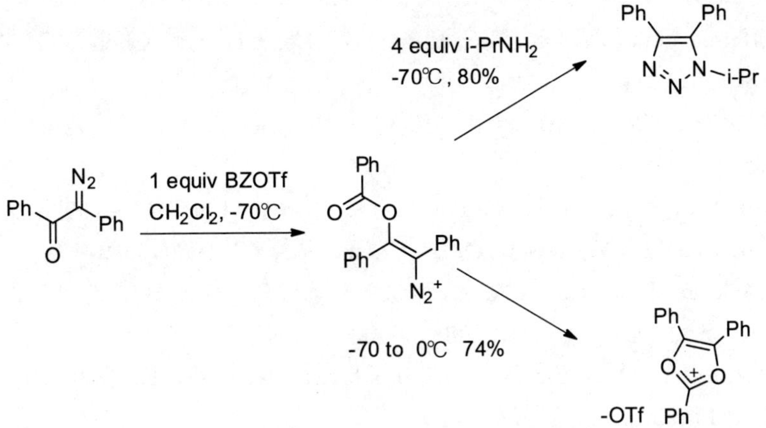

(4)

用于 Friedel - Crafts 酰化的羧酸-三氟甲磺酸混合体系不仅仅限于芳族羧酸,并且当应用于敏感性底物时,具有优于常规 Friedel - Crafts 体系的优点[14]。已经制备了脂族羧基三氟甲磺酸酯[4-8]和三氟乙酰基三氟甲磺酸酯[15],并且使用含有三氟甲磺酸催化的芳酰氯实现分子内 Friedel - Crafts 酰化[16]。

相关试剂

乙酰氟;苯甲酰氯。

参考文献

1. (a) Koreeda, M.; Brown, L. Chem. Commun. /J. Chem. Soc., Chem. Commun. 1983, 1113. (b) Brown, L.; Koreeda, M. J. Org. Chem. 1984, 49, 3875. (c) Kim, B. H.; Jacobs, P. B.; Elliott, R. L.; Curran, D. P. Tetrahedron 1988, 44, 3079.

2. (a) Takeuchi, K.; Kitagawa, I.; Akiyama, F.; Shibata, T.; Kato, M.; Okamoto, K. Synthesis 1987, 612. (b) Takeuchi, K.; Ikai, K.; Yoshida, M.; Tsugeno, A. Tetrahedron 1988, 44, 5681.

3. Takeuchi, K.; Ohga, Y.; Munakata, M.; Kitagawa, T.; Kinoshita, T. Tetrahedron Lett. 1992, 33, 3335.

4. (a) Effenberger, F. Angew. Chem., Int. Ed. Engl. 1980, 19, 151. (b) Howells, R. D.; McCown, J. D. Chem. Rev. 1977, 77, 69。(c) Stang, P. J.; White, M. R. Aldrichim. Acta 1983, 16, 15.

5. (a) Effenberger, F.; Epple, G. Angew. Chem., Int. Ed. Engl. 1972, 11,

299.(b) Effenberger, F.; Epple, G. Angew. Chem., Int. Ed. Engl. 1972, 11,300.

6. Effenberger, F.; Sohn, E.; Epple, G. Ber. Dtsch. Chem. Ges./Chem. Ber. 1983,116,1195.

7. Rees, C. W.; Surtees, J. R. J. J. Chem. Soc., Perkin Trans. 1 1991,2945.

8. Minato, H.; Miura, T.; Kobayashi, M. Chem. Lett. 1977,609.

9. Butler, I. R.; Morley, J. O. J. Chem. Res. (S) 1980,358.

10. Makino, T.; Orfanopoulos, M.; You, T. P.; Wu, B.; Mosher, C. W.; Mosher, H. S. J. Org. Chem. 1985,50,5357.

11. Keumi, T.; Yoshimura, K.; Shimada, M.; Kitajima, H. Bull. Chem. Soc. Jpn. 1988,61,455.

12. Martens, H.; Janssens, F.; Hoornaert, G. Tetrahedron 1975,31,177.

13. Lorenz, W.; Maas, G. J. Org. Chem. 1987,52,375.

14. Comins, D. L.; Myoung, Y. C. J. Org. Chem. 1990,55,292.

15. Forbus, Jr., T. R.; Martin, J. C. J. Org. Chem. 1979,44,313.

16. Hulin, B.; Koreeda, M. J. Org. Chem. 1984,49,207.

烯丙基乙基砜(Allyl ethylsulfone)

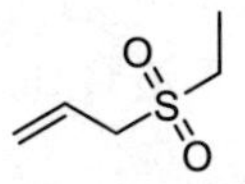

[34008-91-8]　($C_5H_{10}O_2S$)　MW 134.9

烯丙基化试剂,通过自由基机理进行烯丙基化试剂。该试剂和烯丙基苯砜的不同之处在于,容易进行自由基反应,而烯丙基苯砜的砜基主要作为稳定的吸电子基团,进行 α-位的亲核反应。

在中性无锡条件下对脂肪族碘化物和黄原酸盐进行烯丙基化试剂。

物理数据:bp 124℃(14 毫米汞柱);n_D^{22} 1.4721。

溶解性:微溶于水,但可溶于大多数有机溶剂。

制备方法:烯丙基砜很容易通过氧化烯丙基乙硫醚制备,一般用 30%过氧化氢/冰乙酸氧化[1],或用过氧化氢和催化量的仲钨酸铵[2]或钼酸铵[3]。用烯丙基溴对锌磺酸乙酯也可以进行烯丙基化,但效率较低[4]。

提纯:试剂最好是减压蒸馏法纯化。

处理、存放和预防措施:试剂必须远离碱,碱可以导致烯烃进行迁移得到端烯同分异构体;其他方面该试剂像其他有机液体试剂进行处理。其毒性未知。

烯丙基化反应的机理

烯丙基乙基砜是一种无须锡就可以对脂肪族碘化物和黄原酸盐进行烯丙基化试剂。为了更好地领会这种烯丙基化法的局限性和应用范围,简单了解它的反应机制是非常重要的,反应式(1)以简化的形式表示其反应机理[5]。通过引发剂生成的乙磺酰基自由基,通过脱去一分子的二氧化硫转化为活泼乙基自由基。这一活泼的自由基可以和底物的碘原子或原磺酸酯结合并生成 R· 自由基,该 R· 自由基与烯丙基乙基砜继续进行反应生成烯丙基化的产物和另一分子的乙磺酰基自由基,这样就进入自由基的链锁反应。乙基砜脱二氧化硫是一个反应较慢、可逆的过程。增加反应温度可有利于反映的进行,因高温下二氧化硫气体可以从回流溶剂中逸出,和碘化物以及黄原酸盐的置换生成 R· 自由基这一步速度快,但也是可逆的,为了推动反应的进行,R· 自由基必须比乙基自由基更加稳定。平衡原子团必须更稳定,因此过程不能使用丙酸乙烯酯、芳香碘或芳香原磺酸酯,因为乙烯基、芳基通常比乙基自由基更不稳定。如果反应底物是一级卤化物或一级原磺酸酯,由于生成一级自由基的稳定性类似于乙基，进行烯丙基化可能需要过量的烯丙基乙基砜。换做烯丙基甲基砜可能更有利于烯丙基化反应的进行，尽管脱去二氧化硫这一步的速度更慢，但是由于生成更加活泼的甲基自由基，自由基交换平衡会向所需产物方向倾斜。引发剂的选择取决于反应温度，因此取决于使用溶剂的沸点。AIBN 和月桂酰过氧化物适合在 70～90℃，V-40 或 VAZO[1,1-偶氮(环己烷-1-腈)]适合 90～110℃，过氧化异丙苯适合在 100～130℃，过氧化二叔丁基的使用温度可超过 130℃。

$CH_2{=}CHCH_2SO_3Et \xrightarrow{Initiator} EtSO_2^{\cdot} \rightleftharpoons SO_2 + Et^{\cdot} \underset{}{\overset{R-X}{\rightleftharpoons}} R^{\cdot} + Et-X$ ； $R^{\cdot}$ + $CH_2{=}CHCH_2SO_2Et$ → $EtSO_2^{\cdot}$ + R—$CH_2CH{=}CH_2$

X=-I,-S(C=S)OEt （1）

碘化物的烯丙基化

对碘化物进行烯丙基化可用反应式(2)～(6)说明[5]。二级和三级碘化物很容易进行烯丙基化，而一级碘化物，就像最后一个例子中，反应缓慢且需消耗更多的试剂，这一点在前面章节中讨论(基于根据回收的碘化物其收率为 70%)。底物一般是庚烷，如果不溶于庚烷时，使用的溶剂一般是正庚烷和氯苯的混合物。碘化物较容易通过碘内酯化反应和其他相关反应制备，是值得注意的一点。

$CH_2{=}CHCH_2SO_2Et$ (3 equiv), AIBN(10mol%~20mol%), heptane,reflux （2）

75%;*exo*:*endo*(85:15)

BzO, H, O, O, H, I → $CH_2{=}CHCH_2SO_2Et$ (3 equiv), AIBN(10 mol%~20mol%), heptane,reflux （3）

75%;*exo*:*endo*(10:1)

I, BzO, BzO, OMe, O → $CH_2{=}CHCH_2SO_2Et$ (3 equiv), AIBN(10mol%~20mol%), heptane,reflux → BzO, BzO, OMe （4）

80% α : β (1:1)

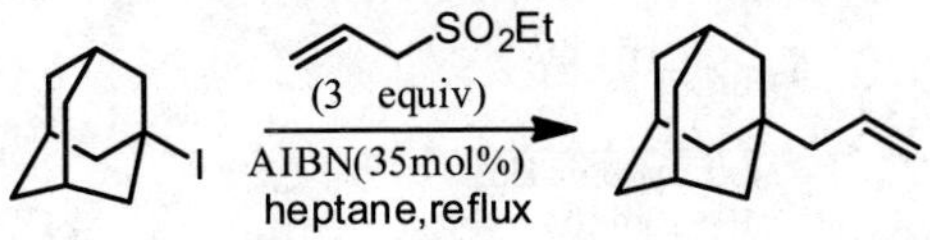

(5)

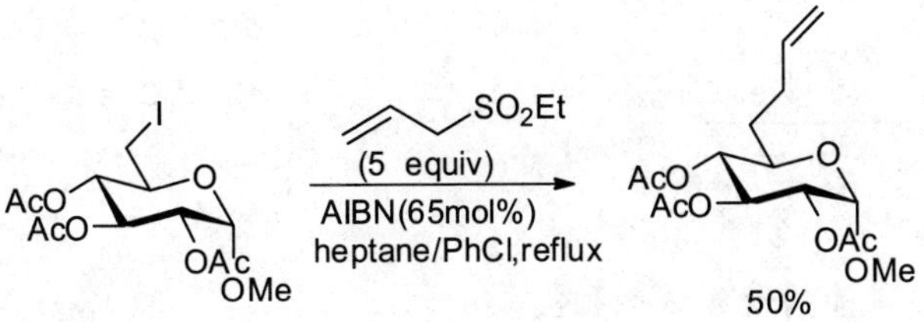

(6)

黄原酸盐的烯丙基化

容易制备的黄原酸盐,例如通过取代 O-乙基黄原酸钾离去基团进行制备,也是烯丙基化过程有效的底物[6],不同于碘化物,碘化物的自由基交换是一步完成的,而黄原酸基团包含加成及分解两步过程。不过,总的结果还是非常相似的。使用黄原酸酯组代替碘原子在某些情况下对反应还是有利。例如,反应式(7)涉及2-脱氧葡萄糖衍生物在端头位置进行烯丙基化。在上述反应中黄原酸盐非常稳定,而相应的碘化物不大稳定,难以处理。反应式(8)表示是先环化后烯丙基化的一个实例。反应式(9)表示通过对不活化烯烃进行分子间的自由基加成生成黄原酸酯。

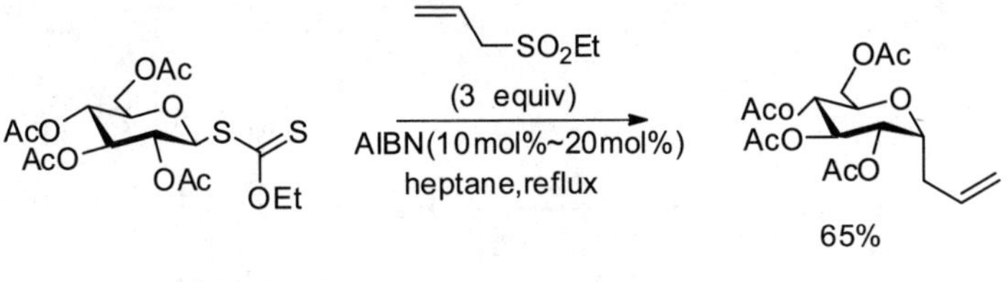

(7)

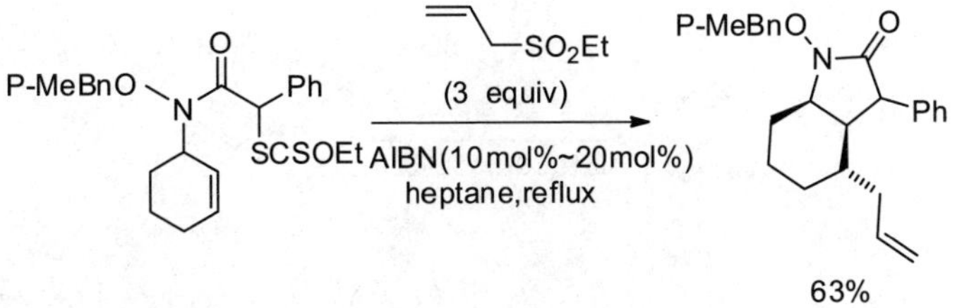

(8)

t-Bu ... EtO ... S ... S
$(CH_2)_9OAc$
lauroyl peroxide
10~15mol%
$ClCH_2CH_2Cl$
t-BuO ... $(CH_2)_9OAc$ ... SCSOEt

(9)

SO_2Et
(3 equiv)
AIBN(10~20mol%)
heptane,reflux
t-BuO ... $(CH_2)_9OAc$
72%

相关试剂和其他的合成试剂种类

根据基本的反应模式可以衍生为一系列反应。烯丙基可以用2位置取代的烯丙基来代替[5-8]。下面的例子[反应式(10)～(12)]就是2-甲基-、2-氯-、2-溴-烯丙基进行烯丙基化的例子。相应的试剂制备可以类似于制备烯丙基乙基砜的方式制备,底物可以是脂肪族碘化物或黄原酸酯。引入的烯丙基溴[反应式(12)]特别令人关注,因为用锡烷基方法不能制备。此外,碱诱导消除溴会生成一分子的炔烃,该反应成为间接生成炔丙基化的反应。

Me
SO_2Et
(3 equiv)
AIBN(15mol%)
heptane,reflux
77%

(10)

Cl
SO_2Et
(3 equiv)
AIBN(15mol%)
heptane,reflux
64%; *exo*:*endo*(4.5:1)

(11)

Br
SO_2Et
NC ... C_8H_{17} ... SCSOEt
(3 equiv)
AIBN(10mol%~20mol%)
heptane,reflux
NC ... C_8H_{17}
69%

(12)

该反应被发现可以适用于乙烯化作用[7-9],这是对该反应的一个重要拓展,这样的话可以引入许多不同的基团。反应式(13)～(16)给出了可能的合成方法。在全合成 lepadin B 中第二次转化[反应式(14)]是非常关键的一步,二氯乙烯基母体特别有用,因为它可以很容易被转换为炔烃依据科里-福斯法则(反应式 16)。此外值得强调是,近年来对脂肪族碘化物,尤其是二级和三级碘化物和烯烃进行的耦合,通常无法用过渡金属方法完成。另外一方面,芳香的碘化物并不适合自由基过程,但是作为过渡金属催化反应的底物确是很好的。因此,活性基团和过渡金属是互补的。

Ph
SO_2Et
di-*t*-butyl peroxode
PhCl,reflux
I Ph
70%
(13)

EtOSCS O O Me N CO_2Me
Ph SO_2Et
di-*t*-butyl peroxode
PhCl,reflux
Ph O O Me N CO_2Me
75%~80%; *exo*:*endo*(8:1)
(14)

O O I CO_2Me
Cl SO_2Et Cl
di-*t*-butyl peroxode
PhCl,reflux
O O Cl Cl CO_2Me
88%;*exo*:*endo* (30:70)
(15)

O O S H H H S OEt
Cl EtO_2S Cl
di-*t*-buty peroxide
PhCl,reflux
Cl Cl H
57%;a:b(2:1)
(16)

1.BuLi
2.NH4Cl
100%;a:b(2:1)

最后,通过利用磺酰基的裂解完成叠氮化反应[反应式(17)][10]和酰基化反应

[反应式(18)][11]。利用乙基叠氮砜引入叠氮基团对离子取代方法是一个很好的补充,因为离子方法在合成有位阻衍生物时不是十分有效。

$EtO_2S-N=\overset{\oplus}{N}=\overset{\ominus}{N}$

AcO–C6H10–I → AcO–C6H10–N_3 (lauroyl peroxide, PhCl;heptane(1:1), reflux) 84% (17)

MeO2S–CH=N–OBn

1-iodoadamantane → Ad–CH=N~~Bn (v-40, octane,reflux) 70% (18)

参考文献

1. Rothstein,E. ,J. Chem. Soc. 1937,309.

2. Svata,V. ;Prochazka,M. ;Bakos,V. ,Coll. Czech Chem. Commun. 1978, 43,2619.

3. Palmer,R. J. ;Stirling,C. J. ,J. Am. Chem. Soc. 1980,102,7888.

4. (a) Sun, P. ; Wang, L. ; Zhang, Y. , Tetrahedron Lett. 1997, 38, 5549. (b) Sun,X. ;Wang,L. ;Zhang,Y. ,Synth. Commun. 1998,28,1785.

5. Le Guyader,F. ;Quiclet - Sire,B. ;Seguin,S. ;Zard,S. Z. ,J. Am. Chem. Soc. 1997,119,7410.

6. Quiclet - Sire,B. ;Seguin,S. ;Zard,S. Z. ,Angew. Chem. ,Int. Ed. Engl. 1998,37,2864.

7. Bertrand, F. ; Quiclet - Sire, B. ; Zard, S. Z. , Angew. Chem. , Int. Ed. Engl. 1999,38,1943.

8. Bertrand, F. ; Leguyader, F. ; Liguori, L. ; Ouvry, G. ; Quiclet - Sire, B. ; Seguin,S. ;Zard,S. Z. ,C. R. Acad. Sci. Paris 2001, Ⅱ 4,547.

9. Kalaï,C. ;Tate,E. ;Zard,S. Z. ,Chem . Commun. 2002,1430.

10. (a) OllⅣier, C. ; Renaud, P. , J. Am. Chem. Soc. 2001, 123, 4717. (b) Renaud,P. ;OllⅣier,C. ;Panchaud,P. ,Angew. Chem. ,Int. Ed. Engl. 2002, 41,3460.

11. Kim,S. ;Song,H. J. ;Choi,T. L. ;Yoon,J. Y. ,Angew. Chem. ,Int. Ed. Engl. 2001,40,2524.

烯丙基溴(Allyl Bromide)

$\diagup\!\!\!\diagdown\!\!\diagup Br$

[106-95-9]　C_3H_5Br　(MW 120.99)

烯丙基化试剂，既可对亲核试剂进行烯丙基化，和金属生成的烯丙基金属试剂，也可对亲电试剂进行烯丙基化。

进攻C,N,O,S,Se和Te亲核试剂的亲电烯丙基化试剂；通过不同的有机金属中间体和醛反应选择性制备高烯丙基醇；通过该试剂进行加成反应的加合物，具备广泛的应用价值。

物理数据：mp −119.4℃；bp 71.3℃；d 1.398 g·cm^{-3}。

溶解性：溶于有机溶剂，微溶于水。

供应的形式：黄色至棕色的液体。

提纯：用水和碳酸氢钠溶液洗。干燥(用硫酸镁或硫酸钠)和再进行分馏。

搬运、储存及注意事项：剧毒；疑似有致癌性。储存在棕色玻璃瓶中及避光处。

烯丙基化试剂

对碳进行烃基化反应通常需要亲核的碳负离子，因此，苯乙炔的烯丙基化反应可以通过粉末状的氢氧化钾单独催化，或者在四丁基溴化铵的二氧六环溶液中进行催化[1]。二聚副产物(烯丙基醚，Ph_2C_4)、重排烯炔($PHC\equiv CCH=CHMe$；E/Z,3∶1)和主产品($PhC\equiv CCH_2CH=CH_2$)同时生成。从乙酰乙酸酯[2a,2b]与酮[2c]，丙二酸酯(K_2CO_3-Me_2CO或PH溶液)[3]，乙腈[4a]和氰基乙酸乙酯[4b]形成的碳负离子，非常容易发生烯丙基化反应[反应式(1)]。加入的碱也可以通过电化学方法生成，就像用电化学方法生成的吡咯烷酮负离子对2-(三氟甲基)-丙二酸二甲酯[5]进行烯丙基化。全氟-2-甲基-2-戊基碳负离子通过加入F-(KF或CSF)至$(CF_3)_2CFCF=CFCF_3$生成全氟产品；对该化合物进行烯丙基(RX；X=氯，溴，碘)时结果生成重排的产物$(CF_3)_2C(R)—CF_2CF_3$[6]。二烷基酮的烯醇化锰也可被烯丙基化(RBr；THF，环丁砜)；从而使Pr_2CO进行烯丙基化时可生成PrCOCH(R)Et产率高达98%[7]。

$$\text{X-CH}_2\text{-Y} \; + \; [\text{X-CH-Y}]^- \xrightarrow{\text{RBr}} \text{X-CHR-Y} \qquad (1)$$

$$\text{X,Y=R'CO,CO}_2\text{R',CN,H}$$

高烯丙基醇 $RCH(OH)CH_2CH=CH_2$ 是通过 RCHO 和由烯丙基溴形成有机金属中间体反应形成的，一般是通过和生成烯丙基溴化镁这样的格氏试剂反应进行的。酮的反应类似，但是速度比较慢。传统的巴尔比耶-格氏反应过程现被还原烯丙基化所取代。比如用铅进行反应，要么在催化量 $PbBr_2$ 的 DMF 溶液反应、THF 水溶液，或者是 MeOH 的水溶液[8a]；要么有 $BiCl_3$ 存在的 THF 水溶液反应[8b]。该反应过程可能只是对醛类，Pb－Me_3SiCl－Bu_4NBr 的 DMF 溶液可以促进醛的烯丙基化，但对酮或羟基羧酸酯不会进行明显的烯丙基化，并且酯、内酯、酸酐酰氯都保持惰性不反应[9]。因此，高烯丙基醇可由醛和烯丙基氯、烯丙基溴或烯丙基碘，或烯丙基碘化物反应，在 Zn－$BiCl_3$ 或 Fe－$BiCl_3$ 催化下生成，但酮、酯、安息香酸会进行反应和不会影响醛的反应[10]。Fe、Al 与 $SbCl_3$ 的 DMF 水溶液中的性状相似的[11]。电化学方法 Bi 作为还原剂对醛进行还原[12]。醛和酮在 Ph_3Bi 存在的条件下，生成得到高烯丙基醇或烯丙基醚[13]。在只有 Zn 存在的 DMF 中，烯丙基溴和 MeCH＝CHCHO 生成醇，产率为 86%[14a]，Cd 的 DMF 溶液对 RCHO 或 RCOR′进行 1,2-加成[反应式(2)][14b]。Ph_2CO 和 Yb 形成络合物和烯丙基溴反应生成 Ph_2RCOH(R＝烯丙基)[15]。

$$\text{CH}_2\text{=CHCH}_2\text{Br} + \text{RCOR'} \xrightarrow{\text{M}} \text{CH}_2\text{=CHCH}_2\text{C(R')(OH)R} \tag{2}$$

R=H, alkyl; M=Zn, Cd, Al etc.

不对称烯丙基化也发生在取代化合物中。(＋)-樟脑和 $H_2NCHRP(O)(OEt)_2$ 形成的席夫碱，用正丁基锂进行锂化，然后与烯丙基溴反应，得到(1*S*,4*S*)类似化合物(R＝烯丙基，de＞95%)[反应式(3)]。该产物进行水解生成(*S*)-酯和(*S*)-膦酸，没有发生明显的外消旋化[16a]；(1*R*,2*R*,5*R*)-(＋)-和(1*S*,2*S*,5*S*)-(－)-2-羟基-3-蒎酮的表现类似[16b]。半乳糖的双(亚环己基)缩醛和烷基化甘氨酸酯反应生成席夫碱。该席夫碱发生金属化(BuLi)后和烯丙基溴反应生成 de 为 76%产物[17]。手性烯醇内酰胺用二异丙胺锂进行金属化后，再进行烯丙基化后生成的产物其 de 值明显提高[18]。从四氢萘酮与(*R*)-$RCH_2CHPhN(CH_2CH_2OCH_2$-$CH_2OMe)Li$(R＝哌啶子基)形成的烯醇再进行烯丙基化可生成(*R*)-2-烯丙基-1-四氢萘酮，de＝92%和收率 89%；溴化锂是一种必要的协同试剂[反应式(4)][19]。

BuLi, $CH_2=CHCH_2Br$ (3)

R', H, $P(O)(OEt)_2$ → R', R, $P(O)(OEt)_2$

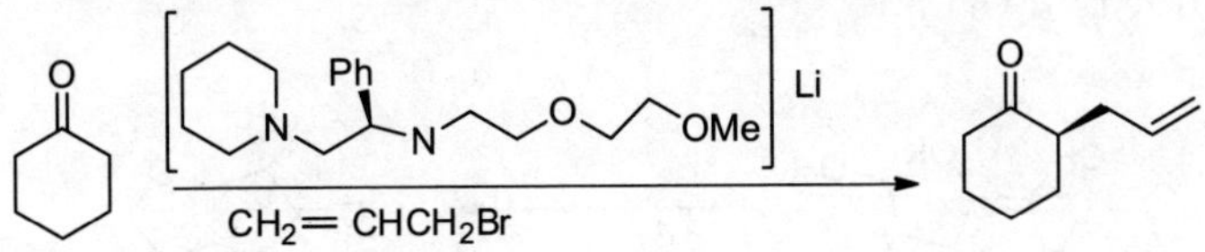

(4)

同样的,对β-内酰胺用烯丙基溴-LDA[20]进行烯丙基化立体专一性合成产品(a)。

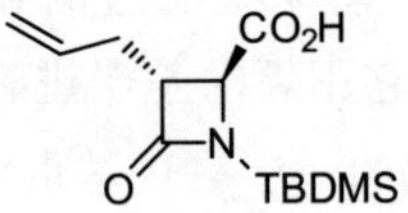

(a)

对由甘氨酸反应生成希夫碱镍络合物进行烯丙基化生成烯丙基甘氨酸[21]。三步合成氨基酸盐酸盐最关键的一步是对甘氨酸烯醇化合物进行非对映选择性烯丙基化,比值为97.6%产量73%~90%[22]。由不饱和醛生成的N,N-二甲基腙[23a]、$RCH_2CH=CH=CH=CH=CHO$[23b]的金属化锂(Buli)反应后再进行烯丙化重排得到RCH(R₵)(CH=CH)nCHO的类似物(R=烯丙基;n=1或2)。$Ph_2CNCH_2CO_2$—t-Bu进行烯丙基化反应(RBr,50%的NaOH水溶液,CH_2Cl_2,rt)中,在手性的相转移催化剂辛可宁的存在下,该产品表现出相当大ee值(50%~60%)[24]。

当Me_3P配位的烯丙基钯络合物用CO的CH_2Cl_2溶液在室温下反应,发生了羰基插入,得到3-丁烯酰基衍生物[25],对乙烯基一氧化碳铼络合物进行烯丙基化生成烯丙基乙烯基酮络合物[26]。有机锡化合物与烯丙基溴发生偶合反应(钯配合物催化);有可能继续发生消除反应,但是CHO、CO_2H和OH基不会影响该反应[27a]。$RSiMe_3$或$RSiMe_2F$和烯丙基溴也会发生类似的耦合[27b],但在四(三苯基膦)钯的存在下烯基硼烷进行的烯丙基化反应时只生成烯烃,因为发生了烯丙基脱硼化[27c]。四羰基镍和烯丙基溴(RBR)反应生成烯丙基溴化镍配合物。这些络合物可以用来作为烯丙基的偶合试剂,要么通过对称的耦合生成常规的烯烃[28a],或者通过不对称的耦合生成有取代基的烯烃[反应式(5)][28b]。

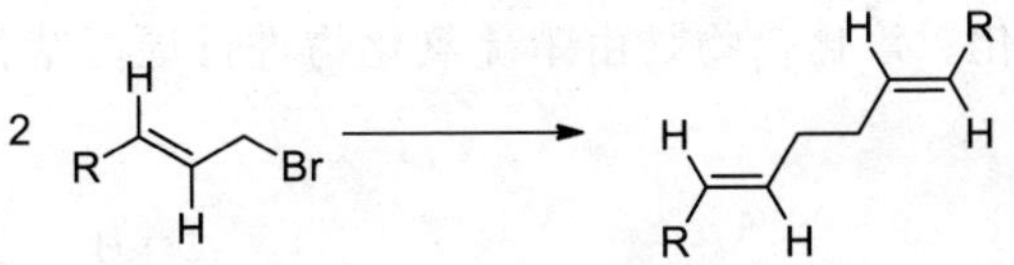

(5)

烯丙基溴化镍络合物对苯醌的C-2进行烯丙基化[28c]。以氧为中心进攻也很容易发生;L-抗坏血酸的钾盐和烯丙基溴-丙酮反应生成内酯,在氯化钯的DMF水溶液作用下生成双环酮,其收率为40%,这里烯丙基侧链已转化为丙酮基

($MeCOCH_2$)[反应式(6)][29]。

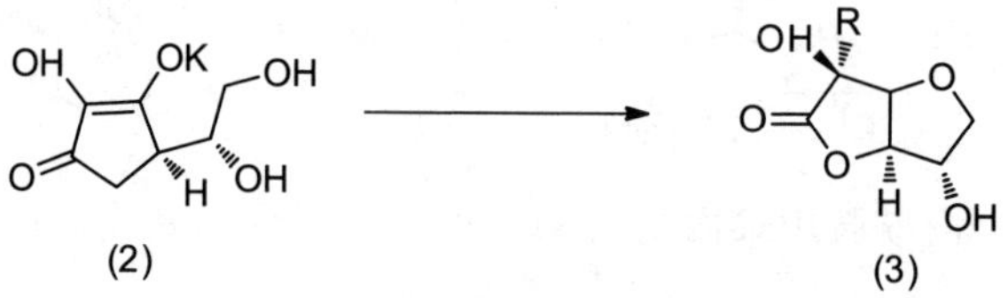

(2) → (3) (6)

单烷基环氧乙烷通过三甲基锡烷基锂的锡烷基化反应生成醇锂化合物$XOCH(R)CH_2SnMe_3$(X=锂),它用烯丙基溴进行常规的烯丙基化生成相应的烯丙基醚(X=烯丙基)[30]。用其他的一些取代基也可以进攻氧原子。直链烷烃二醇的锡烷基缩醛可使用氟离子在温和的条件下进行选择性烯丙基化,收率相当高[31]。

N-烯丙基化也容易进行;邻苯二甲酰亚胺容易与烯丙基溴反应(K_2CO_3-PEG400,90℃)[32];吲哚[33a]和吡唑类[33b]可以通过使用PTC催化剂如Bu_4NBr来进行烯丙基化反应[反应式(7)]。

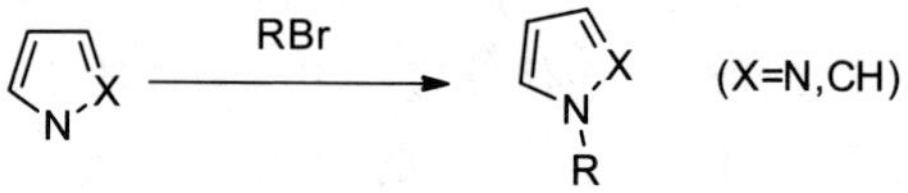

RBr → (X=N,CH) (7)

苯亚磺酸钠盐也可以生成烯丙基酯;氧化铝、超声波、微波等这些因素都影响产率[34]。相应地,硫[35,36]、硒[36]、碲[37]的进攻也可用来制备烯丙基化产物[反应式(8)]。

$$RBr + R'X^- \longrightarrow R'XR + Br^- \quad (X=O,S,Se,Te) \tag{8}$$

以铜为催化剂的烷基偶联反应,以合成$CF_3CH_2CH=CH_2$为例,一般使用$(CF_3)_2Cu$(N,N-二乙基二硫代氨基甲酸)[38a]或者FO_2SCF_2I的DMF[38b]容易生成$CF_3CH_2CH=CH_2$。

该烯丙基化合物容易进行下一步的化学反应,特别是进行环氧化和其它的加成反应;这个过程中的中间体可能显示他们自己特有的化学性质[39],就像取代基二烯丙基硫进行环化。该化合物是由苯硫氧化物进行烯丙基化反应得到的[反应式(9)]。

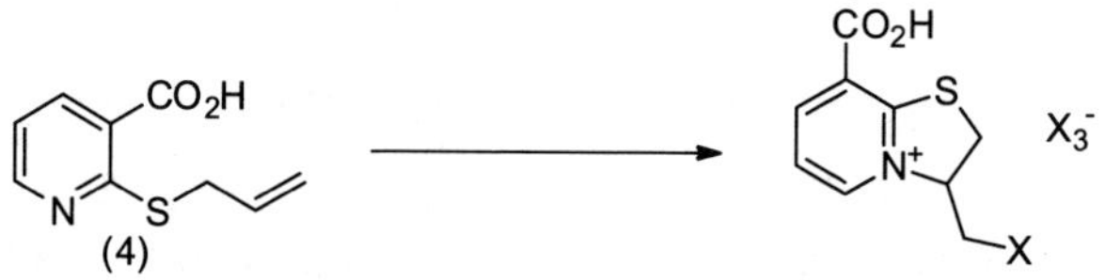

(4) → X_3^- (9)

相关试剂

烯丙基氯;烯丙基碘。

参考文献

1. Paravyan, S. L.; Torosyan, G. O.; Babayan, A. T. Zh. Org. Khim. 1986,22,706.

2. (a) Tsuji, J.; Yamada, T.; Minami, I.; Yuhara, M.; Nisar, M.; Shimizu, J. J. Org. Chem. 1987,52,2988. (b) Hughes, P.; De Virgilio, J.; Humber, L. G.; Chau, Thuy; Weichman, B.; Neuman, G. J. Med. Chem. 1989,32,2134. (c) Vanderwerf, C. A.; Lemmerman, L. V. Org. Synth., Coll. Vol 1955,3,44.

3. Liu, H.; Cheng, G. Huaxue Shiji 1991,13,248,202 (Chem. Abstr. 1991, 115,255 598m).

4. (a) Tamaru, Y. J. Am. Chem. Soc. 1988,110,3994. (b) Abd el Samii, Z. K. M.; Al Ashmawy, M. I.; Mellor, J. M. J. Chem. Soc., Perkin Trans. 1 1988,2523.

5. Fuchigami, T.; Nakagawa, Y. J. Org. Chem. 1987,52,5276.

6. Dmowski, W.; Wozniacki, R. J. Fluorine Chem. 1987,36,385.

7. Cahiez, G.; Figadere, B.; Tozzolino, P.; Clery, P. Eur. Patent 373 993, 1990 (Chem. Abstr. 1991,114 550y).

8. (a) Tanaka, H.; Yamashita, S.; Hamatani, T.; Ikemoto, Y.; Torii, S. Synth. Commun. 1987, 17, 789. (b) Wada, M.; Ohki, H.; Akiba, K. Chem. Commun./J. Chem. Soc., Chem. Commun. 1987,708.

9. Tanaka, H.; Yamashita, S.; Hamatani, T.; Ikemoto, Y.; Torii, S. Chem. Lett. 1986,1611.

10. Wada, M.; Ohki, H.; Akiba, K. Tetrahedron 1986,27,4771.

11. Wang, W.; Shi, L.; Huang, Y. Tetrahedron 1990,46,3315.

12. (a) Minato, M.; Tsuji, J. Chem. Lett. 1988, 2049. (b) Tanaka, H.; Nakahara, T.; Dhimane, H.; Torii, S. Tetrahedron 1989,30,4161.

13. Huang, Y.; Liao, Y. Heteroatom Chem. 1991, 2, 297 (Chem. Abstr. 1991,115 330q).

14. (a) Shono, T.; Ishifune, M.; Kashimura, S. Chem. Lett. 1990,449. (b) Araki, S.; Ito, H.; Butsugan, Y. J. Organomet. Chem. 1988,347,5.

15. Takaki, K.; Tsubaki, Y.; Beppu, F.; Fujiwara, Y. Chem. Express 1991,

6,57(Chem. Abstr. 1991,11991,114 659h).

16. (a) Schöllkopf, U. ; Schuetze, R. Justus Liebigs Ann. Chem. /Liebigs Ann. Chem. 1987, 45. (b) Jacquier, R. ; Ouazzani, F. ; Roumestant, M. L. ; Viallefont, P. Phosphorus Sulfur/Phosphorus Sulfur Silicon 1988,36,73.

17. Schoellkopf, U. ; Toelle, R. ; Egert, E. ; Nieger, M. Justus Liebigs Ann. Chem. /Liebigs Ann. Chem. 1987,399.

18. Wuensch, T. ; Meyers, A. I. J. Org. Chem. 1990,55,4233.

19. Murakata, M. ; Nakajima, M. ; Koga, K. Chem. Commun. /J. Chem. Soc. ,Chem. Commun. 1990,1657.

20. Baldwin, J. E. ; Adlington, R. M. ; Gollins, D. W. ; Schofield, C. J. Tetrahedron 1990,46,4733.

21. (a) Belokon, Yu. N. ; Chernoglazova, N. I. ; Ⅳanova, E. V. ; Popkov, A. N. ; Saporovskaya, M. B. ; Suvorov, N. N. ; Belikov, V. M. Izv. Askad. Nauk SSSR, Ser. Khim. 1988, 2818. (b) Belokon, Yu. N. ; Maleev, V. I. ; Saporovskaya, M. B. ; Bakhmutov, V. I. ; Timofeeva, T. V. ; Batsanov, A. S. ; Struchkov, Yu. T. ; Belikov, V. M. Koord. Khim. 1988,14,1565(Chem. Abstr. 1989,111 646).

22. Dellaria, J. F. ; Santarsiero, B. D. J. Org. Chem. 1989,54,3916.

23. (a) Yamashita, M. ; Matsumiya, K. ; Nakano, K. ; Suemitsu, R. Chem. Lett. 1988,1215. (b) Matsumiya, K. ; Nakano, K. ; Suemitsu, R. ; Yamashita, M. Chem. Lett. 1988,1837.

24. (a) O'Donnell, M. J. ; Bennett, W. D. ; Bruder, W. A. ; Jacobsen, W. N. ; Knuth, K. ; Leclef, B. ; Polt, R. L. ; Bordwell, F. G. ; Mrozack, S. R. ; Cripe, T. A. J. Am. Chem. Soc. 1988,110,8520. (b) O'Donnell, M. J. ; Bennett, W. D. ; Wu, S. J. Am. Chem. Soc. 1989,111,2353. (c) O'Donnell, M. J. ; Wu, S. Tetrahedron: Asymmetry 1992,3,591.

25. Ozawa, F. ; Son, T. ; Osakada, K. ; Yamamoto, A. Chem. Commun. /J. Chem. Soc. ,Chem. Commun. 1989,1067.

26. Casey, C. P. ; Vosejpka, P. C. ; Gavney, J. A. J. Am. Chem. Soc. 1990, 112,4083.

27. (a) Stille, J. K. Angew. Chem. Int. Ed. Engl. 1986, 25, 508. (b) Hatanaka, Y. ; Hiyama, T. J. Org. Chem. 1988, 53, 918. (c) Hatanaka, Y. ; Hiyama, T. J. Org. Chem. 1989, 54, 268. (d) Matteson, D. S. Tetrahedron 1989,45,1859.

28. (a) Tamao, K. ; Kumada, M. InChemistry of the Metal - Carbon Bond; Hartley, F. R. , Ed. ; Wiley: New York, 1987; Vol. 4, pp 819 - 887. (b) Semmelhack, M. F. Org. React. 1972, 19, 115. (c) Hegedus, L. S. ; Waterman, E. L. ; Catlin, J. E. J. Am. Chem. Soc. 1972, 94, 7155.

29. Poss, A. J. ; Belter, R. K. Synth. Commun. 1988, 18, 417.

30. Mordini, A. ; Taddei, M. ; Seconi, G. Gazz. Chim. Ital. 1986, 116, 239.

31. (a) Nagashima, N. ; Ohno, M. Chem. Lett. 1987, 141. (b) Nagashima, N. ; Ohno, M. Chem. Pharm. Bull. 1991, 39, 1972.

32. Vlassa, M. ; Kezdi, M. ; Fenesan, M. Rev. Roum. Chim. 1989, 34, 1607 (Chem. Abstr. 1990, 113 6079).

33. (a) Hlasta, D. J. ; Luttinger, D. ; Perrone, M. H. ; Silbernagel, M. J. ; Ward, S. J. ; Haubrich, D. R. J. Med. Chem. 1987, 30, 1555. (b) Diez - Barra, E. ; de la Hoz, A. ; Sanchez - Migallon, A. ; Tejeda, J. Synth. Commun. 1990, 20, 2849.

34. Villemin, D. ; Ben Alloum, A. Synth. Commun. 1990, 20, 925.

35. Nishimura, H. ; Ariga, T. Jpn. Patent 02 204 487, 1990 (Chem. Abstr. 1990, 114, 6523s).

36. Barton, D. H. R. ; Crich, D. J. Chem. Soc. , Perkin Trans. 1, 1986, 1613.

37. (a) Higa, K. T. ; Harris, D. C. Organometallics 1989, 8, 1674. (b) Higa, K. T. ; Harris, D. C. US Patent Appl. 66442, 1988 (Chem. Abstr. 1998, 109 579k)

38. (a) Willert - Porada, M. A. ; Burton, D. J. ; Baenziger, N. C. Chem. Commun. /J. Chem. Soc. , Chem. Commun. 1989, 1633. (b) Chen, Q. ; Wu, S. J. Chem. Soc. , Perkin Trans. 1 1989, 2385.

39. Shestopalov, A. M. ; Rodinovskaya, L. A. ; Sharanin, Yu. A. ; Litvinov, V. P. Khim. Geterotsikl. Soedin. 1990, 256 (Chem. Abstr. 1990, 113 658x).

烯丙基三氯乙酰亚胺酯(Allyl Trichloroacetimidate)[1]

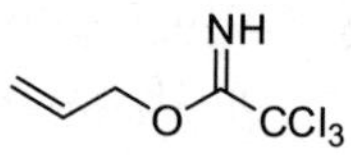

[51479-73-7]　$C_5H_6Cl_3NO$　(MW 202.47)

活泼的烯丙基化试剂。和苄基三氯乙酰亚胺酯一样,可以用于保护糖化学中羟基,由于其结构含有三氯乙酰亚胺酯成分,离去后非常容易转化成酰胺类化合物,因此化学性质较活泼。

在温和条件下提供烯丙基[2];用于含氮中间体的制备。

物理性质:沸点 74℃(11mmHg)。

溶解度:溶于己烷、醚、二氯甲烷。

制备方法:典型制备步骤:氢化钠[2](0.5g,21mmol)在氮气保护溶于无水乙醚(20mL)中。烯丙基醇(210mmol)醚溶液(30mL)在搅拌下逐滴滴入上述溶液中。20分钟后,将该溶液冷却至0℃,并将三氯乙腈(20mL,200mmol)在15分钟内滴加入该混合液。将混合物加热至20℃并保持60分钟,然后浓缩成糖浆。加入戊烷(20mL)和甲醇(0.8mL,21mmol)混合溶液,剧烈振荡,过滤,浓缩滤液,用戊烷洗涤(2×20mL),得到澄清产物亚氨酸酯(90%～97%),不需要进一步纯化;另外一种合成方法,可以通过用甲醇钠代替氢化钠作为催化剂,来制备亚氨酸酯。其他制备烯丙基三氯乙酰亚胺方法也被报道过[3,4]。

处理、储存及注意事项:0℃下,烯丙基三氯可以在己烷溶液中储存2个月。应在通风良好的罩子中制备三氯乙烯,避免和三氯乙腈蒸汽接触。

O-烯丙基化和其它基团保护

保护基已成为天然和非天然产物化学的一个重要组成部分。在寡糖的合成中,它们是至关重要的,因为在该反应中,由于羟基众多,例如,不受保护各个羟基都会进行反应,会得到不同的化合物。烯丙基是作为羟基保护基团的众多保护基之一。采用三氯乙酰亚胺酯衍生物可以用来保护游离的羟基。更重要的是,用烯丙基三氯乙酰亚胺酯时,允许在酯的存在下保护醇羟基。部分原因,这是由于该试剂可以应用在温和的酸性条件下进行反应。例如,溶于二氯甲烷的鼠李糖苷溶液,往上述溶液中逐步滴加烯丙基三氯乙酰亚胺酯的环己烷溶液,然后再加入催化量的三氟甲磺酸。在20℃下反应18小时得烯丙基化产物,然后用碳酸氢钠中和,色谱柱分离[反应式(1)][2,5]。

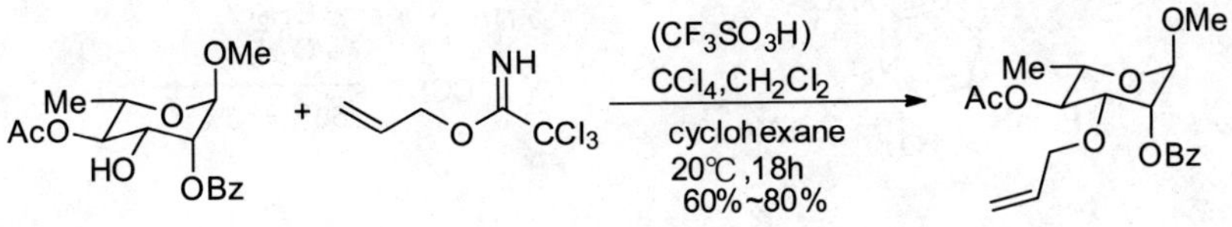

(1)

用烯丙基三氯乙酰亚胺酯产生烯丙基醚中间体的方法来制备有取代基的四氢呋喃。例如,由异丁醛制备的羟基酯和烯丙基三氯乙酰亚胺酯,然后加入催化量的三氟甲磺酸,得到产率为80%的烯丙基醚酯[反应式(2)][6]。随后四步反应高立体选择性生成四氢呋喃-3-酮,在这里主要是用乙酰丙酮化酮作为环化催化剂。

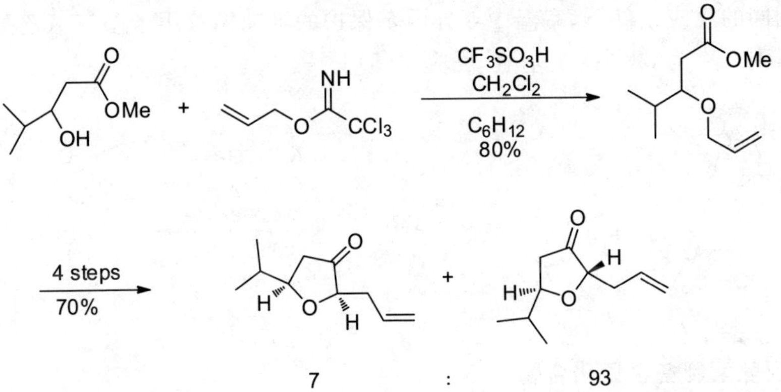

(2)

α-氨基酸可以由烯丙醇来制备,而烯丙基醇可由烯丙基三氯乙酰亚胺酯制备。加热回流烯丙基三氯乙酰亚胺酯的二甲苯溶液,就发生亚氨酸酯基团的1,3-迁移。氧化和酸水解,得到相应的α-氨基酸[反应式(3)][7]。用这种方法也可以用来制备由苄醇、4,4-二甲基-2-戊烯醇、2-丁烯醇亚氨酸酯转换的氨基酸。

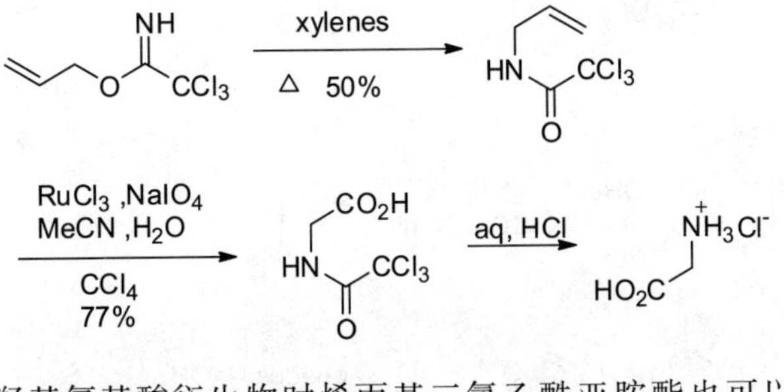

(3)

在制备α-羟基氨基酸衍生物时烯丙基三氯乙酰亚胺酯也可以用来提供乙醛等同体。抗苯丙氨酸-亮氨酸模拟物可以从N-邻苯二甲酰基-L-苯丙胺酰基-L-丝氨酸的O-烯丙基醚出发,通过四个步骤制备而成。而烯丙基醚就是通过羟基氨酸和烯丙基三氯乙酰亚胺酯反应生成的,产率为60%~74%[反应式(4)][8]。

CF_3SO_3H, CH_2Cl_2, C_6H_{12}, 60%~72%; 4 steps (4)

苄基可以代替烯丙基被用来保护醇类,收率和烯丙基方法下的收率类似。例如,在相同的反应条件下,室温中亚异丙基保护的吡喃糖苷用苄基三氯乙酰亚胺酯处理,得到产率为82%的苄基醚[反应式(5)][1,9]。

(CF_3SO_3H), CH_2Cl_2, cyclohexane, 20℃, 18h, 82% (5)

从亚氨酯制备含氮化合物

制备烯丙基三氯亚氨酯合成方法也可以用来制备其他烯丙基亚胺酯[1]。例如,香叶醇和氢化钠在乙醚溶液中反应得到香叶醇三氯亚氨酯。将冷却的溶液(−10℃)分离净化后与甲醇戊烷溶液反应,得到相应的亚氨酸酯。胺和酰胺可由这些中间体制备。亚氨酸酯的热重排,随后进行水解,氨基和羟基发生1,3-迁移。胺的收率为61%[反应式(6)][4,10]。

1.NaH, ether; 2.CCl_3CN, 0℃; xylene reflux; aqueous NaOH, ethanol, 25℃; 61% (6)

相关的亚氨酸酯类除了加热,用钯(Ⅱ)做催化剂也可以进行3,3-σ转移重排。例如,烯丙基三氯乙酰亚胺酯的四氢呋喃溶液在催化作用下重排成相应的酰胺[反应式(7)][11]。反应手性完全转化,产量仅为8%。

$PdCl_2(PhCN)_2$ (5 mol%), THF, 20°C, 85%　　(7)

烯丙基三氯乙酰亚胺酯经过碘环化反应得到相应的4,5-二氢-1,3-噁嗪。该反应的区域选择性取决于起始烯丙基亚胺酯的烯烃的几何形状[反应式(8)][12]。

NIS　　(8)

		or
R^1=Et ,R^2=H	90%	-
R^1=H ,R^2=Et	-	88%
R^1=Pr ,R^2=H	87%	-
R^1=H ,R^2=$C_{15}H_{31}$	-	90%
R^1Ht ,R^2=Ph	-	92%

亚氨酸酯已被用于其他有机物体系,例如偶合反应永远合成糖类化合物[13]和克莱森型重排[14]。

参考文献

1. For a general review of allylic imidic esters in organic synthesis see. Overman, L. E. Acc. Chem. Res. 1980, 13, 218.

2. Wessel, H. - P. ; Ⅳ ersen, T. ; Bundle, D. R. J. Chem. Soc. , Perkin Trans. 1 1985, 2247.

3. (a) Cramer, F. ; Pawelzik, K. ; Baldauf, H. J. Ber. Dtsch. Chem. Ges. / Chem. Ber. 1985, 91, 1049. (b) Cramer, F. ; Hennrich, N. Ber. Dtsch. Chem. Ges. /Chem. Ber. 1961, 94, 976.

4. (a) Overman, L. E. J. Am. Chem. Soc. 1974, 96, 597. (b) Overman, L. E. J. Am. Chem. Soc. 1976, 98, 2901.

5. Wessel, H. - P. ; Bundle, D. R. J. Chem. Soc. , Perkin Trans. 1 1985, 2251.

6. Clark, J. S. Tetrahedron 1992, 33, 6193.

7. Takano, S.; Akiyama, M.; Ogasawara, K. Chem. Commun./J. Chem. Soc., Chem. Commun. 1984, 770.

8. Burkholder, T. P.; Le, T. - B.; Giroux, E. L.; Flynn, G. A. Bioorg. Med. Chem. Lett. 1992, 2, 579.

9. Ⅳ ersen, T.; Bundle, D. R. Chem. Commun./J. Chem. Soc., Chem. Commun. 1981, 1240.

10. Clizbe, L. A.; Overman, L. E. Org. Synth. 1978, 58, 4.

11. Metz, P.; Mues, C.; Schoop, A. Tetrahedron 1992, 48, 1071.

12. Bongini, A.; Cardillo, G.; Orena, M.; Sandri, S.; Tomasini, C. J. Org. Chem.

1986, 51, 4905.

13. (a) Schmidt, R. R. Pure Appl. Chem. 1989, 61, 1257. (b) Schmidt, R. R.; Michel, J. Angew. Chem. Int. Ed. Engl. 1982, 21, 72. (c) Urban, F. J.; Moore, B. S.; Breitenbach, R. Tetrahedron 1990, 31, 4421. (d) Paulsen, H. Angew. Chem. Int. Ed. Engl. 1982, 21, 155.

14. (a) Cramer, F.; Baldauf, H. - J. Ber. Dtsch. Chem. Ges./Chem. Ber. 1959, 92, 370. (b) Mumm, O.; Möller, F. Ber. Dtsch. Chem. Ges./Chem. Ber. 1937, 70, 2214. (c) Lauer, W. M.; Lockwood, R. G. J. Am. Chem. Soc. 1954, 76, 3974. (d) Lauer, W. M.; Benton, C. S. J. Org. Chem. 1959, 24, 804. (e) Roberts, R. M.; Hussein, F. A. J. Am. Chem. Soc. 1960, 82, 1950. (f) Black, D. St. C.; Eastwood, F. W.; Okraglik, R.; Poynton, A. J.; Wade, A. M.; Welker, C. H. Aust. J. Chem. 1972, 25, 1483.

烯丙基三氟甲基磺酸酯(Allyl Trifluoromethanesulfonate)

$CH_2{=}CHCH_2OSO_2CF_3$

[41029-45-2]　$C_4H_5F_3O_3S$　(MW 191.16)

非常活泼的烯丙基化试剂[1,2]，由于离去集团为非常稳定三氟磺酸酯负离子，所以其化学性质非常活泼。可进攻各种含S,P,N或含氧化合物[2]；可用于扩环反应[3]。

又名：烯丙基三氟甲基磺酸盐。

物理数据：密度 1.47 g·cm^{-3}。

溶解性：溶于含氯的碳氢化合物。

产品的供应形式：无色液体。

试剂纯度分析：红外(neat, cm^{-1})2970(w), 1413(m), 1281(s), 1248(s), 1194(s), 1149(m), 913(m)；^{1}H NMR(CCl_4, $\times10^{-6}$)6.03(m, 1 H), 5.43(m, 2 H), 4.92(m, 2 H)；^{19}F NMR($\times10^{-6}$)74.5(s)。

制备方法：烯丙基三氟甲基磺酸酯在0℃用烯丙醇(1当量)和三氟甲基磺酸(1当量)反应，并在吡啶(1当量)的四氯化碳溶液中的反应制备[1]。不溶性吡啶盐通过过滤除去，得到的溶液被直接用于烯丙基化反应。据报道，根据溶液核磁共振定量分析该反应的收率为(75±5)%。

提纯：通过蒸馏(安全防护)可获得纯样品，蒸馏时接受瓶必须在冷却的条件下接受产品(−78℃)[2]。

处理、存储和注意事项：烯丙基三氟甲基磺酸盐必须被存储在−78℃的排气瓶。在室温下，纯试剂的半衰期约为10分钟，在室温下该试剂的四氯化碳溶液中3天完全分解。烯丙基三氟甲基磺酸盐和含氮或含氧溶剂如DMSO、DMF或乙腈中产生剧烈反应。该试剂是一个极活泼的烯丙基化试剂，应避免接触或吸入。在通风橱中使用。

S-烯丙基-扩环反应[3]

烯丙基三氟甲基磺酸酯是一个极其有活泼的烯丙基化试剂，和2-乙烯基硫戊烷(a)以及乙烯基S-烯丙基盐(b)极其容易反应，如用1,8-二氮双环[5,4,0]十一烷-7烯(1,8-Diazabicyclo[5.4.0]undec-7-ene)反应进行2,3-Sigmal迁移重排[反应式(1)]。两个重排产品(c)和(d)生成比例为1∶1，分别由内环和外环的叶立德制备。反复应用该反应对八元环硫醚(d)进行扩环生产中型、大型环硫化物。在环状硫化物的扩环中内环叶立德(d)不能进行反应。

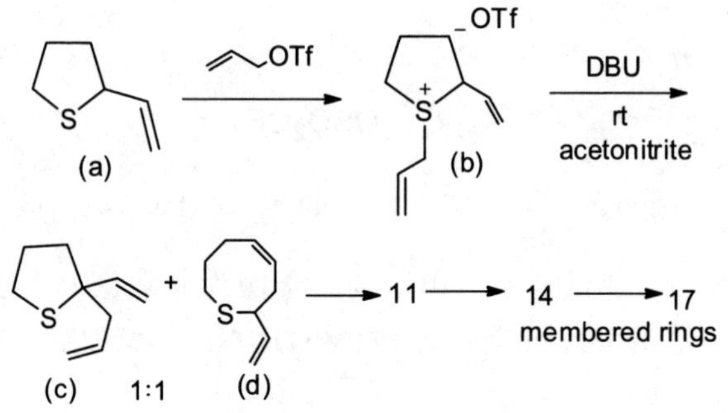

OTf
(a)
OTf
(b)
DBU
rt
acetonitrite
(1)
(c) 1:1 (d)
11 → 14 → 17
membered rings

2-乙烯基硫烷也可以进行烯丙基化和一个 2,3-σ 转移重排并生成混合环硫醚(g)和(h),其比例为 1∶2[反应式(2)]。一种改进产品的比例[(ⅰ)∶(ⅱ)=1∶24]是通过在-70℃生成叶立德,促使重排在稀释条件下迅速发生[反应式(3)]。

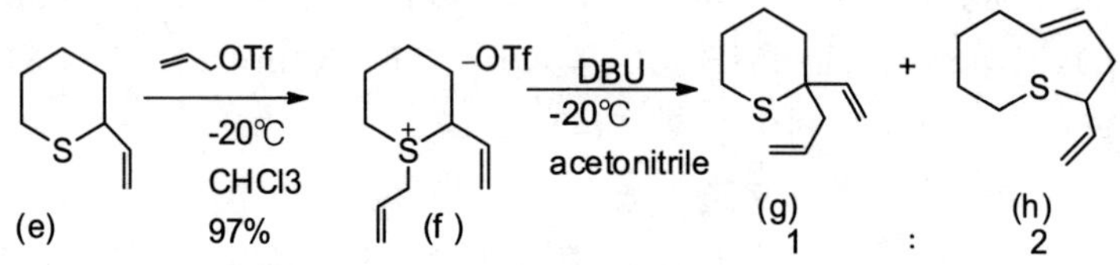

OTf
-20℃
CHCl3
97%
(e)
-OTf
(f)
DBU
-20℃
acetonitrile
(g) 1 : (h) 2
(2)

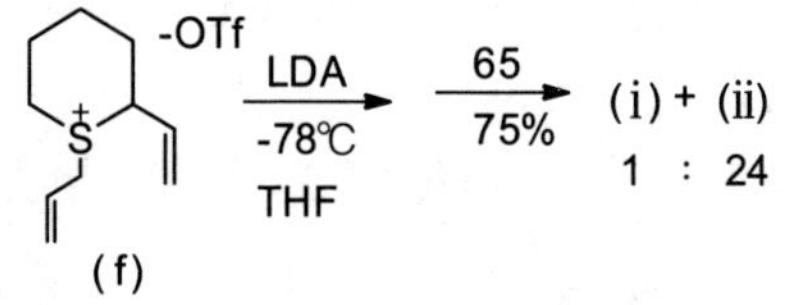

-OTf
(f)
LDA
-78℃
THF
65
75%
(i) + (ii)
1 : 24
(3)

六元环的 2,3-σ 迁移的重排具有明显的立体选择性[4],仅有微量的九元环硫醚(h)的反式异构体被观察到。

C-,N-,O-烯丙基化反应

5-氯汞尿苷(i)经历了钯催化,用烯丙基三氟甲基磺酸酯进行的 C-烯丙基化反应[反应式(4)][5],5-氯汞尿嘧啶(i)通过转金属反应生成有机金属钯(Ⅱ)络合物(j),该化合物与烯丙基三氟甲基磺酸酯反应生成 C-5 烯丙基取代的尿苷(k),产率为 52%。通过对 O-三甲基硅肟烷(l),用烯丙基三氟甲基磺酸酯进行 N-丙烯基化是一种简洁的硝酮合成方法[反应式(5)][6]。最初的烯丙基化产物(*E*)-硝酮,然后异构化为更加稳定的(*Z*)-异构体。烯丙基三氟甲基磺酸酯如与醇反应生成给氧烯丙基化产物。含有吸电子取代基亲核性低的醇如 2,2-二硝基丙醇、2,2,

2-三硝基乙醇和2,2-二硝基-1,3-丙二醇，与烯丙基三氟甲基磺酸酯反应生成相应的烯丙基醚，收率分别为53%、33%和28%。这些醚化反应通常在室温下进行，用 Na_2SO_4 作为异相酸清除剂。

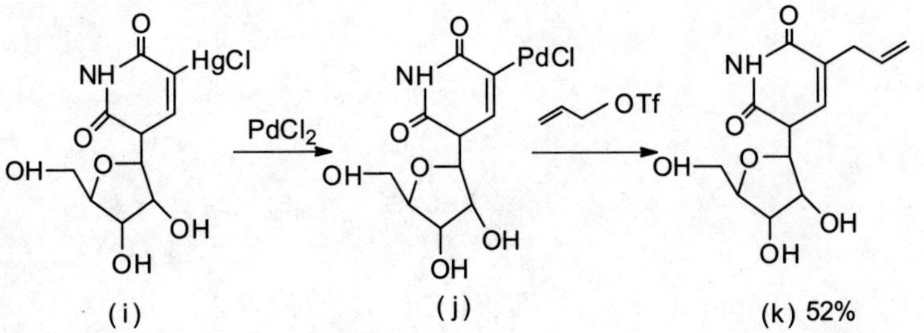
NH
HgCl
O
OH
PdCl2
PdCl
OTf
(i)
(j)
(k) 52%

(4)

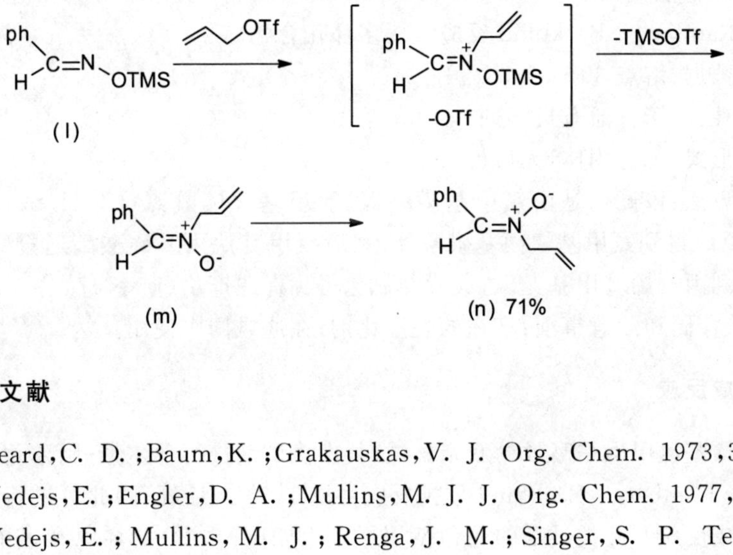
ph
H
C=N
OTMS
OTf
-OTf
-TMSOTf
O-
(l)
(m)
(n) 71%

(5)

参考文献

1. Beard, C. D.; Baum, K.; Grakauskas, V. J. Org. Chem. 1973, 38, 3673.
2. Vedejs, E.; Engler, D. A.; Mullins, M. J. J. Org. Chem. 1977, 42, 3109.
3. Vedejs, E.; Mullins, M. J.; Renga, J. M.; Singer, S. P. Tetrahedron 1978, 519. (b) See also Schmid, R.; Schmid, H. Helv. Chim. Acta 1977, 60, 1361. (c) Vedejs, E.; Hagen, J. P. J. Am. Chem. Soc. 1975, 97, 6878. (d) Vedejs, E.; Singer, S. P. J. Org. Chem. 1978, 43, 4884.
4. Vedejs, E.; Arco, M. J.; Renga, J. M. Tetrahedron 1978, 523.
5. Hassan, M. E. Can. J. Chem. 1991, 69, 198.
6. Le Bel, N. A.; Balasubramanian, N. Tetrahedron 1985, 26, 4331.

丙二烯氯甲基砜(Allenyl Chloromethyl Sulfone)

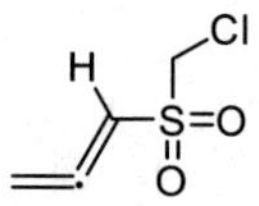

[126696-78-4]　$C_4H_5ClSO_2$　(MW 152.60)

含联烯官能团的 Ramberg-Bäcklund 反应底物,该分子可利用连续 Diels-Alder 和 Ramberg-Bäcklund 反应合成多环化合物。

物理数据:熔点 39～39.5℃。

溶解性:溶于普通有机溶剂。

供应形式:无色固体,无市售。

制备方法:该试剂是由氯甲基磺酰氯,氯甲基次硫酰氯($ClCH_2SCl$)和 2-丙炔-1-醇反应得到氯甲基炔丙基磺酸酯,然后氯甲基炔丙基磺酸酯通过 2,3-δ 迁移重排得到丙二烯基甲基亚砜,最后经氧化得到标题产物(产率 47%)。

使用、存储和注意事项:潜在的烷基化剂;在通风橱中使用。

环加成反应

丙二烯基氯甲砜是高效的双亲核试剂,由该试剂进行狄尔斯-阿尔德加成反应产物,再经 Ramberg-Bäcklund 重排反应生成 1,3-二烯烃,因此可进行第二步的双烯环加成反应。此类试剂的还包括氯甲基十四碳-1,2-二烯砜和氯甲基 3-甲基-丁-1,2-二烯砜,如反应式(1)。

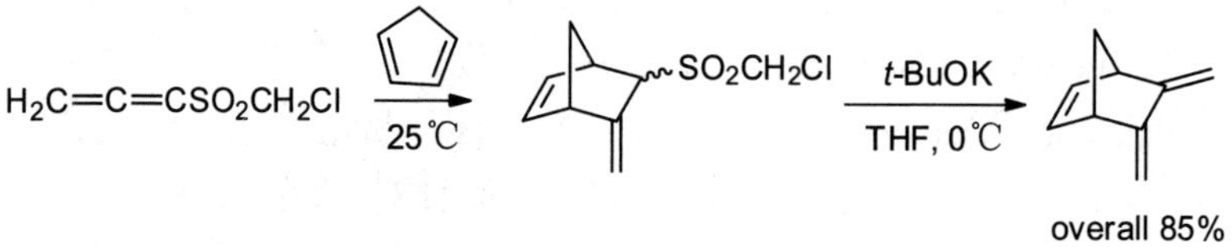

$H_2C{=}C{=}CSO_2CH_2Cl$ → (环戊二烯, 25℃) → SO_2CH_2Cl → (t-BuOK, THF, 0℃) → overall 85%　(1)

丙二烯基甲基砜试剂在 Diels 或 Alder 反应中,相当于 1,2,3-丁三烯的等效试剂,可连续进行环加成反应,如反应(2)。

值得一提的是用于合成的标题试剂的氯甲基次磺酰氯,(以及其他的次磺酰溴化物),是合成共轭多烯、烯酮和 1,3-噁噻唑以及 1,1-二氧化物的通用试剂。

$H_2C=C=CSO_2CH_2Cl$, 60℃; SO_2CH_2Cl; THF, t-BuOK

(2)

repeat, 85%; repeat, 85%

参考文献

1. Block, E.; Putman, D. J. Am. Chem. Soc. 1990, 112, 4072.

2. Block, E.; Aslam, M.; Eswarakrishnan, V.; Gebreyes, K.; Hutchinson, J.; Iyer, R.; Lafitte, J. -A.; Wall, A. J. Am. Chem. Soc. 1986, 108, 4568.

氯乙酰异氰酸酯(Chloroacetyl Isocyanate)

[4461-30-7]　$C_3H_2ClNO_2$　(MW 119.51)

含异氰酸酯基团的活泼性化合物。和联烯类似，异氰酸酯易进行一系列加成反应。

和格氏试剂反应主要制备酰胺，和伯胺、内酰胺反应制备单取代的脲。

物理数据：fp 61℃；bp 50～55℃(20 mmHg)，68～79℃(70 mmHg)；d 1.403 g·cm^{-3}。

溶解性：溶于苯、四氢呋喃等。

提供形式：无色至黄色油状化合物，可商购也可以在实验室中制备。[1]

处理、存储和预防措施：有毒，催泪剂，腐蚀，与空气的水分反应；在氮气冷冻储存；一般在通风柜处理。

加成反应

氯乙酰异氰酸酯(a)可经历一系列的反应，典型的异氰酸酯类化合物，包括与醇[2]、胺[3]、有机过氧化物[4]、烯酮甲硅烷基醛缩[5]、肼[6]、2-吡唑啉[7]、三唑啉-3,5-二酮[8]的加成反应。另外，这个试剂的双功能特性赋予它特殊的用途，包括合成杂环[9,10]和高分子聚合物[3,4]。

加成-消除反应：N-未取代的酰胺和脲

格氏试剂和试剂(a)进行加成反应生成混合酰胺[11]。这些化合物可在取代的氯甲基羰基进行还原性裂解或水解生成伯酰胺[反应式(1)]。

THF, -70℃ 76%　NaOH,MeOH minutes,rt,83% or Zn,MeOH rt,1.5h,90%　(1)

同样，从试剂(a)和伯胺制备的氯乙酰尿可用亲核试剂进行区域选择性的裂解生成 N-单取代脲[12]。

试剂(a)和 photopyridones[内酰胺类化合物,反应式(2)]进行的缩合反应生成 N-氯乙酰氨基甲酰基衍生品[13]。这些化合物和三乙胺的甲醇溶液反应生成全-*cis*-1,2,3-三取代环丁烷,而与甲醇钠的甲醇溶液反应生成反式环丁烷。后一类化合物可用于提供合成氧杂环丁酰 N-糖苷中间体。

OBn; (a) C_6H_6 98%; H; NH; O; OBn; H; N; H; O; O; Cl; NH_2; N; BnO; OH; carbocyclic oxetanocin

(2)

Et3N,MeOH; NaOMe,MeOH 98%

BnO; CO_2Me; $NHCONH_2$; 'sole product'; BnO; $NHCONH_2$; CO_2Me

相关试剂

氯磺酰异氰酸酯;三氯乙酰氯异氰酸酯。

参考文献

1. Speziale, A. J.; Smith, L. R. Org. Synth., Coll. Vol. 1973, 5, 204.

2. Müller, E.; Dinges, K. Angew. Makromol. Chem. 1972, 27, 99.

3. Endo, T.; Noguchi, S.; Mukaiyama, T. Bull. Chem. Soc. Jpn. 1971, 44, 3424.

4. Höft, E.; Ganschow, S. Methoden Org. Chem. (Houben - Weyl) 1974, 316, 569.

5. Cambie, R. C.; Davis, P. F.; Rutledge, P. S.; Woodgate, P. D. Aust. J. Chem. 1984, 37, 2073.

6. Nuribzhanyan, K. A.; Kuznetsova, G. B. Zh. Org. Khim. 1973, 1171.

7. Zobova, N. N.; Nazyrova, A. Z.; Litvinov, I. A.; Aganov, A. V.; Naumov, V. A. J.

Gen. Chem. USSR 1991,61,1329.

8. Capuano, L. ; Müller, K. Ber. Dtsch. Chem. Ges. /Chem. Ber. 1977, 110,1691.

9. Zara - Kaczián,E. ;Deák,G. Acta Chim. Hung. 1989,126,723.

10. Anjaneyulu,B. ;Nagarajan,K. Indian J. Chem. ,Sect. B 1991,30B,399.

11. Parker,K. A. ;Gibbons,E. G. Tetrahedron Lett. 1975,981.

12. Marui,S. ;Kishimoto,S. Chem. Pharm. Bull. 1992,40,575.

13. Katagiri,N. ;Sato,H. ;Kaneko,C. Chem. Pharm. Bull. 1990,38,288.

苯甲酰基异硫氰酸酯(benzoyl Isothiocyanate)[1]

[532-55-8]　C_8H_5NOS　(MW 163.19)

和前者类似,该化合物是一活泼的异硫氰酸酯,异硫氰酸官能团易进行加成反应,可用于缩合、环合反应形成硫代酰胺、硫脲和杂环化合物。

物理数据:bp 133～136℃/18 mmHg;d 1.214 g·cm^{-3}。

溶解性:溶于大多数有机溶剂。

供应形式:液体或苯甲酰氯和硫氰酸制备后原位直接使用[2]。

净化:在真空中蒸馏。

处理、存储和预防措施:本品为有毒、催泪的化合物,必须在通风柜处理。对水分敏感,与强碱和胺反应放热。

硫脲的合成

苯胺类和芳香杂环胺和苯甲酰异硫氰酸酯反应生成相应的N-aryl-N-苯甲酰硫脲,该化合物可在碱性条件下水解出高收率的N-aryl硫脲[反应式(1)][2,3]。

$ArNH_2$ —PhCO-NCS→ ArNHC(=S)NHC(=O)Ph (a) —aq. NaOH→ ArNHC(=S)NH_2 (b)　　(1)

Ar	(a)	(b)
Ph	97%	84%
4-$CF_3C_6H_4$	95%	90%
4-$MeOC_6H_4$	83%	95%
4-$NO_2C_6H_4$	77%	46%

当苯甲酰异硫氰酸酯和更碱性的胺、肼反应,通常通过在羰基的反应生成苯酰胺或苯肼的衍生物[4]。

硫代酰胺的合成

苯甲酰异硫氰酸酯与活性亚甲基化合物反应生成预期的硫代酰胺衍生品。例如,与乙基氰酸酯反应(钠盐)生成硫代酰胺(c),非常容易用肼环化生成部分保护的杂环(d),且收益良好[反应式(2)][5]。用丙二腈(40%)和乙酰丙酮(55%)作为原料反应可得到类似于(c)的加合物。

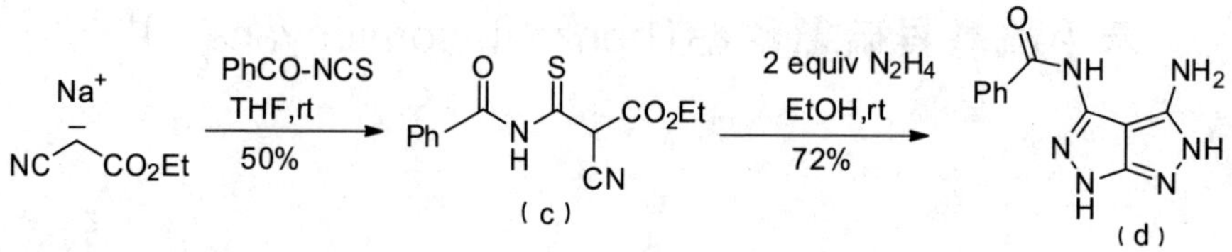
Na+
NC
CO2Et
PhCO-NCS
THF,rt
50%
Ph
N
H
S
O
CO2Et
CN
(c)
2 equiv N2H4
EtOH,rt
72%
NH
NH2
(d)

(2)

杂环化合物的合成

苯甲酰基异硫氰酸酯可简洁地合成生物活性异鸟苷(e)[反应式(3)][6],其他鸟嘌呤核苷类化合物可以用类似的方式进行制备[7]。

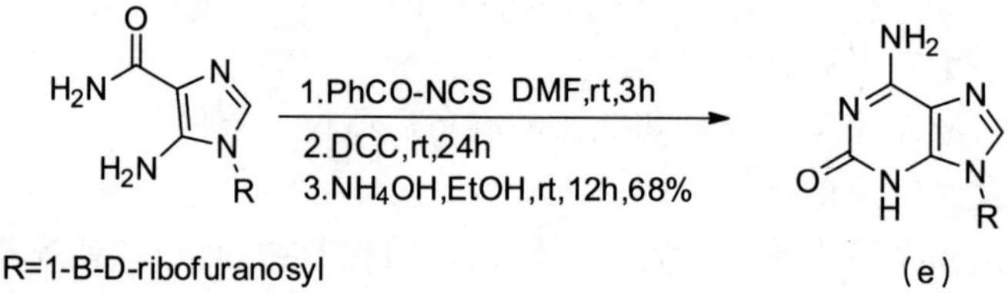
H2N
H2N
1.PhCO-NCS DMF,rt,3h
2.DCC,rt,24h
3.NH4OH,EtOH,rt,12h,68%
NH2
R=1-B-D-ribofuranosyl
(e)

(3)

苯甲酰基异硫氰酸酯优先与氨基胍盐酸盐的肼基进行反应生成苯甲酰基硫脲衍生物(f),依赖于反应条件的不同,环化(f)要么生成噻唑或三唑(h)是一种新型润滑脂添加剂噻二唑衍生物(g)的[反应式(4)][8]。

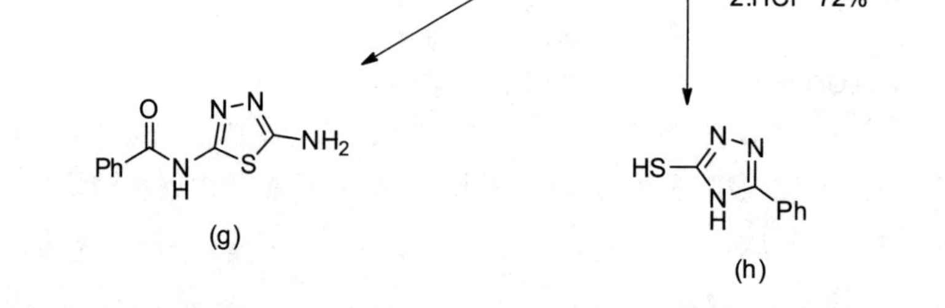
HCl
PhCO-NCS
MeOH/H2O
rt,3h 85%
NH · HCl
(f)
1.H3PO4 120~140℃
2.ice,NH4OH 55%
1.3M NaOH 20min
2.HCl 72%
(g)
HS
Ph
(h)

(4)

可以用苯甲酰异硫氰酸酯作为关键试剂合成一系列嘧啶。苯甲酰异硫氰酸酯和亚胺酸酯[9]、S,N-及N,N-乙烯酮缩醛[10]、烯胺[11]、乙腈[12,13]进行缩合/环合反应,生成不同结构的嘧啶衍生物[反应式(5)],收率一般在中等至良好之间。

Ph–CO–CH₂CN →(1.EtOH.HCl; 2.$Et_3N.H_2O$; 77%) PhCOCH=C(NH₂)OEt →(PhCO—NCS, acetone, rt, 5h; 70%) (5)

相关的试剂

乙氧羰基异硫氰酸盐;异氰酸甲酯。

参考文献

1. Goerdeler, J. Q. Rep. Sulfur Chem. 1970,5,169.

2. Frank, R. L.; Smith, P. V. Org. Synth., Coll. Vol. 1955,3,735.

3. Rasmussen, C. R.; Villani, Jr., F. J.; Weaner, L. E.; Reynolds, B. E.; Hood, A. R.; Hecker, L. R.; Nortey, S. O.; Hanslin, A.; Costanzo, M. J.; Powell, E. T.; Molinari, A. J. Synthesis 1988,456.

4. Durant, G. J. J. Chem. Soc. (C) 1967,92.

5. Mohareb, R. M.; Habashi, A.; Ibrahim, N. S.; Sherif, S. M. Synthesis 1987,228.

6. Chern, J.; Lee, H.; Huang, M.; Shish, F. Tetrahedron Lett. 1987, 28,2151.

7. Bhattacharya, B. K.; Robins, R. K.; Revankar, G. R. J. Heterocycl. Chem. 1990,27,787.

8. Kurzer, F. J. Chem. Soc. (C) 1970,1805.

9. Elghandour, A. H. H.; Ramiz, M. M. M.; Elnagdi, M. H. Synthesis 1989,775.

10. Aggarwal, V.; Ila, H.; Junjappa, H. Synthesis 1982,65.

11. Mohamed, M. H.; Ibrahim, N. S.; Elnagdi, M. H. Heterocycles 1987, 26,899.

12. Elgemeie, G. H.; Abd-El-Aal, F. A. Heterocycles 1986,24,349.

13. Ibrahim, N. S.; Mohamed, M. H.; Elnagdi, H. Chem. Ind. (London) 1988,270.

苯并三唑-1-碳酰氯(1-Chlorocarbonylbenzotriazol)

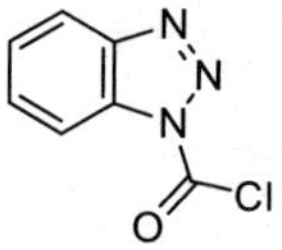

[65095-13-8]　$C_7H_4ClN_3O$　(MW 181.58)

一类含唑环的酰化试剂,用于醇制备氨基甲酸酯[1,2]以及多肽的合成[3,4]。

物理数据:熔点 54~55℃。

制备方法:在 60℃下把光气通入到苯并三唑在甲苯中的悬浮液,直至溶液澄清。减压蒸馏得苯并三唑-1-碳酰氯(a)(产率 99%);该粗产品熔点为 52~54℃。或者,可以将苯并三唑的醚溶液大约在 20 分钟内滴加到浓度为 20%光气的甲苯溶液(4 当量)中;搅拌直至溶液澄清,随后减压蒸馏得产品,收率为 98%,产品熔点为 52℃[1]。

纯化:从轻石油中重结晶。

从醇制备氨基甲酸酯

苯并三唑-1-碳酰氯(a)与醇反应生成 1-烷氧基羰基苯并三唑(b)。该类化合物对水或醇是稳定的,但与胺(或肼)反应得到氨基甲酸酯(c)[反应式(1)][1-2]。类似地,如果在第一步中使用胺而不是醇,则可制备出不对称脲[5]。

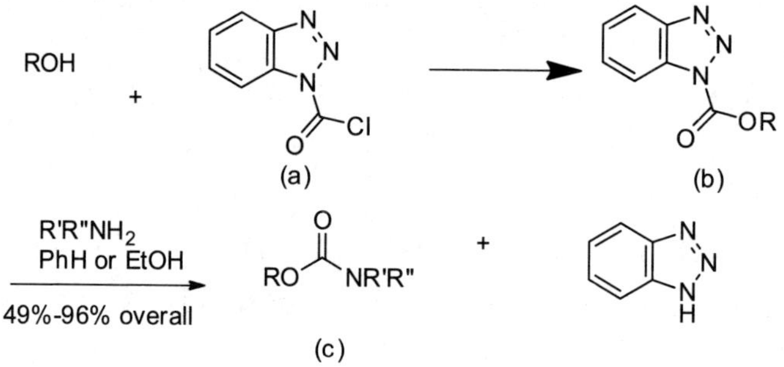

ROH + (a) → (b)
$\xrightarrow[\text{49\%-96\% overall}]{\text{R'R''NH}_2,\ \text{PhH or EtOH}}$ ROC(O)NR'R'' (c) + 苯并三唑　(1)

肽的合成

(a)与二当量的氨基酸的二噁烷溶液生成 N-(1-苯并三唑基羰基)(Btc)氨基酸(d)[反应式(2)],当使用的二当量的氨基酸时该产品的盐酸盐几乎可以定量的从溶液中分离出来[6]。

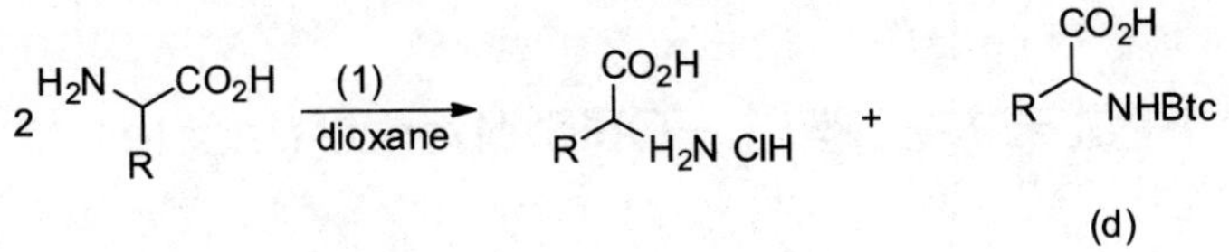

(2)

这些 Btc 氨基酸可以用两种方式用于的肽合成。(d)与胺或氨基酸在乙腈或含水丙酮的溶液反应促进酰胺键的形成,而没有外消旋作用[反应式(3)][3]。苯并三唑和二氧化碳作为副产物。

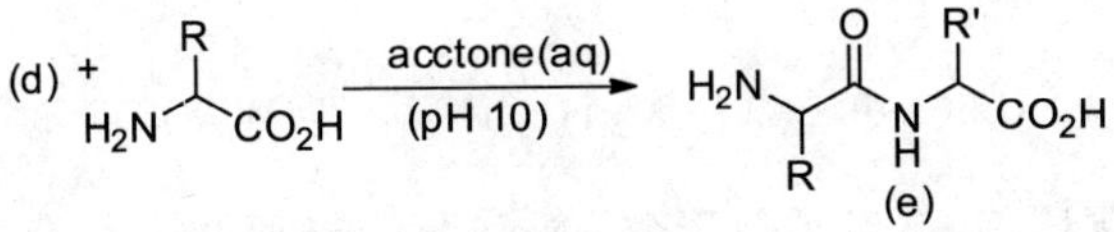

(3)

N-活化也可以通过另一种方式实现的。由(d)生成的酯(e)和用 Cbz 保护的氨基酸反应可生成酰胺键,同时放出一分子的二氧化碳和苯并三唑[反应式(4)][4]。但该合成方法并没有比其他肽合成方法有优势。

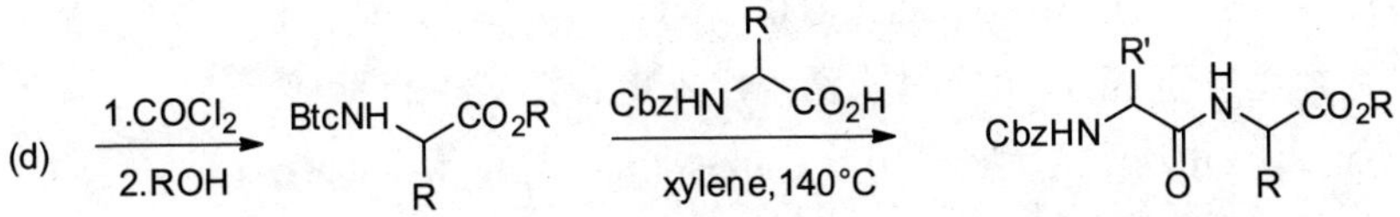

(4)

参考文献

1. Butula, I. ; Prostenik, M. V. ; Vela, V. Croat. Chem. Acta 1977, 49, 837.

2. Butula, I. ; Curkovic, Lj. ; Prostenik, M. V. ; Vela, V. ; Zorko, F. Synthesis 1977, 704.

3. Butula, I. ; Zorc, B. ; Ljubic, M. ; Karlovic, G. Synthesis 1983, 327.

4. Zorc, B. ; Karlovic, G. ; Butula, I. Croat. Chem. Acta 1990, 63, 565.

5. Butula, I. ; Vela, V. ; Ⅳezic, B. Croat. Chem. Acta 1978, 51, 339.

6. Butula, I. ; Zorc, B. ; Vela, V. Croat. Chem. Acta 1981, 54, 435 .

1-氯苯并三唑(1-Chlorobenzotriazole)[1]

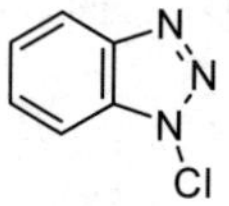

[21050-95-3]　$C_6H_4ClN_3$　(MW 153.57)

含唑环的卤化试剂，有点类似于N-氯代苯二酰亚胺类化合物(NCS)，用于温和氧化，卤化试剂[2,3]和选择性氯化[4]。

替代名称：1-氯-1H-苯并三唑；N-氯苯并三唑；1-CBT。

物理常数：无色针状物；mp104～106℃；λ_{max}=252nm。

溶解性：溶于CH_2Cl_2，CCl_4，C_6H_6，MeCN，MeOH。

试剂纯度分析：溶液可通过碘量滴定或电位滴定进行标样[1]。

制备方法：用次氯酸钠在50%乙酸水溶液中和苯并三唑反应。马上产生沉淀，并用CH_2Cl_2/石油醚中重结晶得1-氯苯并三唑，收率几乎定量[2a]。

处理、储存和注意事项：可自燃[5]；与DMSO发生爆炸反应[2b]；对光敏感；在棕色瓶子对空气和湿气不反应；建议存储在0℃；如果发生变色则丢弃或再次纯化。该试剂应在通风橱中操作。

氧化醇和氮化合物

1-氯苯并三唑(1-CBT)的行为类似于卤化试剂如N-溴琥珀酰亚胺，N-氯琥珀酰亚胺和氯胺-T，可当作卤离子(Cl^+)或卤素自由基(Cl·)的来源。该试剂便于制备和使用，在一些应用中比次氯酸叔丁酯具有更高的反应收率。醇、腙、1,1-及1,2-二取代的肼和氨基苯并三唑在非常温和的条件下可被1-CBT高效地氧化(表1)[2]。反应通常通过将等物质的量的底物和1-CBT的CH_2Cl_2，CCl_4或C_6H_6溶液反应；与肼的反应通常在低温下进行。在短暂的引发期后，发生快速放热反应，这是典型自由基链化学反应，生成氧化产物和苯并三唑盐酸盐的沉淀。仲醇比伯醇被氧化速度更快，这一点和用N-卤化物氧化剂所观察到一样的。用稀氢氧化钠水溶液洗涤，易于从产物中除去微量的苯并三唑。

表 1 1-氯苯并三唑氧化醇和氮化合物

起始原料	溶 剂	产 品	产量(%)
苄醇	CH_2Cl_2	苯甲醛[a]	70
1-苯基乙醇	CCl_4	乙酰苯[a]	65
环己醇	CH_2Cl_2	环己酮[a]	70
苯肼	CH_2Cl_2	偶氮苯	90
4,5-二苯基吡唑烷-3-酮	CH_2Cl_2	反式-二苯乙烯	75
1-氨基苯并三唑	CH_2Cl_2	苯炔[b]	80

a. 作为2,4-二硝基苯腙进行分离。b. 在与四苯基环戊二烯酮反应之后作为四苯基萘进行分离;需要两摩尔的氧化剂。

与硫化物的反应

在−78℃下,硫化物通过1-CBT的甲醇或二氯甲烷中被高效地氧化为亚砜[3a]。反应非常快速和干净,不会像用过氧酸(例如,间氯过苯甲酸)所观察到的那样过度氧化成砜。该试剂的性能与次氯酸叔丁酯相当。这种氧化性能可用于将甾族硫缩醛氧化成酮[3b]。1-CBT和硫化物之间形成的中间体也可以与醇、伯胺、仲胺反应。用四氟硼酸银(Ⅰ)和加合物反应,生成相应的氟硼酸氨基锍盐-或氟硼酸烷氧基锍盐[3c]。

氯化杂环芳烃

吲哚和其他氮杂环可通过1-CBT选择性地高收率地进行氯化。该方法常常弥补叔丁基次氯酸盐不能氯化的反应[4]。通过调节所用的1-CBT的初始量,可以选择性地引入多个氯[反应式(1)][4b]。对于一部分的吲哚用1-氯靛红进行氯化效果更好[4c]。

其他反应

标题试剂显示可以和烯烃非常容易进行加成反应,得到1,2-和2,2-氯乙基苯并三唑[6],也可以对酮进行氯化作用。[1] 1-CBT也可以用于制备其他苯并三唑衍生物(1-硝基-,1-溴-和1-碘苯并三唑)[7,8]以及硒转移试剂双(1-苯并三唑基)硒化物[9]。

1,CBT(n equiv)

$CH2Cl_2$,rt

R_1, R_2, R_3, R_4 N H (1)

1-CBT(mol equⅣ)	Product	Yield(%)
	1 R_1 = Cl; R_2, R_3, R_4 = H	79
	2 R_1, R_2 = Cl; R_3, R_4 = H	64
	3 R_1, R_2, R_3, R_4 = Cl	62

参考文献

1. Hiremath, R. C.; Mayanna, S. M.; Venkatasubramanian, N. J. Sci. Ind. Res. 1990, 49, 122.

2. (a) Rees, C. W.; Storr, R. C. Chem. Commun. /J. Chem. Soc., Chem. Commun. 1968, 1305. (b) Rees, C. W.; Storr, R. C. J. Chem. Soc. (C) 1969, 1474.

3. (a) Kingsbury, W. D.; Johnson, C. R. Chem. Commun. /J. Chem. Soc., Chem. Commun. 1969, 365. (b) Heaton, P. R.; Midgley, J. M.; Whalley, W. B. Chem. Commun. /J. Chem. Soc., Chem. Commun. 1971, 750. (c) Johnson, C. R.; Bacon, C. C.; Kingsbury, W. D. Tetrahedron Lett. 1972, 501.

4. (a) Lichman, K. V. J. Chem. Soc. (C) 1971, 2539. (b) Bowyer, P. M.; Iles, D. H.; Ledwith, A. J. Chem. Soc. (C) 1971, 2775. (c) Berti, C.; Greci, L.; Andruzzi, R.; Trazza, A. J. Org. Chem. 1982, 47, 4895.

5. Chem. Eng. News 1971, July 26, 3.

6. Rees, C. W.; Storr, R. C. J. Chem. Soc. (C) 1969, 1478.

7. Ketari, R.; Foucaud, A. Synthesis 1982, 844.

8. Sasse, M. J.; Storr, R. C. J. Chem. Soc., Perkin Trans. 1 1978, 909.

9. Ryan, M. D.; Harpp, D. H. Tetrahedron Lett. 1992, 33, 2129.

1-氰基苯并三唑(1-Cyanobenzotriazole)

[75-07-0]　$C_7H_4N_4$　(MW　144.4)

活泼的氰化试剂，由于氰基和一缺电子的氮原子相连，增加了氰基的活性，一般可进行亲电取代而进行氰化。

别名：1H-苯并三唑-1-甲腈。

物理性质：白色晶体；熔点73～75℃；在75℃(2mmHg)时升华；最大紫外波长(乙醇试剂)：253，293(6620，3300)。

溶解度：溶于乙醚，四氢呋喃，二噁烷，CH_2Cl_2，甲醇和乙腈。

提供形式：白色固体，广泛使用。

分析试剂纯度：^1H NMR($CDCl_3$)7.64(ddd，J=8.3，6.4，1.9 Hz，1H)，7.80～7.90(m，2H)，8.23(dd，J=8.4，0.9 Hz，1H)；^{13}C NMR($CDCl_3$)103.7，109.5，121.4，126.8，131.6，132.6，143.3。

纯化：在75℃(2mmHg)进行升华提纯。

处理、保存和注意事项：有刺激性，性质稳定，易保存。

Sp^3-碳负离子亲电氰化作用

1-氰化苯并三唑容易和活跃的去质子化亚甲基化合物反应，例如芳基乙腈类，在0℃的条件下添加适当的芳基取代丙二腈类得到中等产率(30%～66%)[反应式(1)][1]。

1.LDA,THF,0℃
2.BtCN,THF,-78℃
Bt=benzotriazol-1-yl
65%　　(1)

氰化异芳基苯乙酮与1-氰化苯并三唑反应收率很高，而且没有必要一定需先生成碳负离子和较低的温度[反应式(2)]。

BtCN,NaH
dioxane,reflux
86%
(2)

Sp^2-和 Sp -碳负离子的亲电氰化作用

当高浓度 1 -氰化苯并三唑和亲核试剂反应时,可通过相反的添加方法(金属化的底物添加到氰化试剂溶液中)才能得到更好的腈产率,该反应和底物的结构关系不大[3]。

锂化末端炔烃在－78℃下容易与 1 -氰基苯并三唑反应,得到高收率的相应的氰基炔烃[3]。对于该反应 1 -氰基苯并三唑优于 CUCN/LiBr 的组合[4],如对 9 - pro - pargyl carbazole 进行氰化。芳烃的氰化通常通过卤代芳烃的初始锂-卤素交换而后再进行氰化[反应式(3)][3]或它们转化为格氏试剂来实现;[5]后一种方法用作西酞普兰合成中的关键步骤。

1.*n*-BuLi,THF,-78℃
2.BtCN,THF,-78℃
75%
(4)

2,2′-二噻吩的直接锂化/氰化得到 5 -氰基- 2,2′-二噻吩,产率 68%[反应式(4)],而富电子杂环如 N -保护的吡咯或吲哚得到较差的产率[3]。使用富电子杂环的格氏衍生物作为氰化底物并不会提高收率。

1.n-BuLi,THF,-78℃
2.BtCN,THF,-78℃
68%
(5)

使用过量的 1 -氰基苯并三唑对 2,2 -二噻吩进行双锂化/氰化,结果生成单-和二氰化产物的混合物。有趣的是,通过锂/卤素交换而不是直接锂化促进双氰化,结果生成对称的 5,5′-二氰基- 2,2′-联噻吩,产率为 71%[3]。

胺的亲电子氰化

在温和条件下,脂肪族胺容易用 1 -氰基苯并三唑进行 N -氰化[7]。在第一阶段,在 1 -氰基苯并三唑的三键上加胺,得到相应的胍,收率极高。仲胺的胍衍生物在氯苯中加热或用甲醇的 KOH 处理进行苯并三唑基的裂解,得到 N -氰基胺,生成形式的 N -氰化产物,产率为 83%～96%[反应式(5)]。伯胺的胍衍生物在消除条件下是稳定的。

C_8H_{17}-NH-C_8H_{17} $\xrightarrow[\text{rt, 87\%}]{\text{BtCN}, CH_2Cl}$ Bt-C(=NH)-N(C_8H_{17})$_2$ $\xrightarrow[\text{reflux, 96\%}]{\text{PhCl}}$ NC-N(C_8H_{17})$_2$

相关试剂:

甲苯磺酰氰;氯化氰;氰化物溴化物;硫氰酸;溴化铜。

参考文献

1. Hughes, T. V.; Hammond, S. D.; Cava, M. P., J. Org. Chem. 1998, 63, 401.

2. Abdel-Megid, M.; Elnagdi, M. H.; Negm, A. M., J. Heterocycl. Chem. 2002, 39, 105.

3. (a) Hughes, T. V.; Cava, M. P., J. Org. Chem. 1999, 64, 313-315. (b) Hughes, T. V.; Cava, M. P., J. Org. Chem. 1999, 64, 2599.

4. Drechsler, U.; Sandman, D. J.; Foxman, B. M., J. Chem. Soc., Perkin Trans. 2 2001, 581.

5. Bolzonella, E.; Castellin, A.; Nicole, A., PCT Int. Appl. W 01 02,383 A2 (Chem. Abstr. 2001, 134, 102526).

6. Dehmel, F.; Abarbri, M.; Knochel, P., Synlett. 2000, 345.

7. Katritzky, A. R.; Brzezinski, J. Z.; Lam, J. N., Rev. Roum. Chim. 1991, 36, 573.

苯并三唑-1-基甲基异氰化物

(Benzotriazol-1-ylmethyl Isocyanide)

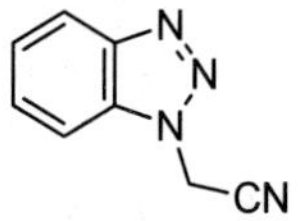

[87022-42-2]　$C_8H_6N_4$　(MW 158.16)

含活泼的异氰甲基的三唑类化合物，由于异氰甲基的1,3-偶极性，可以和烯烃、亚胺、醛、酮进行环加成反应合成唑类化合物，如吡咯、咪唑、噁唑的合成，在制备不对称甲脒中作为 H_3CCN 合成等价物。

替代名称：BetMIC。

物理数据：金黄色粉末；熔点104～106℃。

溶解性：溶于THF，二氯甲烷，三氯甲烷；中度溶于乙醚。

供应形式：黄色固体；易购。

分析试剂纯度：$IR_{max}^{[KBr]}$ ($cm^{[-1]}$) 2140 (N≡C)；^1H NMR ($CDCl_3$) 6.22 (s, 2H), 7.47～7.69 (m, 3H), 8.11 (d, J = 7.0Hz, $^{[13]}C$ NMR ($CDCl_3$) δ 52.38, 108.8, 120.5, 125.0, 128.9, 131.7, 146.1, 163.4。

制备方法：通过(苯并三唑-1-基甲基)甲酰胺脱水制备[1-3]。

纯化：用乙醚多次萃取粗产物。

操作、贮存和注意事项：刺激性，恶臭，不吸湿。在室温下放置几周比较稳定；然而，对于长期存储，建议冷藏。

苯并三唑-1-基甲基异氰化物(BetMIC)是甲基异氰化物的少数杂芳基取代的衍生物之一，因此属于一类甲基异氰化物试剂，其最显著代表的对甲苯磺酰基甲基异氰化物(TosMIC)，对甲苯基硫代甲基异氰化物，二异氰基甲基膦酸二乙酯和异氰基乙酸乙酯。BetMIC已被开发作为TosMIC的替代物，具有由苯并三唑基提供的较小的阴离子稳定性。

对极化双键的1,3-偶极环加成-合成噁唑和噁唑啉

在温和的碱性条件下，BetMIC对芳族和杂芳族醛的羰基进行1,3-偶极环加成反应，产率中等(35%～69%)[反应式(1)][2]，直接制备5-取代的噁唑。

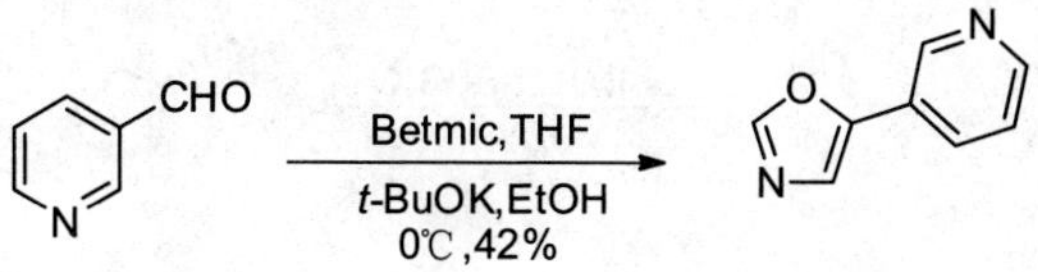

(1)

在通常用于促进 TosMIC 与酮的 Knoevenagel 型缩合反应的条件下,BetMIC 和酮反应生成形成相应的 1,3-加合物,其中苯并三唑基部分已经被来自共溶剂的乙氧基取代[反应式(2)]。与环烷酮(59%~65%)[2]相比,直链酮(92%~93%)的产率通常更好。

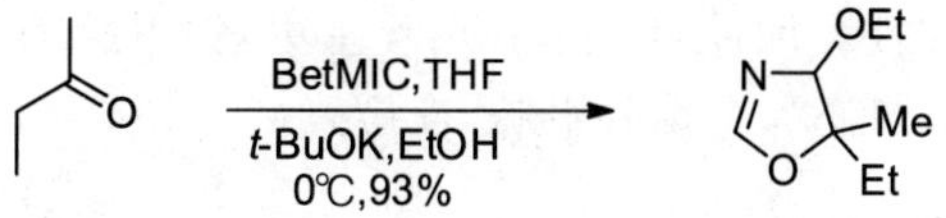

(2)

这些三取代噁唑啉的温和酸性水解提供了一种制备各种羟基醛的方法。

合成咪唑

BetMIC 与醛亚胺的环加成反应,类似于 TosMIC 试剂的反应方式,并生成相应的咪唑[反应式(3)][4-5]。然而,BetMIC 优先和不带有吸电子基团的二芳基醛亚胺进行反应。

通过 BetMIC 的锂化/烷基化制备的单取代的 BetMIC 衍生物[反应式(4)]可以在这些环加成反应中取代 BetMIC,以合成在咪唑环的 4-位具有其他取代基的咪唑[4]。

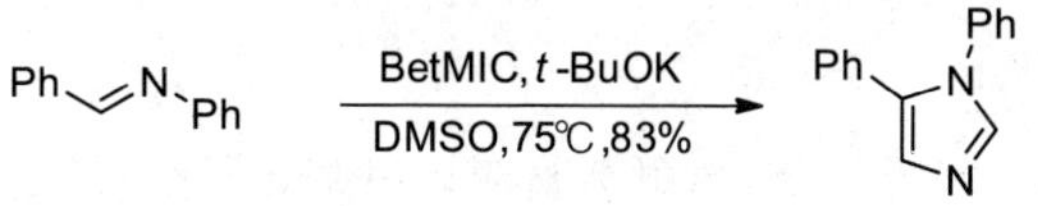

(3)

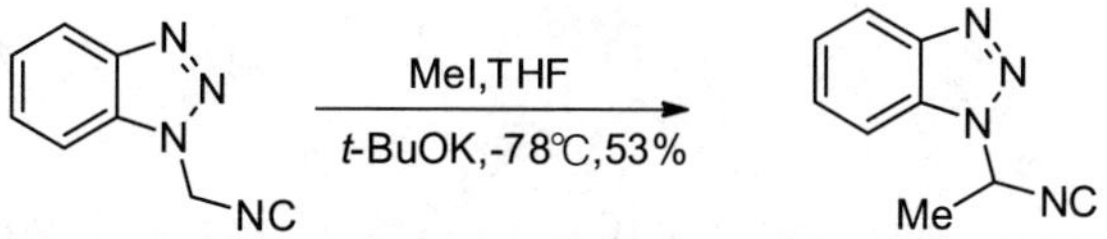

(4)

合成吡咯

BetMIC 作为 TosMIC 一个有用替代物,也通过碱催化的 1,3-加成作为迈克尔受体对活泼烯烃进行加成[反应式(5)][4]合成吡咯。尽管锂化的 BetMIC 与不饱和酮的反应不太成功,生成吡咯的收率较差,如果用丙烯酸甲酯,其效果比 TosMIC 的加成效果好,在与丙烯腈衍生物的反应中收率有极大的提高。

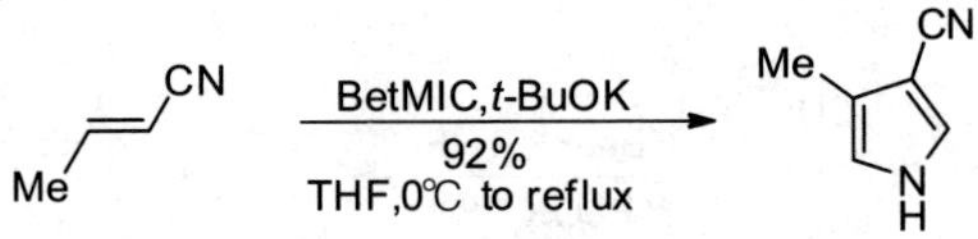

(5)

不对称甲脒的合成

在制备不对称甲脒时,BetMIC 及其单取代衍生物[反应式(4)]被成功地用作 H_3CCN 合成等价物[3]。胺对异腈进行加成反应,是构成该方法的第一步,也是异腈的常见反应。然而,在这种特殊情况下,形成的加合物[反应式(6)]带有苯并三唑基,形成化合物多样性。因此,用(苯并三唑基甲基)甲脒加合物与格氏试剂反应可以生成不对称的 N,N,N′-三烷基甲脒[反应式(7)]。

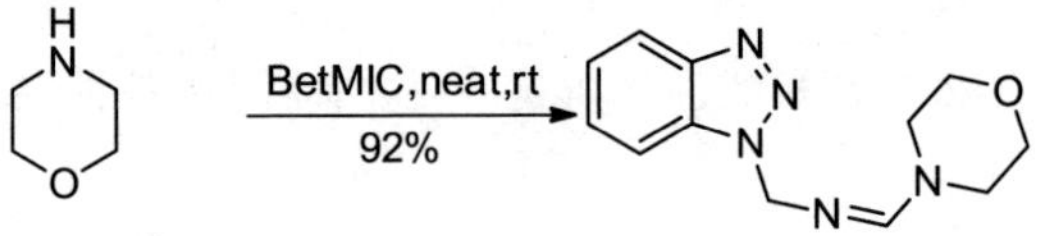

(6)

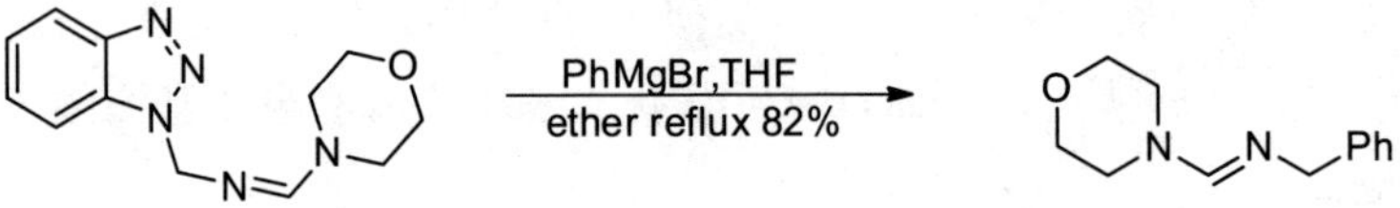

(7)

1-氯苯并三唑与 BetMIC 的类似加成可生成双(苯并三唑基)取代的亚氨酰氯,苯并三唑-1-基和苯并三唑-2-基异构体的可分离混合物,被认为是异氰化物二氯化物的合成等价体[6]。

相关试剂

对甲苯磺酰基甲基异氰酯;对甲苯基硫代甲基异氰酯;二乙基异氰基甲基膦酸酯;异氰酸乙酯。

参考文献

1. Saikachi, H.; Sasaki, H.; Kitagawa, T., Chem. Pharm. Bull. 1983, 31,723.

2. Katritzky, A. R.; Chen, Y. X.; Yannakopoulou, K.; Lue, P., Tetrahedron Lett. 1989, 30, 6657.

3. Katritzky, A. R.; Sutharchanadevi, M.; Urogdi, L., J. Chem. Soc., Perkin Trans. 1 1990, 1847.

4. Katritzky, A. R.; Cheng, D.; Musgrave, R. P., Heterocycles 1997, 44, 67.

5. Almanza, C.; Gonzalez, C.; Torres, M. C., PCT Int. Appl. 2000 WO 0023426 A1(Chem. Abstr. 2000, 132, 308336).

6. Katritzky, A. R.; Rogovoy, B.; Klein, C.; Insuasty, H.; Vvedensky, V.; Insuasty, B., J. Org. Chem. 2001, 66, 2854.

苯并噻唑(Benzothiazole)[1]

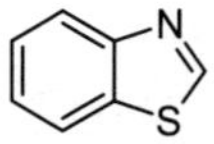

[95-16-9]　C_7H_5NS　(MW 135.18)

苯并噻唑由于噻唑环的活泼性，可经过烃基化再水解噻唑环而生成醛或酮类化合物。该试剂可充当甲酰基和酰基阴离子等价物[2]，经由2-三甲基硅烷基衍生物生成多一个碳的醛同系物[3]，N-甲基苯并噻唑鎓环也是容易离去的基团[4]。

物理数据：mp 2℃；bp 231℃(765mmHg)；bp 131℃(34mmHg)；d 1.246 g·cm^{-3}；n_D 1.6379。

溶解性：微溶H_2O；溶于丙酮；极易溶于乙醇，乙醚，THF，CS_2。

试剂纯度分析：^1H NMR和^{13}C NMR。

纯化：减压蒸馏。

操作、储存和注意事项：在通风橱中使用。苯并噻唑应使用新蒸馏的再进行反应。吸入、皮肤接触和吞咽都会使人中毒。

2-锂代苯并噻唑[5]

苯并噻唑(a)在−78℃下在乙醚溶剂中使用1.0当量的正丁基锂容易在2-位上金属化[2a,6]。Chikashita等人发现[2b]，通过添加10%过量的正丁基锂，并在THF溶剂中进行反应，收率更高[反应式(1)]。事实上，当使用乙醚作为溶剂或THF小于2mL / mmol苯并噻唑时，锂化合物出现沉淀，相应的悬浮液变得非常稠，使搅拌困难。

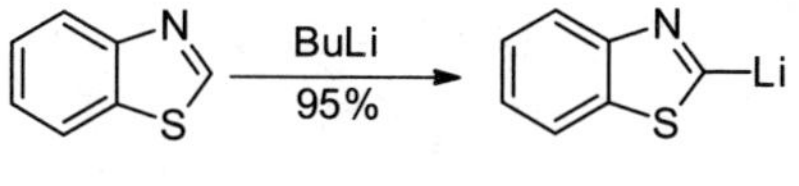

BuLi, 95%　(1)

(a)　(b)

2-锂代苯并噻唑(b)仅在−50℃以下才稳定。2-锂代苯并噻唑在THF中的溶液为一澄清的橙色溶液。在高于−50℃时，观察到暗褐色溶液，表明有机锂化合物分解。因此，与该试剂的反应必须在低于−50℃的温度下进行。2-锂代苯并噻唑(b)与各种亲电子[7]试剂如酯、腈[反应式(2)]，卤代酮[反应式(3)]和羰基化合物[4]反应，得到醇，该中间体其可容易地脱水成相应的烯烃[反应式(4)][2]。

CO_2Et,CN (b),-78℃ Ph (2)

Br,Cl (b)-78℃ O Ph (3)

R^1 R^2 1.(b),THF 2,H_2O 50%~89% R^1 OH R^2 $P_2O_5,MeSO_3H$ 85%~99% R^2 R^1 (4)

(c)

另一方面,Chikashita 等人[7]发现 2-锂苯并噻唑(b)不与卤代烃反应。

苯并噻唑在有机合成的作用主要是通过去保护转化为羰基官能团[2]。该方法包括三个步骤:(ⅰ)2-取代的苯并噻唑(d)的甲基化;(ⅱ)还原所得的盐(e);(ⅲ)在温和和中性条件下水解以提供醛(f)[反应式(5)][2,4]。然而,在多种情况下,该去屏蔽步骤的效率及其与其他保护基团的相容性不得而知。

(d) $MeOSO_2F$ CH_2Cl_2 Me $^-OSO_2F$ (e) $NaBH_4$ (5)

Me H R $AgNO_3$ MeCN buffer pH=7 RCHO (f) overall 74%~81%

N-甲基苯并噻唑鎓盐(e)也与有机金属试剂反应得到 2,2-二取代的 N-甲基苯并噻唑啉,其在水解后生成相应的酮(g)[反应式(6)][2,4]。

(e) Me $^-OSO_2F$ R'Li Me R R' $AgNO_3$ MeCN huffer pH=7 R R' (g) overall 41%~87% (6)

Corey 和 Boger 利用这种同系化方法设计了新的碳-碳键形成反应[8]和稠合、螺环的成环过程[9]。苯并噻唑化学的另一个应用包括使用杂环作为离去基团。如反应式(7)所概述的通过 N-甲基苯并噻唑鎓盐(h)和(i)合成羧酸衍生物,就是利用了该性质[4b]。

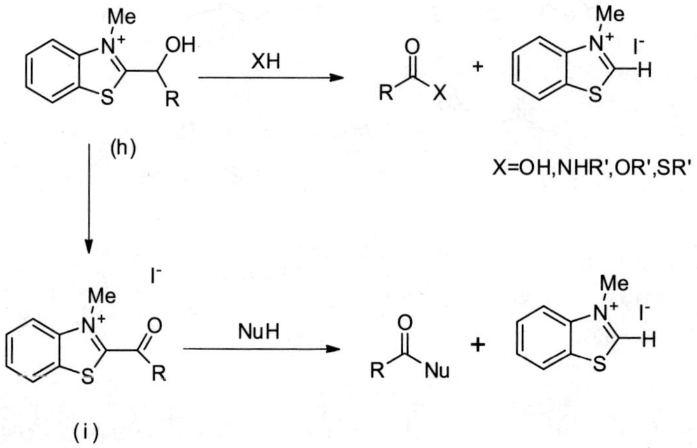

(7)

2-(三甲基硅)苯并噻唑

该试剂可以通过在−78℃下将三甲基氯硅烷加入2-锂基苯并噻唑(b)中，随后逐渐升温至室温，反应4～5小时[反应式(8)][10]，收率很高。

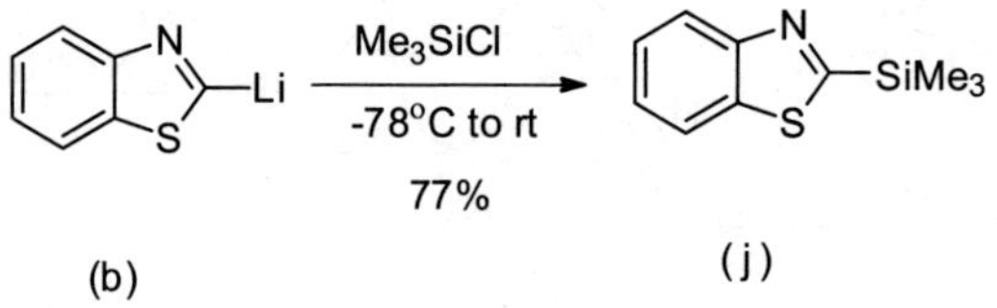

(8)

不管有没有叔丁醇钾[3a,10][反应式(9)]作为催化剂[3b][反应式(10)]，2-(三甲基硅烷基)苯并噻唑(j)都可以与几种亲电试剂如酸衍生物和羰基化合物反应。

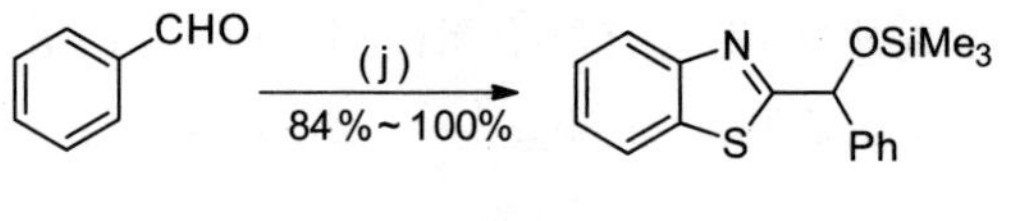

(9)

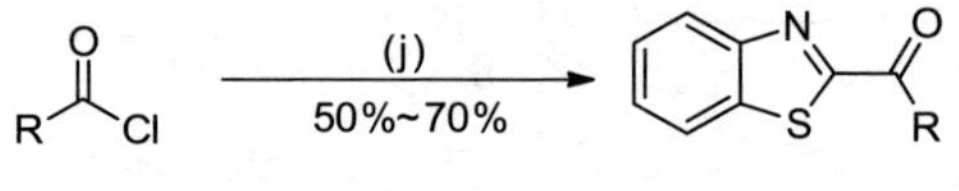

(10)

2-(三甲基硅烷基)苯并噻唑和手性醛的加成反应，仅仅报道一例[3c]，并且观察到非常明显的非对映体选择，这一点与2-锂硫代苯并噻唑(b)相反，其与相同醛的反应中完全缺乏立体选择性[反应式(11)]。

(10),neat / rt,24h / 65% (k) CHO → Me$_3$SiO ... ds=80% (11)

由于苯并噻唑已显示为甲酰基阴离子[11]等价物，所以该反应可以表示立体选择性同系过程。然而，就合成来说，2-(三甲基甲硅烷基)噻唑是更方便的合成等效物，因为用该试剂获得较高的立体选择性，并且与噻唑相比，醛的释放更容易。2-(三甲基甲硅烷基)苯并噻唑(j)也已经用于合成杂芳族膦[12]和内消旋甜菜碱[13]。

参考文献

1.(a)Metzger,J. V. InComprehensⅣe Heterocyclic Chemistry;Katritzky, A. R.;Rees,C. W.,Eds.;Pergamon:Oxford,1984;Vol. 6.(b)Sainsbury,M. In Rodd's Chemistry of Carbon Compounds,2nd ed.;Coffey,S.;Ansell,M. F., Eds.;Elsevier:Amsterdam,1986;Ⅳc.

2.(a)Corey,E. J.;Boger,D. L. Tetrahedron Lett. 1978,5.(b)Chikashita, H.;Ishibaba,M.;Ori,K.;Itoh,K. Bull. Chem. Soc. Jpn. 1988,61,3637. It has been reported for benzothiazole a value of $pK_a = 28 - 29$. See:Fraser,R. R.; Mansour,T. S.;Savard,S. Can. J. Chem. 1985,63,3505.

3.(a)Ricci,A.;Fiorenza,M.;Grifagni,M. A.;Bartolini,G. Tetrahedron Lett. 1982,23,5079.(b)Effenberger,F.;Spiegler,W. Ber. Dtsch. Chem. Ges./ Chem. Ber. 1985,118,3872.(c)Dondoni,A.;Fogagnolo,M.;Medici,A.;Pedrini, P. Tetrahedron Lett. 1985,26,5477.

4.(a)Chikashita,H.;Tame,S.;Yamada,S.;Itoh,K. Bull. Chem. Soc. Jpn. 1990,63,497.(b)Chikashita,H.;Ishihara,M.;Takigawa,K.;Itoh,K. Bull. Chem. Soc. Jpn. 1991,64,3256.

5. Fieser & Fieser 1980,8,274

6. Gilman,H.;Beel,J. A. J. Am. Chem. Soc. 1949,71,2328.

7. Chikashita,H.;Itoh,K. Heterocycles 1985,23,295.

8. Corey,E. J.;Boger,D. L. Tetrahedron Lett. 1978,9.

9. Corey,E. J.;Boger,D. L. Tetrahedron Lett. 1978,13.

10.(a)Pinkerton,F. H.;Thames,S. F. J. Heterocycl. Chem. 1971,8,257.(b)Jutzi,P.;Hoffmann,H. J. Ber. Dtsch. Chem. Ges./Chem. Ber. 1973,

106,594.

11. Dondoni,A. ;Colombo,L. InAdvances in the Use of Synthons in Organic Chemistry;Dondoni,A. ,Ed. ;JAI:London,1993.

12. Moore,S. S. ;Whitesides,G. M. J. Org. Chem. 1982,47,1489.

13. Potts,K. T. ;Murphy,P. M. ;Kuehnling,W. R. J. Org. Chem. 1988,53,2889.

苯并噻唑-2-磺酰氯
(Benzothiazole-2-sulfonyl chloride)

[2824-46-6]　$C_7H_4ClNO_2S_2$　(MW 233.7)

苯并噻唑类试剂,该试剂主要用作磺酰氯试剂。该试剂在配体制备,及磺酰胺系列化合物合成时作为氮保护基。

物理数据:mp 108～110℃[1]。

溶解性:可溶于多数有机溶剂。

供应形式:不市售。

处理、储存和注意事项:这种材料不能在室温下存放。作者发现在室温下样品自发分解,并释放二氧化硫。其分解速度和产品质量相关联[2]。在氯仿的稀溶液(0.1 mol/L)相对稳定,但 1mol/L 的浓度下在 3 天内分解完全。加入 1%的 BHT 可改善溶液中的稳定性。

该试剂是由市售的 2-巯基苯并噻唑进行氯氧化进行制备[2]。

用作氮的保护基

Vedejs 发现苯并噻唑-2-磺酰-氨基酸(BTS 氨基酸)可以很容易地转化为酰氯,而且无外消旋化,开创了 BTS 集团保护氨基酸的先例[3]。BTS 保护氨基酸的酸性氯化物可以非常有效地进行肽连接,而且不会外消旋化[2]。磺胺的制备通过 NaOH 的水溶液,即慢慢地加入 1.3mol/L NaOH 维持 pH 值在 10～10.5 来进行制备。对于简单的胺,用胺和 $NaHCO_3$ 的四氢呋喃水溶液和磺酰氯反应形成磺酰胺。两相系统的话使用二氯甲烷,H_2O 和 Na_2CO_3 同样有效[4]。伯胺的 BTS 类衍生物可以容易地进行烷基化[反应式(1)][4]。

Bts-NH-CH(R)-CO-O-*t*-Bu (R=Me,*i*-Bu,*i*-Pr) —(MeI.K_2CO_3, CH_3CN)→ Bts-N(CH_3)-CH(R)-CO-O-*t*-Bu　(1)

已经开发了一些 BTS 衍生物脱保护的方法,下面列举的就是这些方法。最好的、最温和的方法是使用硫醇和碱。

1. 6 N HCl 回流 2h[1]。

2. H_3PO_2、DMF 或 THF。最好的脱肽保护的方法是使用低浓度(0.05 mol/L,90%;0.3mol/L,77%;0.8mol/L,43%)[3]。

3. 锌、AcOH、EtOH[3]。

4. 铝(汞)、乙醚、水[3]。

5. 连二亚硫酸钠或亚硫酸氢钠,乙醇和水回流,在该条件下导致肽的消旋。

6. TFA 和 PhSH,反应 2 天后转换 25%[3]。

7. H_2、Pd/C 和乙醇。在催化剂中毒之前可能发生裂解反应。

8. NaOH,室温下 12 h 可用于二级胺如脯氨酸 BTS 衍生物裂解,但伯胺衍生产品需要 90～100℃,反应 24 h 可造成氨基酸的外消旋[3]。

9. 硼氢化钠和乙醇。此方法适合仲胺 BTS 衍生物。但对于伯胺的反应不完全[2]。

10. PhSH,DIPEA,DMF 或 PhSH,*t*-BuOK,DMF[5],用碳酸钾作为碱。这些条件进行有效的一级和二级胺 BTS 衍生物的脱保护。

11. 谷胱甘肽 S-转移酶也被证明可以用于 BTS 的脱保护[6]。该方法有相当大的意义,当本官能基作为一个候选药物的一部分。

其他应用

BTS 组也被应用在配体[7]的开发和制备磺胺类药物池时[8]。

参考文献

1. Roblin,Jr.,R. O.;Clapp,J. W.,J. Am. Chem. Soc. 1950,72,4890.

2. Vedejs,E.;Kongkittingam,C.,J. Org. Chem. 2000,65,2309.

3. Vedejs,E.; Lin, S.; Klapars, A.; Wang, J., J. Am. Chem. Soc. 1996, 118,9796.

4. Vedejs,E.;Kongkittingam,C.,J. Org. Chem. 2001,66,7355.

5. Wuts, P. G. M.; Gu, R. L.; Northuis, J. M.; Thomas, C. L., Tetrahedron. Lett. 1998,39,9155.

6. Zhao,Z.;Koeplinger,K. A.;Peterson,T.;Conradi,R. A.;Burton,P. S.; Suarato, A.; Heinrikson, R. L.; Tomasselli, A. G., Drug Met. Disp. 1999, 27,992.

7. Diltz,S.;Aguirre,G.;Ortega,F.;Walsh,P. J.,Tetrahedron Asym. 1997, 8,3559.

8. (a) Raghavan, S.; Yang, Z.; Mosley, R. T.; Schleif, W. A.; Gabryelski,

L. ; Olsen, D. B. ; Stahlhut, M. ; Kuo, L. C. ; Emini, E. A. ; Chapman, K. T. ; Tat, J. R. , Bioorg. Med. Chem. Lett. 2002, 12, 2855. Links Hafez, A. A. A. ; Geies, A. A. ; Hozien, A. ; Khalil, Z. H. , Collect. Czech. Chem. Commun. 1994, 59, 957.

1,1-羰基双(3-甲基咪唑鎓)双(三氟甲磺酸酯)

1,1-Carbonylbis(3-methylimidazolium) Bis(trifluoromethanesulfonate)[1]

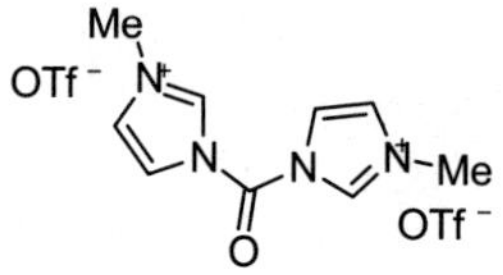

[120418-31-7]　$C_{11}H_{12}F_6N_4O_7S_2$　(MW 490.36)]

该试剂是羧酸的活化试剂,氨基酰化时通用的耦合试剂[2]。

别名:1,1-羰基(3-甲基咪唑鎓)双三氟甲磺酸盐。

物理数据:淡白色固体;mp78～80℃;$^1H(CDCl_3)$　8.86(s,2H),7.44(m,2H),7.16(m,2H),4.00(s,6H)。

溶解性:溶于硝基甲烷、氯仿;不溶于醚;与水反应。

试剂的纯度分析:新鲜制备的样品用水处理,生成200mol%的N-甲基咪唑三氟甲磺酸盐和CO_2。

制备方法:在10℃将新鲜的三氟甲磺酸甲酯加入到1,1-羰基二咪唑的硝基甲烷溶液中。然后减压蒸除溶剂,或制备的试剂原位使用[2]。

处理、储存和预防措施:通常在无水条件下制备并立即使用。可以储存在干燥的硝基甲烷溶液中或在没有水分的条件下以固态保存。应避免使用老化的三氟甲磺酸甲酯来进行制备,因为这样制备的偶联试剂可能还有三氟甲磺酸,污染了试剂[2]。

偶联反应

当氨基酸的N-Cbz衍生物和新鲜制备的羰基二(3-甲基咪唑鎓)三氟甲磺酸盐的硝基甲烷的溶液进行反应时,就发生偶合反应,生成一分子的酰胺衍生物,一分子的甲基咪唑鎓三氟甲磺酸盐,并放出一分子的CO_2[反应式(1)][2]。

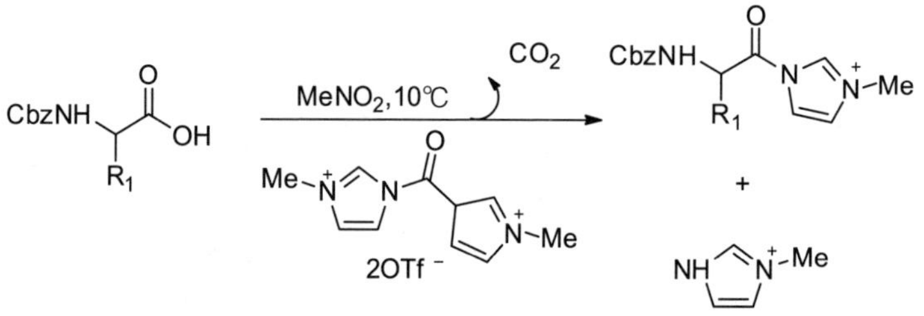

(1)

制备的酰化物质可以与醇进行偶联反应生成酯或与胺偶联生成酰胺。偶联产物的产率通常很高,并且偶联产物极易形成,15 分钟内就可以生成酰胺[反应式(2)],3 小时内生成酯[2]。

CbzNH OTf⁻ R_1 N N⁺-Me ROH → R_1 OR HNCbz + NH N⁺-Me OTf⁻

R_2 OMe H_2N → CbzNH R_1 N H R_2 OMe O (2)

特别值得注意的是有空间位阻醇(例如薄荷醇)也可以进行偶联,产率近定量[反应式(3)]。

Cbz-Phe 1. Me-N⁺ N N N⁺-Me 2OTf⁻ 2. (-)-menthol 98% → Cbz-Phe-O-menthol (3)

在这些中性条件下反应外消旋化不是普遍的,偶联产物的非对映异构体过量值的常规分析表明 *a* 比 99.75∶0.25 比率更大,证实了系统的温和性和在偶联期间反应条件为持续中性的。该系统比常规偶联剂如 N,N′-羰基二咪唑[3,4]更有利,因为后者 O-酰化通常比较缓慢[5],而且观察到偶联中酰基组分的外消旋化现象[6]。

参考文献

1. Bodanszky, M.; Bodanszky, A. The Practice of Peptide Synthesis, Springer:New York,1984.

2. Saha, A. K.; Schultz, P.; Rapoport, H. J. Am. Chem. Soc., 1989, 111,4856.

3. Staab,H. A. Justus Liebigs Ann. Chem./Liebigs Ann. Chem., 1957, 609,75.

4. For related carbonyl bis-imidazole system see:Kamijo,T.;Harada,H.; Iizuka,K. Chem. Pharm. Bull.,1984,32,5044.

5. Staab,H. A. Angew. Chem.,Int. Ed. Engl.,1962,1,351.

6. Weygand, F.; Prox, A.; Konig, W. Ber. Dtsch. Chem. Ges./Chem. Ber.,1966,99,1451.

2-氯-1-甲基碘代吡啶

(2-Chloro-1-methylpyridinium Iodide)[1]

[14338-32-0]　C_6H_7ClN　(MW 255.49)

同前者一样，羧酸的活化试剂[1]；可通过它可合成一系列的化合物，如酯类[2]和酰胺类[3]化合物；内酯[4]；烯酮的合成[5]；内酰胺的合成[6,7]；亚胺的合成[8]。

备用名称：Mukaiyama 试剂。

物理数据：熔点 204～206℃。

形式提供：市售黄色固体。

制备方法：由 2-氯吡啶和碘代甲烷反应在丙酮中回流[9]。

提纯：丙酮重结晶。

处理、储存和注意事项：吸湿性。

羧酸的活化：酯的合成

2-氯-1-甲基吡啶鎓碘化物(a)与羧酸和乙醇的混合物发生反应，在 2 摩尔等量碱的条件下，生成酯[反应式(1)][2]。吡啶盐(b)的形成是由化合物(a)的氯被羧基取代形成的；形成的活性酯和乙醇反应生成酯，同时生成副产物 1-甲基-2-吡啶酮(c)。该反应可在多种溶剂里进行，但在二氯甲烷或吡啶中产量最高。三丁胺或三乙胺经常被用作碱催化剂。由于副产品吡啶酮不溶于二氯甲烷，因此从溶液中沉淀析出。该反应对有位阻的羧酸和醇，收率良好。

R_1CO_2H + (a) →(base) (b) →(R_2OH, base) R_2OCOR_1 (62%~90%) + (c) + base·HI　　(1)

酰胺的合成

按同样的方式,酰胺可以用2-氯-1-甲基吡啶鎓碘化物对等物质的量的羧酸和胺,在碱存在下反应来进行制备[反应式(2)][3]。

$$RCO_2H + R_1R_2NH \xrightarrow[CH_2Cl_2,\ >82\%]{(a),Bu_3N} RC(=O)NR_1R_2 \quad (2)$$

内酯的形成

上述合成酯的方法可广泛应用在羟基酸底物上进行环化反应合成内酯[反应式(3)][4]。环化过程是熵增加的反应,因为所有的反应物都和中心的吡啶盐接近(d)。反应的最佳条件是在回流条件下羟基酸(0.0125 mol/L)和三乙胺(8 equⅣ)的二氯甲烷或乙腈溶液中(4 equⅣ;0.04 mol/L)在8个小时慢慢滴加到2-氯-1-甲基吡啶鎓碘化物(a)的二氯甲烷或乙腈溶液中。然后再进一步回流30分钟,蒸发溶剂和柱层析分离产品得到内酯。对各种大小的环内酯形成的研究结果如表1所示。当环的大小为7或为12及以上可以得到好的效果,但是在合成8-或9-元环内酯时导致二聚反应。

$$HO(CH_2)_nCO_2H \xrightarrow{(a),Et_3N} \left[\text{(d)}\right] \xrightarrow{Et_3N} \text{lactone } (CH_2)_n + \text{(c)} \quad (3)$$

(d)

表1 通过羟基酸环化试剂形成内酯

环大小	内酯产量(%)	二聚体产量(%)
7	89	0
8	0	93
9	13	34
12	21	64
13	69	14
16	84	3

对敏感的反式-羟基酸进行环化反应欲得到有张力的反式双环内酯(e)时,该反应往往出现问题,因为叔醇容易进行脱水生成烯烃。研究表明,(a)是能够进行

这种环化反应的首选试剂[反应式(4)][10]。如果采用其他试剂,如 1,3 -二环己基碳二亚胺、吡啶或 2,2′-二吡啶基二硫、三苯基膦,收率就低得多。

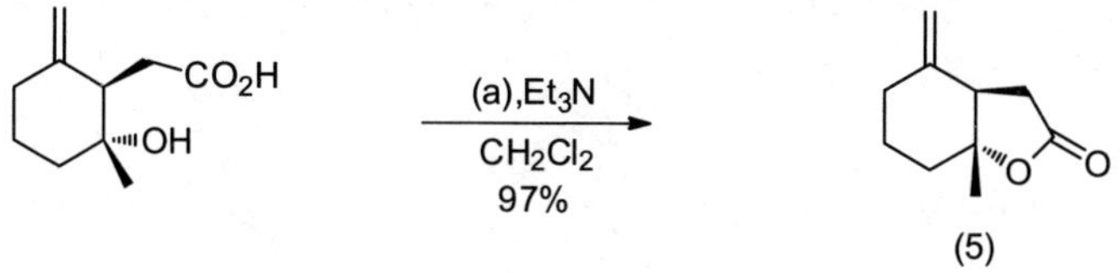

(a),Et_3N, CH_2Cl_2, 97% (4)

(5)

合成烯酮

有证据表明,发生上述酯化过程至少部分羧酸有可能形成烯酮[5]。如果一羧酸分子在一适当位置含有双键,得到的烯酮可以发生分子内[2+2]环加成[反应式(5)][5]。对这个反应来说苯是最好的溶剂,得到的产量可以和相应的酰氯生成的烯酮进行的反应的产量相媲美。

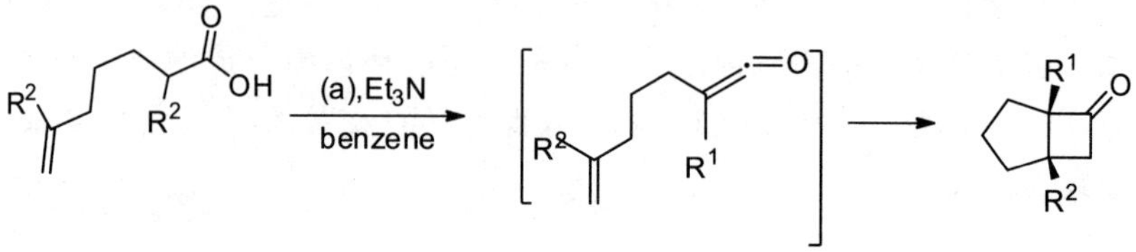

(a),Et_3N, benzene (5)

内酰胺的合成

在二氯甲烷或乙腈中使用(a)对氨基酸进行脱水反应会高收率地生成酰胺[反应式(6)][6]。

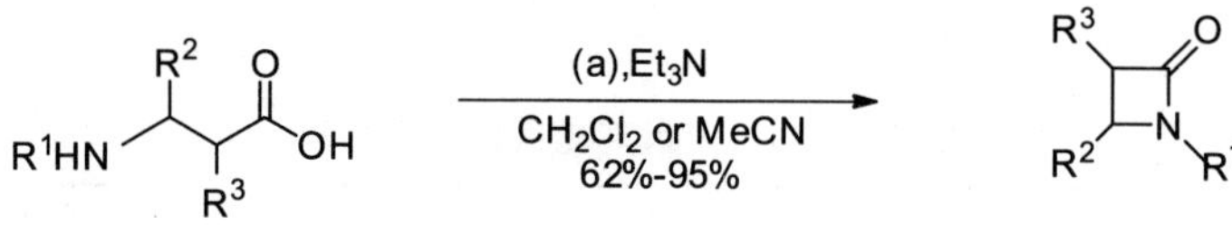

(a),Et_3N, CH_2Cl_2 or MeCN, 62%-95% (6)

内酰胺也可以通过由化合物(a)激活的羧酸与亚胺反应进行制备;以三丙胺为催化碱在二氯甲烷中回流收率最高[反应式(7)][7]。

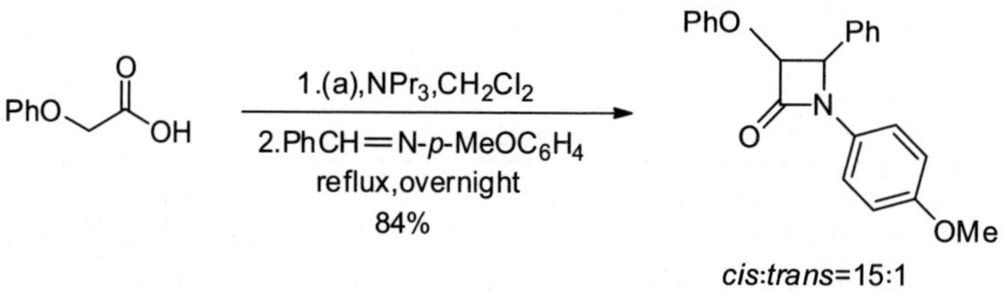

1.(a),NPr_3,CH_2Cl_2; 2.PhCH=N-*p*-$MeOC_6H_4$, reflux,overnight, 84% (7)

cis:*trans*=15:1

由硫脲合成二亚胺

在2当量的碱存在下用N,N-二取代硫脲和(1)进行反应可生成碳二亚胺[反应式(8)][8]。

$$\mathrm{PhHN\text{-}C(=S)\text{-}NHC_6H_{11}} \xrightarrow[\text{MeCN, 5h; 98\%}]{\text{(a), 2 equiv } Et_3N} \mathrm{PhNH{=}C{=}NHC_6H_{11}} \quad (8)$$

参考文献

1. Mukaiyama,T. Angew. Chem. ,Int. Ed. Engl. 1979,18,707.

2. Mukaiyama, T. ; Usui, M. ; Shimada, E. ; Saigo, K. Chem. Lett. 1975,1045.

3. Bald,E. ;Saigo,K. ;Mukaiyama,T. Chem. Lett. 1975,1163.

4. Mukaiyama,T. ;Usui,M. ;Saigo,K. Chem. Lett. 1976,49.

5. Funk,R. L. ;Abelman,M. M. ;Jellison,K. M. Synlett 1989,36.

6. Huang,H. ;Iwasawa,N. ;Mukaiyama,T. Chem. Lett. 1984,1465.

7. Georg,G. I. ;Mashava,P. M. ;Guan,X. Tetrahedron Lett. 1991,32,581.

8. Shibanuma,T. ;Shiono,M. ;Mukaiyama,T. Chem. Lett. 1977,575.

9. Amin,S. G. ;Glazer,R. D. ;Manhas,M. S. Synthesis 1979,210.

10. Strekowski,L. ;Visnick,M. ;Battiste,M. A. Synthesis 1983,493.

1,3-环戊二酮(1,3-cyclopentanedione)

[3859-41-4]　$C_5H_6O_2$　(MW 98.01)

该试剂属于1,3-二羰基类化合物,合成上主要用于合成环状化合物,以及包含环戊烷的多环化合物。

物理数据:熔点149～151℃。

溶解性:易溶于水(5.5 g/100 g)以及二甲基甲酰胺(DMF)(20 g/100 g)。

供应的形式:黄色固体。

试剂的纯度分析:高效液相色谱。

制备方式:利用(*E*)-4-氯-3-甲氧基-2-丁烯酸甲酯进行制备[1],也可以用氯乙酸降冰片烯甲酯[2]和葡萄糖酸内酯进行制备[3],其他的实验室制备方法已经做过综述[4]。

处理、存储和预防措施:试剂比较稳定,应在通风柜中处理。

1,3-环戊二酮被发现具有广泛的合成应用价值,可利用其进行制备各种的化合物,例如前列腺素[5]、抗生素[6]、除草剂[9]以及其他具有生物活性的化合物[7,8,10,11],合成这些化合物需要对1,3环戊二酮进行有控制的烷基化和选择化功能化。

对1,3环戊二酮烯醇化异构体可在三个不同的位置进行烷基化[反应式(1)],分别是C-2,C-4和O,三种烷基化方式可以通过适当的反应条件进行控制,尤其通过和抗衡离子结合的方式[12-14]。

HO　Ph　←PhCH2Br / M=R4N—　MO　—MeI / M=Tl→　MeO　(1)

C-2 mono:dialkylation=65:35　　O:C alkylation=95:5

当然,当氧原子的烷基化可逆时,一般有利于C-2进行烷基化,例如迈克尔反应受体分子[15]或者是曼尼希缩合反应(Mannich reaction)在用乙酸烯丙酯,Pd催化烯丙基化中,反应可生成二烃基化产品,2,2-二烯丙基化产物[16]。如想要在C-4位进行选择性烷基化,可通过使用强碱[17]正丁基锂[反应式(2)][18]形成二价负离子的方式来实现。

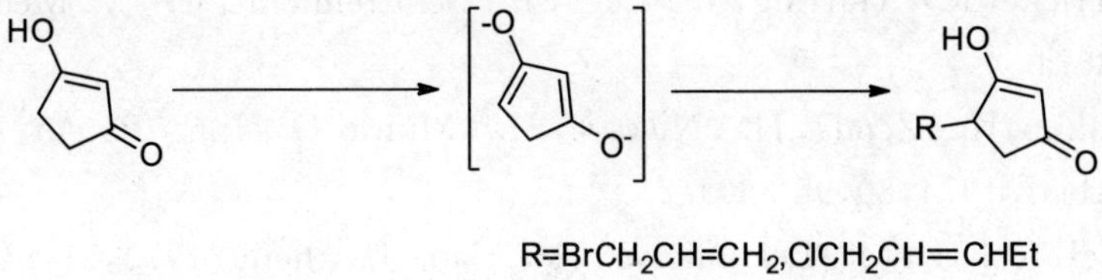
HO
-O
O-
HO
R
O
R=BrCH2CH=CH2,ClCH2CH=CHEt

(2)

最常见的卤化剂(氯化磷(Ⅲ)、草酰氯、溴化磷(Ⅲ))[19-22]可和1,3-环戊二酮反应得到3-卤代衍生物,但如使用N-溴代琥珀酰亚胺的甲醇溶液可选择性进行C-2溴化[反应式(3)][23]。

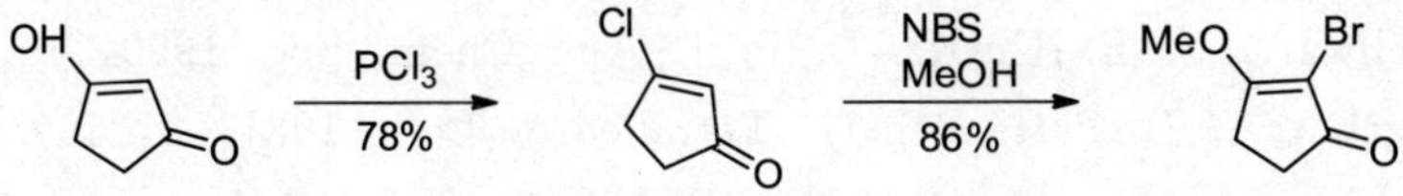
OH
O
PCl3
78%
Cl
NBS
MeOH
86%
MeO
Br

(3)

与胺的缩合可生成一关键中间体,用于8-氮杂类固醇的合成[反应式(4)][24]。

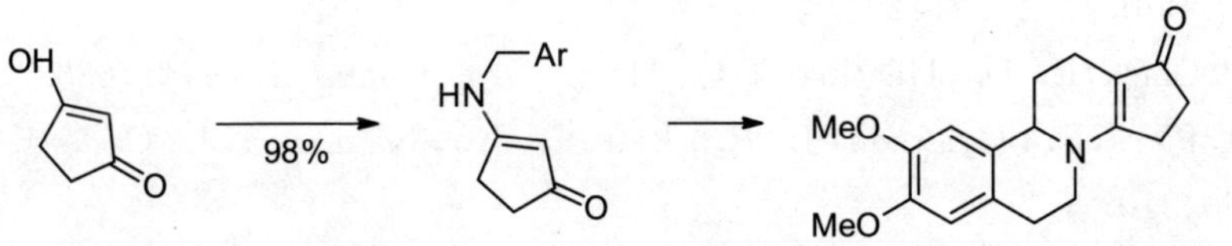
OH
O
98%
HN
Ar
MeO
MeO
N
O

(4)

相关试剂

1,3-环己二酮;2-甲基-1,3-环戊二酮;2,4-戊二酮。

参考文献

1. Fuchs, R.; McGarrity, J. F. Synthesis 1992, 373.

2. Lick, C.; Schank, K. Ber. Dtsch. Chem. Ges./Chem. Ber. 1978, 111, 2461.

3. Tajima, K. Chem. Lett. 1987, 1319.

4. Schick, H.; Eichhorn, I. Synthesis 1989, 477.

5. Tajima, M. Chem. Abstr. 1987, 107, 197 620.

6. Boschelli, D.; Smith, A. B. Tetrahedron Lett. 1981, 44, 4385.

7. Bates, H. A.; Farina, J. J. Org. Chem. 1985, 50, 3843.

8. Sundt, E.; Aschiero, R. Chem. Abstr. 1979, 90, 43 681.

9. Lee, D. L.; Michaely, W. J. U. S. Patent 4 681 621(Chem. Abstr. 1988, 108, 21 504)

10. Gericke, R. ; Harting, J. ; Lues, I. ; Schittenhelm, C. J. Med. Chem. 1991,34,3074.

11. Takuo, K. ; Zenda, H. ; Nukaya, H. ; Miura, O. Jpn. Patent 7 399 151 (Chem. Abstr. 1974,80,95 360).

12. McIntosh, J. M. ; Beaumier, P. M. Can. J. Chem. 1973,51,843.

13. Bassetti, M. ; Cerichelli, G. ; Floris, B. Gazz. Chim. Ital. 1986,116,583.

14. Piers, E. ; Cheng, K. F. ; Nagakura, I. Can. J. Chem. 1982,60,1256.

15. Hrnc breve iar, P. ; C breve ulák, I. Collect. Czech. Chem. Commun. 1984,49,1421.

16. Schwartz, C. E. ; Curran, D. P. J. Am. Chem. Soc. 1990,112,9272.

17. Barker, A. J. ; Pattenden, G. Tetrahedron Lett. 1981,22,2599.

18. Barker, A. J. ; Pattenden, G. J. Chem. Soc., Perkin Trans. 1 1983,1885.

19. Tamura, Y. ; Kato, S. ; Yoshimura, Y. ; Nishimura, T. ; Kita, Y. Chem. Pharm. Bull. 1974,22,1291.

20. Clark, R. D. ; Heathcock, C. H. J. Org. Chem. 1976,41,636.

21. Piers, E. ; Grierson, J. R. ; Lau, C. K. ; Nagakura, I. Can. J. Chem. 1982,60,210.

22. Shih, C. ; Swenton, J. S. J. Org. Chem. 1982,47,2825.

23. Jasperse, C. P. Curran, P. J. Am. Chem. Soc. 1990,112,5601.

24. Lyle, R. E. ; Heavner, G. A. J. Org. Chem. 1975,50,50.

1,3-环己二酮(1,3-Cyclohexanedione)[1]

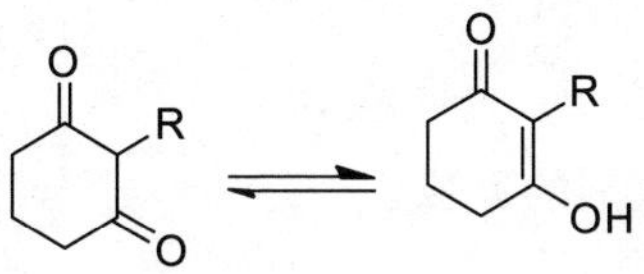

(R=H)[504-02-9]　$C_6H_8O_2$　(MW　112.13)

(R=Me)[1193-55-1]　$C_7H_{10}O_2$　(MW　126.16)

1,3-环己二酮由于中间的活性亚甲基可进行一系列的亲核取代反应,可用于合成取代的环己烷衍生物[2]和缩合的碳环、杂环[3]的构成单元;同时1,3-环己二酮由于可转化其互变异构体1,3-不饱和烯酮,由此可衍生相关的一系列反应。

物理性质:1,3-环己二酮(CHD),熔点103～105℃;2-甲基-1,3环己二酮(MCHD),熔点206～209℃。

溶解性:CHD易溶于H_2O、EtOH、$CHCl_3$、丙酮和沸腾的苯;MCHD溶于MeOH和微溶于H_2O和EtOH。

供应的形式:CHD和MCHD是无色固体;两种试剂都可商购。

制备方法:间苯二酚的兰尼镍催化氢化用于制备CHD;用MeI对CHD[5]进行甲基化或对5-羰基庚酸乙酯进行碱催化环化制备MCHD[6]。

操作、储存和注意事项:CHD建议储存于0～5℃。MCHD可以在室温下保存。两种试剂仅以纯形式可稳定存放。他们被认为是低毒性。CHD和其2-单烷基同系物几乎完全烯醇化[1],它们的许多反应非常相似。

与羰基的亲核试剂的反应

CHD与醇的酸催化反应生成烷氧基烯酮(a)[反应式(1)][2]。这些化合物可以用氢化铝锂还原成相应的2-环己烯-1-酮[7],而加入有机金属化合物得到3-烷基-2-环己烯-1-酮。用N,N-二取代的肼和CHD反应生成单腙,并作为互变异构的烯肼酮(b)[反应式(1)]存在[8]。

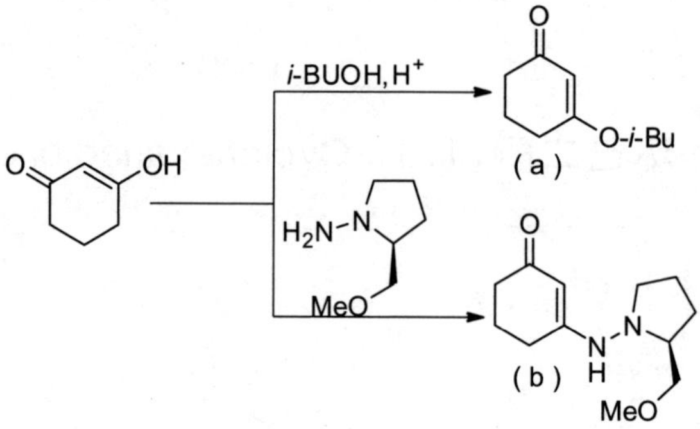

i-BUOH, H^+

O　OH

(a) O-i-Bu

H_2N-N MeO

(b) N-N H MeO

(1)

烯醇上的羟基与亲电试剂的反应

在吡啶中用烷酰氯酰化 CHD 生成烯醇酯(c),该化合物可异构化为三酮(d)[反应式(2)][9]。烷基甲苯磺酸酯[1]与(a)反应生成相应的烷氧基烯酮类化合物。

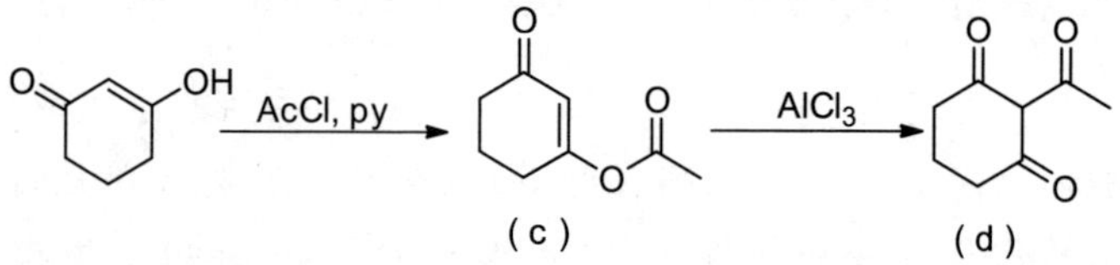

AcCl, py　　$AlCl_3$

(c)　(d)

(2)

在 C-2 与亲电体的反应

MCHD 与取代的乙酸烯丙酯(e)的钯(0)催化反应进行单一的 C-烷基化反应[反应式(3)][10]。

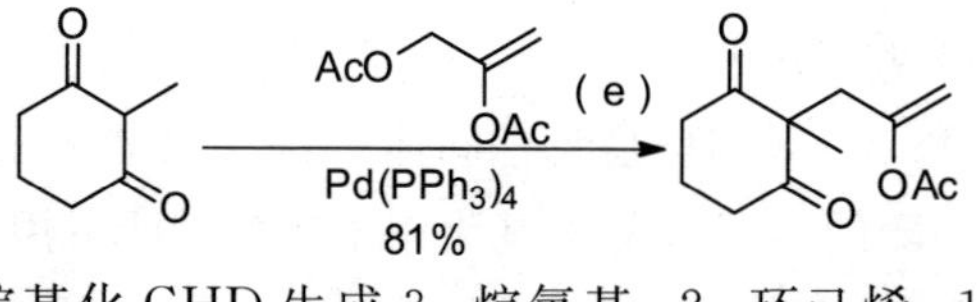

AcO OAc (e)

$Pd(PPh_3)_4$ 81%

OAc

(3)

用烷基卤化物烷基化 CHD 生成 3-烷氧基-2-环己烯-1-酮(O-烷基化)和 2-单烷基-、2,2-二烷基化 1,3-环己二酮(C-烷基化)的混合物。烯丙基溴和苄基溴以及溴乙酸烷基酯有利于生成 C-烷基化产物,收率更高。在迈克尔反应中,不饱和羰基化合物[反应式(4)][1,11]、缩醛、烯醛[12]、硝基烯烃[13]、和曼尼希碱[14]对 C-2 进行加成反应。甲基乙烯基酮和 CHD 的加合物进行 Robinson 环化得到外消旋[11a]或有旋光活性的 octalindione[11b][反应式(4)]。

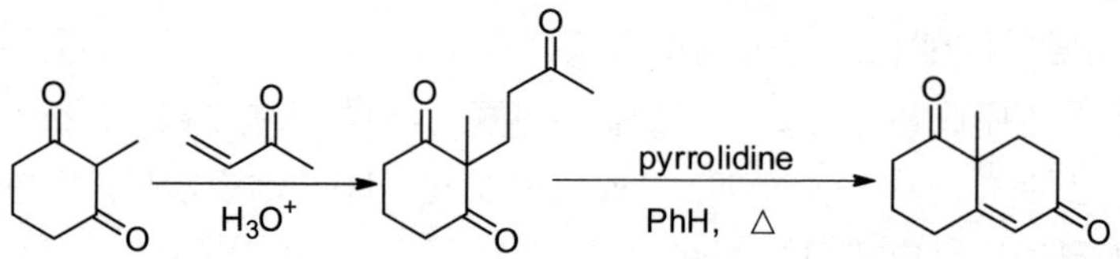

H_3O^+　　pyrrolidine PhH, △

(4)

在三氟化硼醚化物的存在下,2 当量的甲醛与 CHD 缩合形成 1,3-二噁英(g)。用 2 当量的 CHD,甲醛得到加合物(f)[反应式(5)][1,15]。

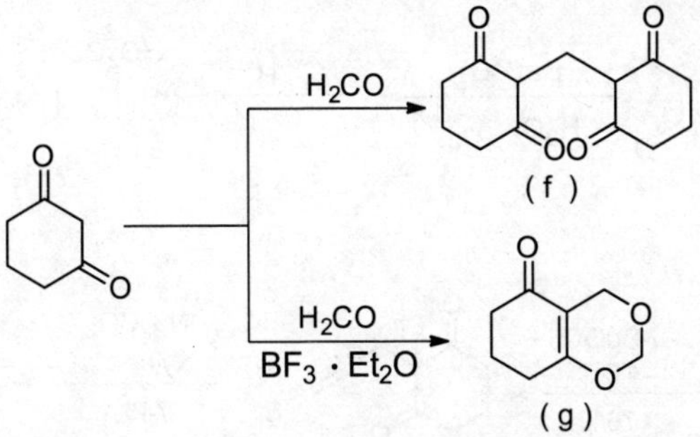

H_2CO → (f)

H_2CO, $BF_3 \cdot Et_2O$ → (g)

(5)

用 DMF 二甲基缩醛(参见 N,N-二甲基甲酰胺二乙基缩醛),在 CHD 的 C-2 上进行 α-氨基亚甲基化[16]。在 BF_3存在下,羧酸酐对 CHD 的 C-2 进行酰化[17]。

在 C-4 或 C-6 与亲电体的反应

CHD 和吡咯烷生成的烯胺酮(h)在 C-4 上通过用正丁基锂和碘甲烷进行烷基化[反应式(6)][18]。

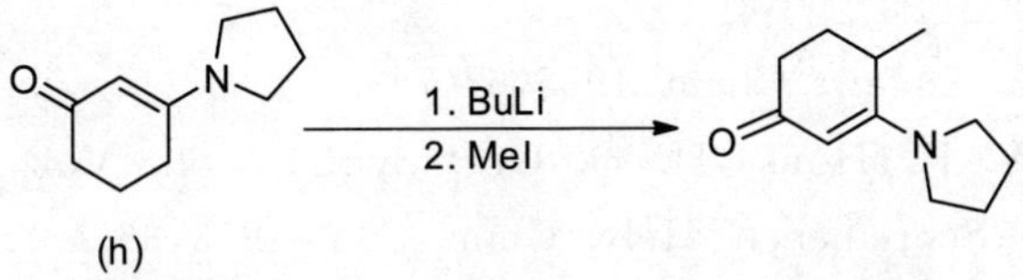

(h) —1. BuLi; 2. MeI→

(6)

与上述相反,CHD 或 MCHD 的烯醇醚衍生物可以用二异丙基氨基锂去质子化之后在 C-6 上进行烷基化[反应式(6)][19]。

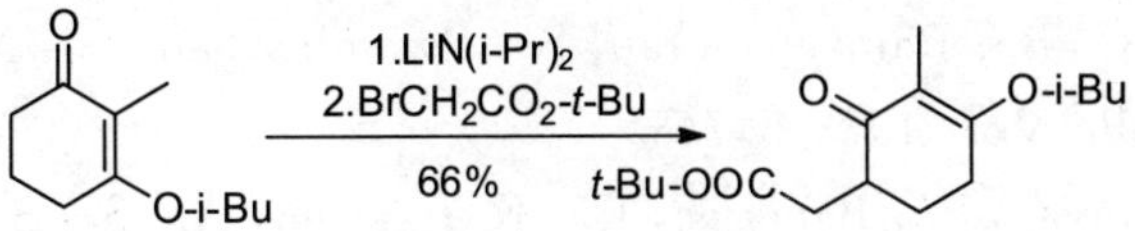

O-i-Bu —1.LiN(i-Pr)$_2$; 2.BrCH$_2$CO$_2$-*t*-Bu; 66%→ *t*-Bu-OOC, O-i-Bu

(7)

环化反应

从许多实例上不难看出,一般是双官能化合物与 CHD 或 MCHD 的两个反应位点进行反应形成稠合的碳-和杂环[3,19]。

环裂和收缩

氢氧化物或醇盐诱导的 2-烷基和 2,2-二烷基-1,3-环己二酮的逆克莱森反应生成酮酸或酯[反应式(8)]。2-戊炔基-1,3-环己烷二酮[20]进行氯化后,随后在碳酸钠存在下加热，进行 Favorskii 型环缩合反应，脱羰基成 2 -戊炔基- 2 -环戊烯酮[反应式(9)]，一种用于合成茉莉酮的有用中间体[21]。

$Ba(OH)_2$, H_2O △ → H^+ → HO_2C…Et (78%)　　(8)

t-BuOCl, -15℃ (76%) → Cl…Et; Na_2CO_3, xylene △ (74%) → Et　　(9)

相关试剂

1,3 -环戊二酮；2 -甲基- 1,3 -环戊二酮；甲基乙烯酮；2,4 -戊二酮；(S)-脯氨酸。

参考文献

1. Stetter,H. Angew. Cheml 1955,67,769.

2. Gannon,W. F. ;House,H. O. Org. Synth. ,Coll. Vol. 1973,5,539. (b) Eschenmoser,A. ;Schreiber,J. Helv. Chim. Acta 1953,36,482.

3. Strakov,A. Ya. ;Gudriniece,E. ;Zicane,D. Khim. Geterotsikl. Soedin. 1974,1011(Chem. Abstr. 1974,81,136 004).

4. Thompson,R. B. Org. Synth. ,Coll. Vol. 1955,3,278.

5. Mekler, A. B. ; Ramachandran, S. ; Swaminathan, S. ; Newman, M. S. Org. Synth. ,Coll. Vol. 1973,5,743.

6. Chattopadhyay, P. ; Banerjee, U. K. ; Sarma, A. S. Synth. Commun. 1979,9,313.

7. Gannon,W. F. ;House,H. O. Org. Synth. ,Coll. Vol. 1973,5,294.

8. Enders,D. ;Demir,A. S. ;Puff,H. ;Franken,S. Tetrahedron Lett. 1987, 28,3795.

9. Akhrem, A. A. ; Lakhvich, F. A. ; Budai, S. I. ; Khlebnicova, T. S. ; Petrusevich,I I. Synthesis 1978,925.

10. Trost,B. M. ;Curran,D. P. J. Am. Chem. Soc. 1980,102,5699.

11. (a)Ramachandran,S. ;Newman,M. S. Org. Synth. ,Coll. Vol. 1973,5,

486. (b) Buchschacher, P.; Fürst, A.; Gutzwiller, J. Org. Synth., Coll. Vol. 1990,7,368.

12. Coates, R. M.; Hobbs, S. J. J. Org. Chem. 1984,49,140.

13. Nakashita, Y.; Watanabe, T.; Benkert, E.; Lorenzi - Riatsch, A.; Hesse, M. Helv. Chim. Acta 1984,67,1204.

14. Swaminathan, S.; Newman, M. S. Tetrahedron 1958,2,88.

15. Smith, A. B., III; Dorsey, B. D.; Ohba, M.; Lupo, A. T. Jr.; Malamas, M. S. J. Org. Chem. 1988,53,4314.

16. LeTourneau, M. E.; Peet, N. P. J. Org. Chem. 1987,52,4384.

17. Sakai, T.; Iwata, K.; Utaka, M.; Takeda, A. Bull. Chem. Soc. Jpn. 1987,60,1161.

18. Yoshimoto, M.; Ishida, N.; Hiraoka, T. Tetrahedron Lett. 1973,39.

19. (a) Muskopf, J. W.; Coates, R. M. J. Org. Chem. 1985,50,69. Links (b) Stork, G.; Danheiser, R. L.; Ganem, B. J. Am. Chem. Soc. 1973,95,3414.

20. (a) Stetter, H. In Newer Methods of Preparative Organic Chemistry; Foerster, W., Ed.; Academic: New York, 1963; 2, pp 51 - 99. (b) House, H. O. Modern Synthetic Reactions, 2nd ed.; Benjamin: Menlo Park, CA, 1972; pp 518 - 520, 784 - 786.

21. Büchi, G.; Egger, B. J. Org. Chem. 1971,36,2021.

1,5-二甲氧基-1,4-环己二烯
(1,4-Cyclohexadiene,1,5-Dimethoxy)

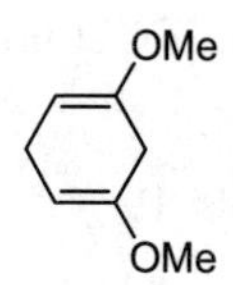

[37567-78-5]　$C_8H_{12}O_{12}$　(MW　140.18)

该试剂从结构上可以看作1,3-环己二酮的烯醇醚,和前者类似,也可以进行活性亚甲基的亲核取代反应。不同之处作为环己双烯类化合物,可以进行烯环加成反应如Diels-Alder反应。

别名:1,5-二甲氧基-1,4-环己二烯;2,5-环己二酮二甲醚;2,5-二氢-1,3-二甲氧基苯。

物理参数:沸点95℃(18 Torr)[1],56℃(0.55 Torr)[2]。

溶解度:溶于常见的有机溶剂(如乙醚,四氢呋喃,甲苯)。

提供形式:无色液体;不能商购。

分析试剂纯度:^{1}H NMR[2]。

制备方法:可以由1,3-二甲氧基苯通过伯奇还原反应[1-2]制备。

提纯:减压蒸馏纯化。

处理、存储和注意事项:通过酸处理将试剂水解得到1,3-环己二酮。建议使用新鲜蒸馏的试剂。

作为环己基-1,3-二酮的等价物

众所周知,1,3-环己二酮的2位能和活泼的烷基化试剂如碘甲烷[3]烯丙型[4]或者苄基型卤化物[4a]直接进行烷基化。这种类型的反应如果用不太活泼的烷化剂进行的烷化反应通常收率低并伴随O-烃基化[4b,5]。要克服这些困难,皮尔和格里尔生已经开发出一种高效、方便的方法,利用1,5-二甲氧基-1,4-环己二烯作为1,3-环己二酮的等价物[2]。这是1,5-二甲氧基-1,4-环己二烯(a)作为被烃基化试剂在有机合成中最广泛、最重要的应用。该方法涉及三个操作:锂化,烷基化、水解。典型的实验过程如下:(ⅰ)1,5-二甲氧基-1,4-环己二烯的6-位上的酸性质子在-78℃时和四氢呋喃 t-BuLi溶液生成6-lithio-1;(ⅱ)生成的6-lithio-

1立即用一个适当的烷基化试剂进行烷基化;(ⅲ)烷基化产品然后经过酸性的水溶液,譬如盐酸水解。生成2-环己基-1,3-环己二酮[反应式(1)]。整体收率通常非常好。

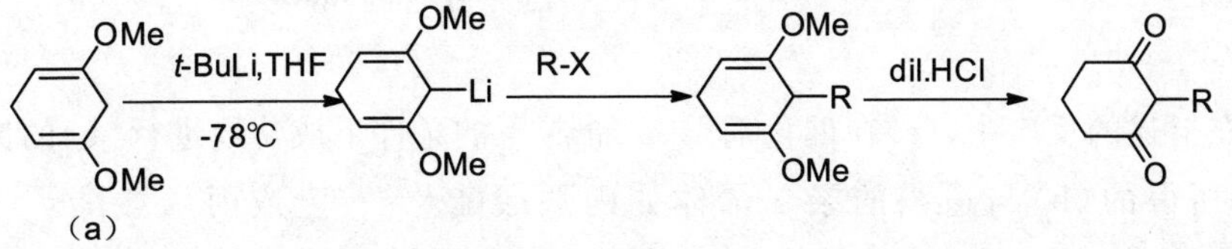

(1)

这种方法被报道可以成功应用在很多例子上[6]。譬如两个最近的天然产物的总合成就是采用如下所示合成方法[反应式(2)和(3)][7,8]。在该合成中使用KNH_2作为碱而不是采用t-BuLi进行金属化[9]。

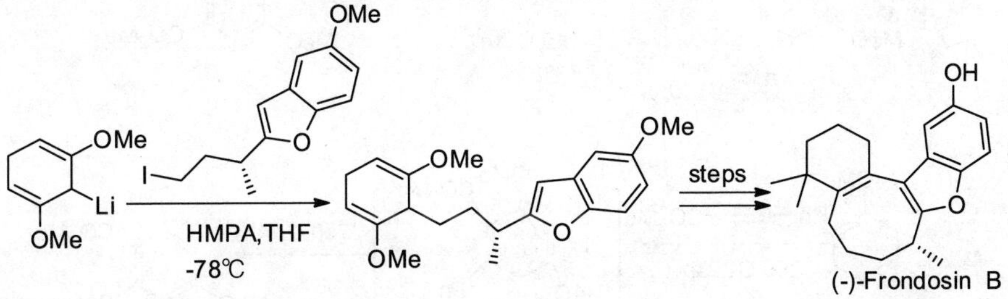

(2)

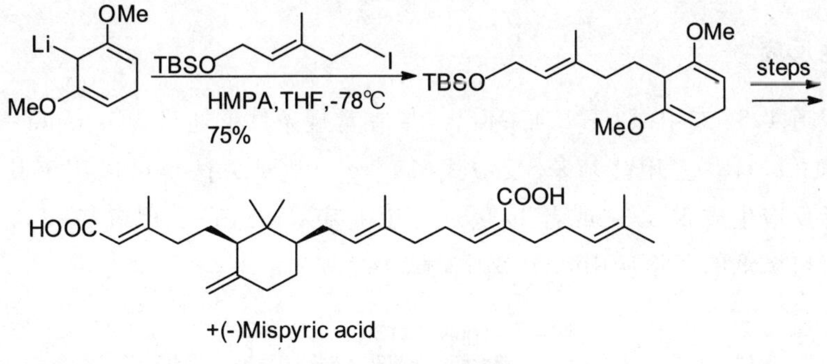

(3)

Diels-Alder 反应

通过碱性中介诱导异构化,1-甲氧基-1,4-环己二烯可成功地转化1-甲氧基-1,3-环己二烯,由此产生的1,3-环己二烯可用于Diels-Alder反应。改进的方法利用1,4-环己二烯生成1,3-二烯,并且直接进行Diels-Alder反应。这种方法包括a到b的原位异构化,并且和一个适当的亲二烯体进行"一步法"反应[反应式(4)]。

OMe
MeO
(a)
isomerization
in situ
OMe
MeO
(b)
EWG
Diels-Alder
reaction
OMe
EWG
MeO
(4)

在上述的反应中,(a)在催化剂[11]或加热[12]的条件下成功地进行(b)的原位异构化,所得的(b)与适当的亲二烯体如丙炔酸酯[11c,d,12b,d]或丙烯酸酯[12a,c]进行Diels - Alder反应。在大多数情况下,紧随Diels - Alder反应其后是脱去一分子乙烯,生成如下的苯的衍生物,如下所示[反应式(5)和(6)][11c,12d]。

OMe
MeO
(a)
CO_2Me—≡—CO_2Me
dichloromaleic anhudride(cat)
140℃,1h
63%
OMe
CO_2Me
CO_2Me
MeO
(5)

OMe
MeO
(a)
Ph—≡—CO_2Me
200℃, 25h
OMe
CO_2Me
MeO
Ph
250℃, 4h
58%
OMe
CO_2Me
MeO
Ph
(6)

其他反应

据报道1,5 -二甲氧基- 1,4 -环己二烯在常规条件下通过Vilsmeier反应生成2,4 -二氯- 1,3,5 -三甲醛基苯[反应式(7)][13]。这种方法也可以用于其他1,4 -环己二烯反应生成1,3 -二或者1,3,5 -三甲醛基苯。1,5 -二甲氧基- 1,4 -环己二烯作为有机试剂的其他应用列于参考文献14。

OMe
MeO
(a)
4equiv $POCl_3$
8equiv RMF
42%
Cl
OHC
CHO
Cl
CHO
(7)

相关试剂

环己基- 1,3 -二酮;1,3 -二甲氧基- 1,3 -环己二烯;1,3 -二甲氧基苯;3 -甲基 - 1,5 -二甲氧基- 1,4 -环己二烯[15]。

参考文献

1. Birch,A. J.,J. Chem. Soc. 1947,102.

2. Piers,E.;Grierson,J. R.,J. Org. Chem. 1977,42,3755.

3. Mekler, A. B.; Ramachandran, S.; Swaminathan, S.; Newman, M. S., Org. Synth. Coll. Vol. 1973,5,743.

4. (a)Stetter,H.;Dierichs,W.,Chem. Ber. 1952,85,1061. (b)Rosenmund, K.-W.;Bach,H.,Chem. Ber. 1961,94,2394.

5. Johnson, W. S.; Lunn, W. H.; Fitzi, K., J. Am. Chem. Soc. 1964, 86,1972.

6. (a)Birch,A. M.;Pattenden,G.,J. Chem. Soc.,Perkin Trans. 1 1983, 1913. (b)Harvey,R. G.;Pataki,J.;Lee,H.,J. Org. Chem. 1986,51,1407. (c) Toth,J. E.;Hamann,P. R.;Fuchs,P. L.,J. Org. Chem. 1988,53,4694.

(d)Middleton,D. S.;Simpkins,N. S.;Terrett,N. K.,Tetrahedron 1990, 46,545. (e)Baldwin,J. E.;Adlington,R. M.;Robertson,J.,Tetrahedron 1991, 47,6795. (f)Laschat,S.;Narjes,F.;Overman,L. E.,Tetrahedron 1994,50,347. (g)Mori,K.;Abe,K.,Liebigs Ann. 1995,943. (h)Arisawa,M.;Ramesh,N. G.; Nakajima,M.;Tohma,H.;Kita,Y.,J. Org. Chem. 2001,66,59.

7. Hughes,C. C.;Trauner,D.,Angew. Chem.,Int. Ed. 2002,41,1569.

8. Imamura,Y.;Takikawa,H.;Mori,K.,Tetrahedron Lett. 2002,43,5743.

9. (a)Birch,A. J.;Smith,H.,J. Chem. Soc. 1951,1882. (b)Murthy,A. R. K.;Subba Rao,G. S. R.,Indian J.,Chem. 1981,20B,569.

10. Birch,A. J.,J. Chem. Soc. 1947,1642.

11. (a)Birch,A. J.;Subba Rao,G. S. R.,Tetrahedron Lett. 1968,3797. (b) Birch,A. J.;Dastur,K. P.,J. Chem. Soc.,Perkin Trans. 1 1973,1650. (c) Harland,P. A.;Hodge,P.,Synthesis 1982,223. (d) Kanakam,C. C.;Mani,N. S.;Ramanathan,H.;Subba Rao,G. S. R.,J. Chem. Soc.,Perkin Trans. 1 1989,1097.

12. (a)Alfaro,I.;Ashton,W.;McManus,L. D.;Newstread,R. C.;Rabone, K. L.;Rogers,N. A. J.;Kernick,W.,Tetrahedron 1970,26,201. Freskos,J. N.;Morrow,G. W.;Swenton,J. S.,J. Org. Chem. 1985,50,805. Holmes,A. B.;Madge,N. C.,Tetrahedron 1989,45,789. Kanakam,C. C.;Mani,N. S.; Subba Rao,G. S. R.,J. Chem. Soc.,Perkin Trans. 1 1990,2233,and ref. 11d.

13. Raju,B.;Krishna Rao,G. S.,Synthesis 1985,779.

14. (a) Kelly, L. F.; Narula, A. S.; Birch, A. J., Tetrahedron Lett. 1980, 21, 871. (b) Banwell, M. G.; Halton, B., Aust. J. Chem. 1980, 33, 2673. (c) Elphimoff - Felkin, I.; Sarda, P., Tetrahedron Lett. 1983, 24, 4425.

15. (a) Mori, K.; Sato, K., Tetrahedron 1982, 38, 1221. (b) Mori, K.; Fujioka, T., Tetrahedron 1984, 38, 2711. (c) Mori, K.; Takechi, S., Tetrahedron 1985, 41, 3049.

丙烯腈(Acrylonitrile)

[107-13-1]　C_3H_3N　(MW53.06)

1,4-加成反应的亲电试剂;自由基受体;亲双烯体;环加成反应的受体。

物理数据:熔点-83℃;沸点77℃,密度0.806 g·cm^{-3};折光率1.3911。

溶解性:溶于大多数有机溶剂,在20℃时100克水能溶解7.3克的丙烯腈。

供应形式:无色液体(用浓度$35\times10^{-6}\sim45\times10^{-6}$对苯二酚甲醚做抑制剂);广泛使用。

提纯:稳定剂在使用前可以用活性氧化铝过柱分离或用1%氢氧化钠水溶液洗涤。如果允许最终产品中含有微量水的话)除去,之后再蒸馏。对于制备无水丙烯腈,推荐使用下列步骤:先用稀的H_2SO_4或H_3PO_4洗涤,再用稀Na_2CO_3和水洗涤。再用Na_2SO_4,$CaCl_2$干燥,或用分子筛干燥。最后,在氮气保护下进行分馏制备丙烯腈(在75~75.5℃),添加10×10^{-6}叔丁基苯邻二酚或氢醌单甲醚作为稳定剂。要制备纯丙烯腈,使用前必须进行蒸馏[1a]。

处理、存储和预防措施:丙烯腈为易爆、易燃、有毒液体,如果没有抑制剂的话,可能自发地聚合,特别是在缺乏氧气或在可见光条件下,在浓碱的存在下剧烈聚合。由于氰化物有剧毒。必须在通风橱中使用。

氘代丙烯腈

带有氘标记的丙烯腈可以通过氢化铝锂还原2-丙炔酰胺来获得,再用重水处理。由此产生的丙烯酰胺再用五氧化二磷[1b]脱水制备丙烯腈。

腈基的反应

通过对丙烯腈的腈基进行各种官能团的转换。与浓硫酸在100℃进行水解再中和生成丙烯酰胺[2]。在此条件下与仲、叔醇反应就生成丙烯酰胺(里特反应)[3],且收率很高。在稀硫酸或是碱性水溶液加热得到丙烯酸[4]。酰亚胺醚通过丙烯腈与醇在无水氢卤化物存在下反应制备[5]。无水甲醛与丙烯腈在浓硫酸存在下反应制得1,3,5-三丙烯醛基六氢三嗪[6]。

烯烃的反应

在铜[7]、铑[8]、镍[9]或钯[10]存在下用氢还原得到丙腈。丙烯腈可以在低温卤化生成 2,3-二卤丙腈。例如,与溴反应得到二溴丙腈,65%的收率[11]。相似的,丙烯腈用次氯酸水溶液处理得到 2-氯-3-羟基丙腈有 60%的收率[12]。丙烯腈的肟化可以通过使用钴催化剂,正丁基亚硝酸酯和苯基硅烷[13]得到。

亲核加成

各种亲核试剂可以和丙烯腈进行 1,4-加成反应。这些迈克尔型加成通常被称为氰乙基化反应[14]。以下列举了各种经历氰乙基化的底物:氨、伯和仲胺、羟胺、烯胺、酰胺、内酰胺、酰亚胺、联氨、水、各种醇类、酚类、肟、硫化物、无机酸如 HCN、HCl、HBr、氯仿、溴仿、醛、含 α-氢的酮、丙二酸酯衍生品和其他活性的亚甲基化合物[15]。由环戊二烯芴经 1%~5%的碱性催化剂生成的稳定负碳离子也能进行氰乙基化。强碱性季铵氢氧化物,如苄基三甲基氢氧化铵(Triton B),能有效地促进有机氰乙基化,因为它们在有机溶剂中有较好的溶解性。如底物比较活泼,反应可在-20℃进行,如比较迟钝的亲核试剂反应需在 100℃进行。用胺对丙烯腈进行的 1,4-加成最近被用于合成聚丙烯亚胺大分子聚合物[16]。据报道膦亲核试剂也可以促进丙乙腈的亲核聚合[17]。

有机金属试剂对丙烯腈的加成反应,其效果没有对共轭烯酮的加成效率高。格氏试剂与丙烯腈通过 1,2-加成反应,水解后得到不饱和酮[18]。在三甲基氯硅烷存在下二烷基铜锂(R_2CuLi)可对丙烯腈的烯烃和腈基进行两次加成生成二烷基酮[19]。n-BuCu · BF_3 对丙烯腈共轭加成,其收率只有 23%~46%[20]。N-丙基噁唑烷酮的钛烯醇化物对丙烯腈可进行对映选择性的迈克尔加成反应[反应式(1)][21]。

1.(i-Pr)$_2$NEt, TiCl$_3$(O-i-Pr), 0℃, 1h; 2.acrylonitrile, 0℃ 6.5h, 93%; 96% de (1)

丙烯腈在没有氧气或其他自由基引发剂存在条件下一般不和三烷基硼烷反应。但是,向反应混合物中缓慢鼓入氧气时三仲烷基硼烷的烷基就能产生烃基的迁移[22],收率相当高。通过使用三烃基硼酸铜可进行一级和二级烷基的迁移[23]。丙烯腈与有机四羰基高铁酸盐反应生成 4-氧腈,收率(25%)[24]。

过渡金属催化的加成反应

钯催化与丙烯腈进行的 Heck 芳基化反应和炔基化非常容易进行[反应式(2)][25],在钯-蒙脱土催化的芳香碘化物与丙烯腈进行反应时,可以进行双 Heck

芳基化反应[26]。

Et, I / Et —— acrylonitrile, Et_3N / $Pd(OAc)_2$, Ph_3P / 86% ——> Et, CN / Et　　(2)

在醇存在下钯催化的丙烯腈的双键氧化(Wacker 反应)产生高收率的缩醛[27]。当一个纯对映体的二元醇如(2*R*,4*R*)-2,4-戊二醇使用时,就生成相应的手性环状缩醛[反应式(3)][28]。

CN —— (*R-R*)-2,4-pentanediol / $PdCl_2$, CuCl, O_2, DME / 45% ——> O, O, CN　　(3)

用镍催化丙烯腈和 $MeCl_2SiH$ 的硅氢加成反应[29a]生成硅烷基的加成产品。当使用氧化亚铜得到甲硅烷基的加合物[29b]。由钴催化的氢羧化反应,可通过反应条件来区域选择性生成 2-或 3-氰基丙酸酯[30]。丙烯腈的羰基化作用也是如此[31]。

通过氧化亚铜的异腈化物或铜^{0}的异腈络合物可以实现对丙烯腈双键进行环丙烷化。虽然收益率中等偏低,该方法可用来制备带光能团的环丙烷[32,33]。在丙烯腈存在下,葡萄糖的腙衍生物发生光分解得到环丙烷,收率相当高,但立体选择性差[34]。以铬为基底的费希尔卡宾和缺电子烯烃包括丙烯腈反应生成带官能团的环丙烷[反应式(4)][35]。

$(CO)_5Cr$=C(Ph)(OMe) —— arylonitrile / 89% ——> NC, Ph, OMe　　(4)

自由基的加成反应

碳中心的自由基可对丙烯腈的碳进行高效区域选择性加成反应,形成了新的碳碳键[36,37]。自由基可以从烷基卤化物生成(使用催化量的 3-正丁基锡烷);醇(通过硫代羰基/ Bu_3SnH),三硝基化合物(使用 Bu_3SnH),或有机汞(硼氢化钠)。反应的立体化学通过带有一手型中心的环己烷和环戊烷来探明[38]。铬(Ⅱ)复络合物、维生素 B_{12} 和锌铜配合物已证明可用来对丙烯腈进行一级、二级、三级烷基卤化物加成反应[38]。来自苯基硒代酯的酰基自由基和 Bu_3SnH 也可对丙烯腈进行加成生成酰化的丙烯腈[反应式(5)][39]。

acrylonitrile, Bu_3SnH, 0.1 equiv AIBN, benzene 80℃, 46% (5)

丙烯腈的自由基加成已被用于碳-糖苷化[36,37b]和成环的反应中[37c]。丙烯腈也可以被用来以自由基引发的[3+2]环加成反应[反应式(6)][40]。

Irv, cat. $(Bu_3Sn)_2$, benzene,80℃, 46% (6)

烷基和酰基钴络合物对丙烯腈进行加成反应,再进行消除生成乙烯基取代产品[41]。这种方法对 Heck 反应是有益的补充,因为 Heck 反应主要针对芳基和乙烯基卤化物的反应,烷基和酰基化合物[25]不能进行此反应。除碳之外的自由基也可以对丙烯腈进行加成反应上。在偶氮二异丁腈催化剂存在下加热丙烯腈和三丁基锡氢化物(物质的量比例为 2∶3 的混合物)只生成烷基锡化产品,收率相当高。获得高产量的特定加成物[42]。在钯催化剂存在下锡氢化对丙烯腈加成只得到一种加合物[反应式(7)][42c]。

Et_3SnH, $Pd(PPh_3)_4$, 100%; Bu_3SnH, AIBN, 80%~90% (7)

在丙烯腈存在下 Bu_3SnH 和丙炔酸乙酯反应,锡自由基先是对炔基团进行加成,然后再对丙烯腈进行加成。过量使用丙烯腈会导致自由基被诱捕,然后进行环化反应得到三取代环己烯[43]。

使用联苯二硫化物,联苯二硒化物对烯烃进行硫硒化、再通过光解作用得到 75%的硒基硫化物,其反应机理是通过自由基的加成机理[44]。同样,在 80~90℃下,使用偶氮二异丁腈做引发剂,三(三甲基硅基)硅烷加成到丙烯腈中得到收率为 80%的甲硅烷基加合物[45]。

周环反应

在合适的烯烃存在下,丙烯腈的双键受热进行和烯烃的周环反应,收率为低到中等。例如,当(+)-柠檬烯和丙烯腈在密封管里加热,可生成相应的烯加成物,产率为25%[46]。热诱导的[2+2]丙烯腈二聚反应已经了解多年。该反应的区域选择性好,但是产量相当低,且得到是一立体异构体的混合物[47]。*cis*-1,2-二氘丙烯腈被用于这个反应,用来研究该环加成反应的立体化学。结论标明是双自由基中间体参与的反应[1b]。其他[2+2]的反应已被报道过。光与三重态敏化剂存在下,烯醇硅醚和丙烯腈的区域选择性的环加成反应生成环丁烷[48a]。路易斯酸存在下丙烯腈与烯酮硅缩醛反应要么生成取代的环丁烷,要么生成氰酯,取决于所加的路易斯酸和溶剂[反应式(8)][48c]。

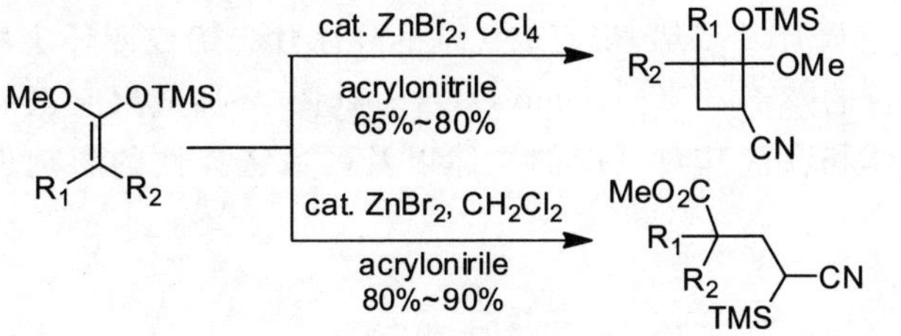

(8)

在光照条件下二氢吡啶和丙烯腈进行立体选择性环加成反应[48c]。酸(氯化锌)和光联合作用下可以促进苯和丙烯腈环加成反应的发生[48d]。联烯基硫化物在路易斯酸催化下与缺电子烯烃包括丙烯腈发生[2+2]的环加成反应,具有很好的区域选择性,但立体选择性较差[反应式(9)][49]。

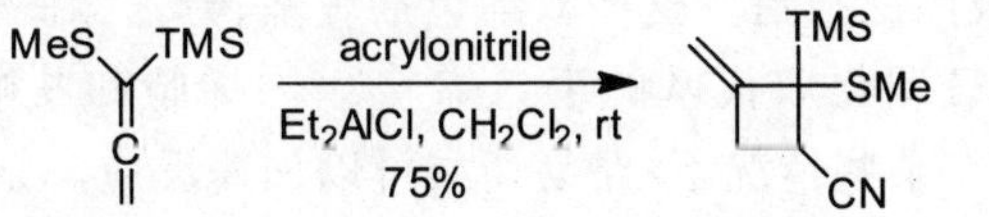

(9)

金属催化剂也可以促进与丙烯腈的[3+2]环加成反应,得到碳环化合物。在Pd^0存在下丙烯腈与三甲基烯甲烷(TMM)前体反应提供了一条有效合成甲烯基环戊烷的路线,收率中等(40%)[50]。当采用Ni^0或Pd^0催化,以甲烯基环丙烷作为原料进行环加成反应也得到类似的收率[51]。此外,各种亚甲基环丙烷取代物也被用于合成取代亚甲基环戊烷[反应式(10)][51b]。

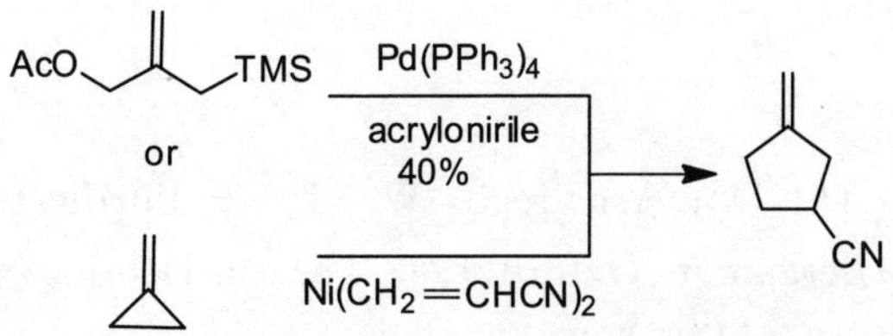

(10)

五元杂环化合物也可以由丙烯腈进行偶极环加成反应制备。丙烯腈与1,3-

偶极化合物[52]包括腈氧化物、硝酮、甲亚胺叶立德、叠氮化物和重氮化合物发生有效的环加成反应[53]。丙烯腈与含氧吡啶叶立德发生环加成反应,生成了氧杂双环化合物立体异构体,该反应具有良好区域选择性[反应式(11)][54]。

1. MeOTf
2. $PhNMe_2$
3. acrylonirile
78%
(11)

丙烯腈和羟基吡啶溴化物发生偶极环加成反应也具有有高度的区域选择性[55]。丙烯腈和降冰片二烯,带有取代基的降冰片二烯或四环庚烷在加热和金属催化条件下进行的[2+2+2]- homo Diels - Alder 环加成反应也被报道过[56]。镍催化过程其配体和取代基对反应的立体以及区域选择性的影响也被深入研究过[反应式(12)][56c,d]。

$Ni(cod)_2/PPh_3$
$ClCH_2CH_2Cl$, 80℃
94%
(12)

钴催化剂(八羰基二钴)也可以促进丙烯腈与 1,6 -二炔的环加成反应,得到环己二烯,该产物容易被进一步芳香化[57]。使用丙烯腈和许多不同双烯进行的 Diels -Alder 反应被广泛报道。这些双烯包括烷基、芳基、烷氧基、烷氧羰基、氨基、苯硒基、苯硫基、烷氧硼化取代基的丁二烯[58]。丙烯腈和呋喃、噻吩、噻喃之间的反应也已被报道。在某些情况下,路易斯酸可以加速反应。杂二烯烃包括 2 -氮杂二烯和 4 -(氧,氮,硫)衍生物也可以进行环加成反应[59]。活泼的二烯烃例如邻苊二烯[60]、苯并呋喃类[61]、二甲基哌氧环烷等也可以与丙烯腈进行有效环化反应[反应式(13)][62]。

acrylonirile
70℃
84%
(13)

参考文献

1. (a) Perrin, D. D.; Armarego, W. L. F. Purification of Laboratory Chemicals, 3rd ed.; Pergamon: Oxford, 1988. (b) von Doering, W. E.; Guyton, C. J. Am. Chem. Soc. 1978, 100, 3229.

2. Adams, R.; Jones, V. V. J. Am. Chem. Soc. 1947, 69, 1803.

3. Plaut, H. ; Ritter, J. J. J. Am. Chem. Soc. 1951, 73, 4076.

4. Mamiya, Y. J. Soc. Chem. Ind. Jpn. 1941, 44, 860(Chem. Abstr. 1948, 42, 2108).

5. Price, C. C. ; Zomlefer, J. J. Org. Chem. 1949, 14, 210.

6. Wegler, R. ; Ballauf, A. Ber. Dtsch. Chem. Ges. /Chem. Ber. 1948, 81, 527.

7. Reppe, W. ; Hoffmann, U. U. S. Patent 1 891 055, 1932.

8. Hernandez, L. Experienta 1947, 3, 489.

9. Bruson, H. A. U. S. Patent 2 287 510, 1942.

10. Ali, H. M. ; Naiini, A. A. ; Brubaker, Jr. C. H. Tetrahedron 1991, 32, 5489.

11. Moureau, C. ; Brown, R. L. Bull. Soc. Claim. Fr., Part 2 1920, 27, 901.

12. Tuerck, K. H. W. ; Lichtenstein, H. J. U. S. Patent 2 394 644, 1946.

13. Kato, K. ; Mukaiyama, T. Bull. Chem. Soc. Jpn. 1991, 64, 2948.

14. (a) This reaction has been thoroughly reviewed, see: Bruson, H. A. Org. React., 1949, 5, 79. (b) The Chemistry of Acrylonitrile, 2nd ed. ; American Cyanamid Co: 1959.

15. For some recent examples, see: (a) Thomas, A. ; Manjunatha, S. G. ; Rajappa, S. Helv. Chim. Acta 1992, 75, 715. (b) Fredriksen, S. B. ; Dale, J. Acta Chem. Scand. 1992, 46, 574. (c) Nowick, J. S. ; Powell, N. A. ; Martinez, E. J. ; Smith, E. M. ; Noronha, G. J. Org. Chem. 1992, 57, 3763. (d) Genet, J. P. ; Uziel, J. ; Port, M. ; Touzin, A. M. ; Roland, S. ; Thorimbert, S. ; Tanier, S. Tetrahedron 1992, 33, 77. (e) Kubota, Y. ; Nemoto, H. ; Yamamoto, Y. J. Org. Chem. 1991, 56, 7195.

16. (a) Buhleier, E. ; Wehner, W. ; Vögtle, F. Synthesis 1978, 155. (b) Wörner, C. ; Mülhaupt, R. Angew. Chem. Int. Ed. Engl. 1993, 32, 1306 (c) de Brabander - van den Berg, E. M. M. ; Meijer, E. W. Angew. Chem. Int. Ed. Engl. 1993, 32, 1308.

17. Horner, L. ; Jurgeleit, W. ; Klüpfel, K. Justus Liebigs Ann. Chem. / Liebigs Ann. Chem. 1955, 591, 108.

18. (a) Kharash, M. S. ; Reinmuth, O. Grignard Reactions of Nonmetallic Substances; Prentice Hall: New York, 1954; pp 782, 814. (b) Mukherjee, S. M. J. Indian Chem. Soc. 1948, 25, 155.

19. Alexakis, A. ; Berlan, J. ; Besace, Y. Tetrahedron 1986, 27, 1047.

20. Yamamoto, Y. ; Yamamoto, S. ; Yatagai, H. ; Ishihara, Y. ; Maruyama, K. J. Org. Chem. 1982, 47, 119.

21. Evans, D. A. ; Bilodeau, M. T. ; Somers, T. C. ; Clardy, J. ; Cherry, D. ; Kato, Y. J. Org. Chem. 1991, 56, 5750.

22. Brown, H. C. ; Midland, M. M. Angew. Chem. Int. Ed. Engl. 1972, 11, 692.

23. Miyaura, N. ; Itoh, M. ; Suzuki, A. Tetrahedron 1976, 255.

24. Yamashita, M. ; Tashika, H. ; Uchida, M. Bull. Chem. Soc. Jpn. 1992, 65, 1257.

25. (a) Heck, R. F. Palladium Reagents in Organic Syntheses; Academic Press: London, 1985 and references therein. (b) Bumagin, N. A. ; More, P. G. ; Beletskaya, I. P. J. Organomet. Chem. 1989, 371, 397.

26. Choudary, B. M. ; Sarma, R. M. ; Rao, K. K. Tetrahedron 1992, 48, 719.

27. Lloyd, W. G. ; Luberoff, B. J. J. Org. Chem. 1969, 34, 3949.

28. Hosokawa, T. ; Ohta, T. ; Kanayama, S. ; Murahashi, S. - I. J. Org. Chem. 1987, 52, 1758.

29. For reviews, see: (a) Speier, J. L. Adv. Organomet. Chem. 1979, 17, 407. (b) Ojima, I. The Chemistry of Organic Silicon Compounds; Patai, S. ; Rappoport, Z. Eds. ; Wiley: New York, 1989; Part 2, Chapter 25. For the specific examples described, see: (c) Boudjouk, P. ; Han, B. - H. ; Jacobsen, J. R. ; Hauck, B. J. Chem. Commun. /J. Chem. Soc. , Chem. Commun. 1991, 1424 and references therein. (d) Bank, H. M. Chem. Abstr. 1992, 116, 255808a.

30. Pesa, F. ; Haase, T. J. Mol. Catal. 1983, 18, 237.

31. Kollar, L. ; Consiglio, G. ; Pino, P. Chimia 1986, 40, 428 and references therein.

32. (a) Saegusa, T. ; Yonezawa, K. ; Murase, I. ; Konoike, T. ; Tomita, S. ; Ito, Y. J. Org. Chem. 1973, 38, 2319. (b) Saegusa, T. ; Ito, Y. Synthesis 1975, 291.

33. While the reactions of some copper complexes with substituted acrylonitriles give good yields, unsatisfactory yields were obtained using acrylonitrile; see: Saegusa, T. ; Murase, I. ; Ito, Y. Bull. Chem. Soc. Jpn. 1972, 45, 830.

34. Somsak, L. ; Praly, J. - P. ; Descotes, G. Synlett 1992, 119.

35. Wienand, A. ; Reissig, H. - U. Organometallics 1990, 9, 3133.

36. (a) Giese, B. Radicals in Organic Synthesis: Formation of Carbon - Carbon

Bonds;Pergamon Press:Oxford,1986. (b)Curran,D. P. Comprehensive Organic Synthesis 1991,4,715.

37. (a)Giese,B. ;González - Gómez,J. A. ;Witzel,T. Angew. Chem. Int. Ed. Engl. 1984,23,69 and references therein. (b)Dupuis,J. ;Giese,B. ;Hartung, J. ;Leising,M. ;Korth,H. - G,Sustmann,R. J. Am. Chem. Soc. 1985,107, 4332. (c)Angoh,A. G. ;Clive,D. L. J. Chem. Commun. /J. Chem. Soc. ,Chem. Commun. 1985,980.

38. (a)For a recent example using Cr^{II}, see: Tashtoush,H. I. ;Sustmann,R. Ber. Dtsch. Chem. Ges. /Chem. Ber. 1992,125,287. (b)Scheffold,R. ;Abrecht, S. ; Orlinski, R. ; Ruf, H. - R. ; Stamouli, P. ; Tinembart, O. ; Walder, L. ; Weymuth,C. Pure Appl. Chem. 1987,59,363. (c)Sarandeses,L. A. ;Mourino, A. ;Luche,J. - L. Chem. Commun. /J. Chem. Soc. ,Chem. Commun. 1992, 798. (d)Blanchard,P. ;El Kortbi,M. S. ;Fourrey,J. - L. ;Robert - Gero,M. Tetrahedron 1992,33,3319.

39. Boger,D. L. ;Mathvink,R. J. J. Org. Chem. 1992,57,1429.

40. (a)Curran,D. P. ;Chen,M. - H. J. Am. Chem. Soc. ,1987,109,6558. (b)For a recent example,see:Journet,M. ;Malacria,M. J. Org. Chem. 1992, 57,3085.

41. Pattenden,G. Chem. Soc. Rev. 1988,17,361.

42. (a)Leusink,A. J. ;Noltes,J. G. Tetrahedron 1966,335. (b)Pereyre,M. ; Colin,G. ; Valade,J. Bull. Soc. Claim. Fr. ,Part 2 1968,3358. (c)Four,P. ; Guibe,F. Tetrahedron 1982,23,1825.

43. Lee,E. ;Uk Hur,C. Tetrahedron 1991,32,5101.

44. Ogawa,A. ;Tanaka,H. ;Yokoyama,H. ;Obayashi,R. ;Yakoyama,K. ; Sonoda,N. J. Org. Chem. 1992,57,111.

45. Kopping,B. ;Chatgilialoglu,C. ;Zehnder,M. ;Giese,B. J. Org. Chem. 1992,57,3994.

46. (a)Albisetti,C. J. ;Fisher,N. G. ;Hogsed,M. J. ;Joyce,R. M. J. Am. Chem. Soc. 1956,78,2637. (b)Mehta,G. ;Reddy,A. V. Tetrahedron 1979,2625.

47. Coyner,E. C. ;Hillman,W. S. J. Am. Chem. Soc. 1949,71,324.

48. (a)Mizuno,K. ;Okamoto,H. ;Pac,C. ;Sakurai,H. ;Murai,S. ;Sonoda, N. Chem. Lett. 1975,237. (b)Adembri,G. ;Donati,D. ;Fusi,S. ;Ponticelli,F. J. Chem. Soc. , Perkin Trans. 1 1992, 2033. (c) Quendo, A. ; Rousseau, G. Synth. Commun. 1989,19,1551. (d)Ohashi,M. ;Yoshino,A. ;Yamazaki,K. ;

Yonezawa, T. Tetrahedron 1973, 3395.

49. (a) Hayashi, Y.; Niihata, S.; Narasaka, K. Chem. Lett. 1990, 2091. For other [2+2] cycloadditions of allenes, see: Pasto, D. J.; Sugi, K. D. J. Org. Chem. 1991, 56, 3795.

50. (a) Trost, B. M.; Chan, D. M. T. J. Am. Chem. Soc. 1983, 105, 2315. (b) Trost, B. M. Angew. Chem. Int. Ed. Engl. 1986, 25, 1.

51. (a) Noyori, R.; Odagi, T.; Takaya, H. J. Am. Chem. Soc. 1970, 92, 5780. (b) For a review, see: Binger, P.; Buch, H. M. Top. Curr. Chem. 1987, 135, 77.

52. For reviews, see: (a) Confalone, P. N.; Huie, E. M. Org. React. 1988, 36, 1. (b) Dipolar Cycloaddition Chemistry; Padwa, A., Ed.; Wiley: New York, 1984; Vols. 1 and 2. (c) Advances in Cycloaddition, Curran, D. P., Ed.; JAI Press: Greenwich, CT, 1988 - 1993; Vols. 1 - 3.

53. Katritsky, A. R.; Hitchings, G. J.; Zhao, X. Synthesis 1991, 863.

54. Wender, P. A.; Mascarenas, J. L. Tetrahedron 1992, 33, 2115.

55. Jung, M. E.; Longmei, Z.; Tangsheng, P.; Huiyan, Z.; Yan, L.; Jingyu, S. J. Org. Chem. 1992, 57, 3528.

56. (a) Schrauzer, G. N.; Eichler, S. Ber. Dtsch. Chem. Ges. /Chem. Ber. 1962, 95, 2764. (b) Yoshikawa, S.; Aoki, K.; Kiji, J.; Furukawa, J. Bull. Chem. Soc. Jpn. 1975, 48, 3239. (c) Noyori, R.; Umeda, I.; Kawauchi, H.; Takaya, H. J. Am. Chem. Soc. 1975, 97, 812. (d) Lautens, M.; Edwards, L. E. J. Org. Chem. 1991, 56, 3761.

57. Zhou, Z.; Costa, M.; Chiusoli, G. P. J. Chem. Soc., Perkin Trans. 1 1992, 1399. For a review, see: Vollhardt, K. P. C. Angew. Chem. Int. Ed. Engl. 1984, 23, 539.

58. (a) Fringuelli, F.; Taticchi, A. Dienes in the Diels - Alder Reaction; Wiley: New York, 1990. (b) Ward, D. E.; Gai, Y.; Zoghaib, W. M. Can. J. Chem. 1991, 69, 1487 and references therein.

59. (a) Moore, J. A.; Partain, E. M. III J. Org. Chem. 1983, 48, 1105. (b) Brion, F. Tetrahedron 1982, 23, 5299.

60. (a) Ito, Y.; Amino, Y.; Nakatsuka, M.; Saegusa, T. J. Am. Chem. Soc. 1983, 105, 1586. (b) For reactions of chromium complexed species, see: Kundig, E. P.; Bernardinelli, G.; Leresche, J. Chem. Commun. /J. Chem. Soc., Chem. Commun. 1991, 1713.

61. Rodrigo, R.; Knabe, S. M.; Taylor, N. J.; Rajapaksa, D.; Chernishenko, M. J. J. Org. Chem. 1986, 51, 3973 and references therein.

62. Ruiz, N.; Pujol, M. D.; Guillaumet, G.; Coudert, G. Tetrahedron 1992, 33, 2965.

2-氯丙烯腈(2-Chloroacrylonitrile)

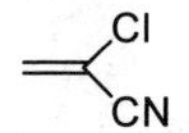

[920-37-6]　C_3H_2ClN　(MW　87.51)

该试剂为乙烯酮等效试剂，相较于丙烯腈，其性质更活泼。功能主要用于狄尔斯-阿尔德反应和其他的环加成反应；也可进行迈克尔加成和自由基加成反应。

物理数据：熔点 65℃；沸点 88～89℃；密度 1.096g/cm^3。

溶解度：溶于除烷烃以外的大多数有机溶剂。

存在形式：澄清的无色液体。

分析试剂纯度：^{1}H NMR，^{13}C NMR。

存储处理和预防措施：高毒性试剂，仅仅在通风橱使用，试剂能通过皮肤被吸收，当处理化合物的时候，必须戴上手套。

[4+2]环加成反应

2-氯丙烯腈是狄尔斯-阿尔德反应的相当不错的亲二烯体，它热力学上和各种环二烯烃反应，例如环戊二烯[2]、环已二烯[2,3]，许多最初生成的环合物经常被水解生成相应的酮[反应式(1)]。在这种情况下，2-氯丙烯腈和 2-乙酰氧丙烯腈也是一种最常用的烯酮之一，经常用于狄尔斯-阿尔德反应。

(CH2)n　Cl　CN　80~90℃　7~12h　$(CH_2)_n$　Cl　NC　KOH,DMSO　$(CH_2)_n$　O　(1)

对于一些取代基已二烯可以使用非共轭的 1,4-二烯，在一点的反应条件下异构化为活性的 1,3-二烯，而后进行狄尔斯反应生成加合物[反应式(2)][4]。再将产物-氯腈水解生成二环[2.2.2]辛酮，水解反应通常在二甲基亚砜[2,6]，或者乙醇回流[5]中进行。

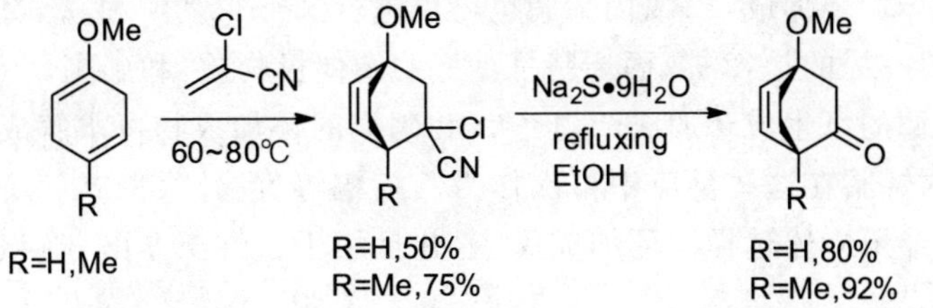

(2)

铜盐也可以被用作催化狄尔斯-阿尔德反应中的 2 -氯丙烯腈反应,最成功的是对热敏取代环戊二烯进行成功的环加成反应[反应式(3)][6a,b]。如使用氟硼酸铜允许反应在 0℃下进行。这个最终生成的烯酮是一种重要的中间体,可用于早期前列腺素综合体的合成。呋喃和 2 -氯丙烯腈的狄尔斯-阿尔德反应也可以通过铜盐催化实现[反应式(4)]。有趣的是,这个中间产物在碱的催化水解下生成的是酰胺而不是酮,还有些其他的例子,中间体氯腈水解生成非酮类产品。

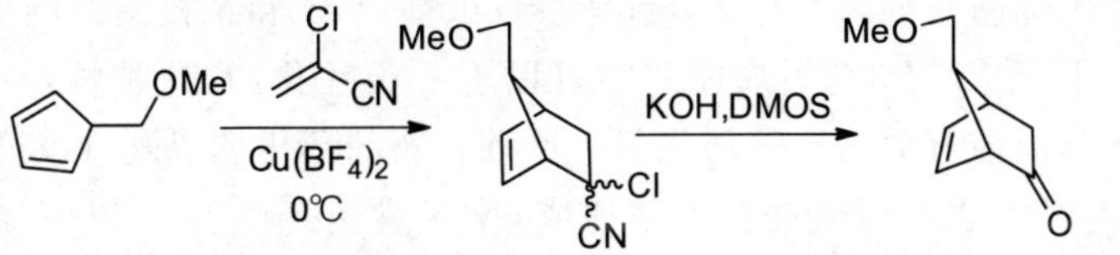

(3)

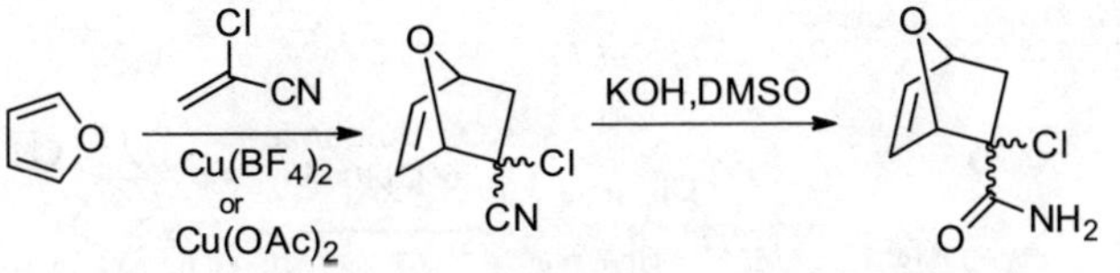

(4)

从上面的例子来看,环二烯烃通常被用作与 2 -氯丙烯腈结合。这些二烯包括取代的环已二烯、取代的环戊二烯、[6a-c,7e]含羟基官能团的吡喃酮、[10]多元烯、[11]呋喃[6d,12]和异苯并呋喃。[13]与 2 -氯丙烯腈进行反应生成[4+2]环加成产物的其他二烯包括乙烯基杂环[14]和一些非环二烯[15]。已经指出,热环加成被限制在 140℃,由于上述氯丙烯腈在高温下进行聚合,除了前面提及的铜离子催化,碘化锌[12b]、三有机锡离子[12e]和高压[12a,f]条件都可以被用来加速 2 -氯丙烯腈和呋喃的环加成反应。

除了 2 -氯丙烯腈和 2 -乙酰氧丙烯腈,其他乙烯酮等价物已经被开发出来用于环加成反应[1],这些包含丙烯腈[2]、2 -氨基丙烯腈[16a]、2 -甲硫代丙烯腈[16b]、2 -氯丙烯酰氯[17a,b]、2 -溴丙烯醛[17c]、乙烯基硼酸酯[4,18a]、乙烯基硼烷[16b]、硝基乙烯[19]和乙烯基亚砜[20]。通过对比研究发现,2 -氯丙烯腈比 2 -乙酰氧基丙烯腈或乙烯基硼酸二丁酯反应更活泼及区域选择性更好[4]。手性乙烯基亚砜也被开发作为手性乙烯酮的等效试剂[17c,20]。

除了[4+2]环加成,2-氯丙烯腈也可以进行[2+3][21,22]和[2+2][23]环加成反应,特别值得一提的是,2-氯丙烯腈是良好的亲偶极物质,和硝酮[21]等许多不同的甲亚胺叶立德的可生成环加成产物[22]。和硝酮的环加成物可水解成异噁唑烷酮;因此2-氯丙烯腈在这些反应中再次作为乙烯酮等价物[反应式(5)][21c]。已经发现手型硝酮经历立体选择性环加成反应,并且用于手性氨基酸和碳杂青霉烯衍生物的合成中[21a]。

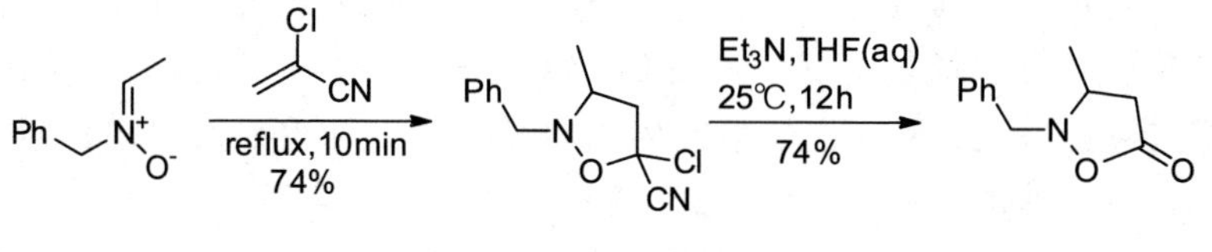

(5)

迈克尔加成和自由基加成

与其他丙烯腈一样,2-氯丙烯腈是亲核试剂[23e,24]和亲核集团的优异受体[25]。在许多情况下[24a,b,25b,e],初始加成产物可以进一步环化,在这种情况下2-氯丙烯腈是一个非常简洁有效的二碳环化剂。这种有效的环化加成既可以通过极性加成[反应式(6)][24b],也可以通过自由基加成[反应式(7)][25b],2-氯丙烯腈可广泛用于亲核试剂自由基的同系化反应[25a,c,f],在推拉效应方面[25d],其反应速度比丙烯腈快10~15倍[25a,d]。

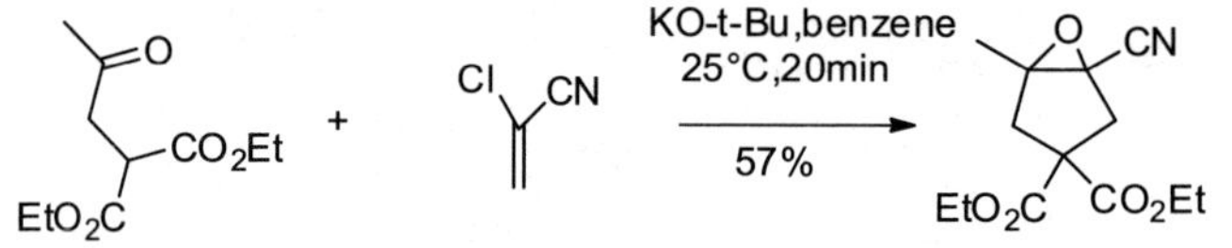

(6)

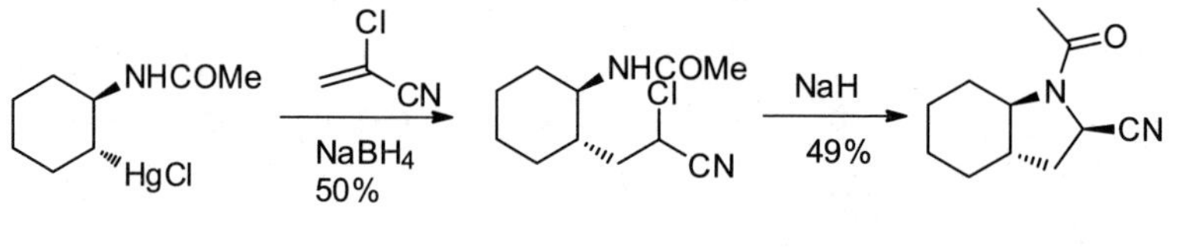

(7)

参考文献

1. Ranganathan, S.; Ranganathan, D.; Mehrotra, A. K. Synthesis 1977, 289.

2. Freeman, P. K.; Balls, D. M.; Brown, D. J. J. Org. Chem. 1968, 33, 2211.

3. Kreiger, H.; Nakajima, F. Suom. Kemistil. 1969, 42, 314 (Chem. Abstr. 1969, 71, 112496p)

4. Evans, D. A.; Scott, W. L.; Truesdale, L. K. Tetrahedron Lett.

1972,121.

5. Paasivirta,J.;Kreiger,H. Suom. Kemistil. 1965,B38,182(Chem. Abstr. 1966,64,4965g).

6. (a)Corey,E. J.;Weinshenker,N. M.;Schaaf,T. K.;Huber,W. J. Am. Chem. Soc. 1969,91,5675. (b)Corey,E. J.;Koelliker,U.;Neuffer,J. J. Am. Chem. Soc. 1971,93,1489. (c)Goering,H. L.;Chang,C.-S. J. Org. Chem. 1975,40,2565. (d)Vieira,E.;Vogel,P. Helv. Chim. Acta 1982,65,1700.

7. (a) Damiano, J.; Geribaldi, S.; Torri, G.; Azzaro, M. Tetrahedron Lett. 1973, 2301. (b) Yamada, Y.; Kimura, M.; Nagaoka, H.; Ohnishi, K. Tetrahedron Lett. 1977,2379. (c)Clark,R. S. J.;Holmes,A. B.;Matassa,V. G. Tetrahedron Lett. 1989, 30, 3223. (d) Clark, R. S. J.; Holmes, A. B.; Matassa,V. G. J. Chem. Soc., Perkin Trans. 1 1990,1389. (e) Bull,J. R.; Grundler,C.;Niven,M. L. Chem. Commun./J. Chem. Soc.,Chem. Commun. 1993,217.

8. Fringuelli,F.;Taticchi,A. Dienes in the Diels-Alder Reaction; Wiley: New York,1990.

9. (a)Mirrington,R. N.;Greyson,R. P. Chem. Commun./J. Chem. Soc., Chem. Commun. 1973,598. (b)Munai,A.;Sato,S.;Masamune,T. Chem. Lett. 1981,429. (c) Oku,A.; Hasegawa,H.; Shimazu,H.; Nishimura,J.; Harada,T. J. Org. Chem. 1981,46,4152.

10. Corey,E. J.;Kozikowski,A. P. Tetrahedron Lett. 1975,2389.

11. (a)Sakai,K.;Kobori,T. Tetrahedron Lett. 1981,22,115. (b)Siegel,H. Synthesis 1985,798. (c)Nzabamwita,G.;Kolani,B.;Jousseaume,B. Tetrahedron Lett. 1989,30,2207.

12. (a)Kotsuki,H.;Nishizawa,H. Heterocycles 1981,16,1287. (b)Brion, F. Tetrahedron Lett. 1982, 23, 5299. (c) Schuda, P. F.; Bennett, J. M. Tetrahedron Lett. 1982,23,5525. (d)Moursoundis,J.;Wege,D. Aust. J. Chem. 1983, 36, 2473. (e) Nugent, W. A.; McKinney, R. J.; Harlow, R. L. Organometallics 1984, 3, 1315. (f) Kotsuki, H.; Mori, Y.; Ohtsuka, T.; Nishizawa,H.;Ochi,M.;Matsuoka,K. Heterocycles 1987,26,2347.

13. Makhlouf,M. A.;Rickborn,B. J. Org. Chem. 1981,46,2734.

14. (a)Sasaki,T.;Ishibashi,Y.;Ohno,M. J. Chem. Res. (S)1984,218. (b) Ohmura,H.;Motoki,S. Bull. Chem. Soc. Jpn. 1984,57,1131. (c)Alexandre, C.;Rouessac,F.; Tabti,B. Tetrahedron Lett. 1985,26,5453. (d)Pindur,U.;

Eitel,M. ;Abdoust - Houshang,E. Heterocycles 1989,29,11.

15. (a)Kozikowski,A. P. ;Hiraga,K. ;Springer,J. P. ;Wang,B. C. ;Xu,Z. B. J. Am. Chem. Soc. 1984,106,1845. (b)Gordon,P. F. Chem. Abstr. 1985, 102,131717m. (c)Baldwin,J. E. ;Otsuka,M. ;Wallace,P. M. Tetrahedron 1986, 42,3097.

16. (a)Boucher,O. - L. ;Stella,L. Tetrahedron 1985,41,875. (b)Boucher, O. - L. ;Stella,L. Tetrahedron 1986,42,3871.

17. (a)Corey,E. J. ;Ravindranathan,T. ;Terashima,S. J. Am. Chem. Soc. 1971,93,4326. (b)Van Tamelen,E. E. ;Zawacky,S. R. Tetrahedron Lett. 1985, 26,2833. (c)Corey,E. J. ;Loh,T. - P. J. Am. Chem. Soc. 1991,113,8966.

18. (a)Matteson,D. S. ;Waldbillig,J. O. J. Org. Chem. 1963,28,366. (b) Singleton, D. A. ; Martinez, J. P. ; Watson, J. Y. Tetrahedron Lett. 1992, 33,1017.

19. (a)Bartlett,P. A. ;Green,F. R. ;Webb,T. R. Tetrahedron Lett. 1977, 33. (b)Ranganathan,D. ;Rao,C. B. ;Ranganathan,S. ;Mehrotra,A. K. ;Iyengar, R. J. Org. Chem. 1980,45,1185. (c) Mehta, G. ; Subrahmanyam, D. J. Chem. Soc. ,Perkin Trans. 1 1991,395.

20. Maignan, C. ; Raphael, R. A. Tetrahedron 1983, 39, 3245. Lopez, R. ; Carretero,J. C. Tetrahedron:Asymmetry 1991,2,93.

21. (a)Freer,A. ;Overton,K. ;Tomanek,R. Tetrahedron Lett. 1990,1471. (b)Kurasawa, Y. ; Kim, H. S. ; Katoh, R. ; Kawano, T. ; Takada, A. ; Okamoto, Y. J. Heterocycl. Chem. 1990,27,2209. (c)Keirs,D. ;Moffat,D. ;Overton,K. ; Tomanek,R. J. Chem. Soc. ,Perkin Trans. 1 1991,1041.

22. (a)Benages,I. A. ;Albonica,S. M. J. Org. Chem. 1978,43,4273. (b) Pierini,A. B. ;Cardozo,M. G. ;Montiel,A. A. ;Albonica,S. M. ;Pizzorno,M. T. J. Heterocycl. Chem. 1989, 26, 1003. (c) Bonneau, R. ; Liu, M. T. H. ; Lapouyade,R. J. Chem. Soc. ,Perkin Trans. 1 1989,1547. (d)Jones,R. C. F. ; Nichols,J. R. ;Cox,M. T. Tetrahedron Lett. 1990,31,2333.

23. (a)Scheeren,H. W. ;Frissen,A. E. Synthesis 1983,794. (b)De Cock, C. ; Piettre, S. ; Lahousse, F. ; Janousek, Z. ; Merenyi, R. Viehe, H. G. Tetrahedron 1985, 41, 4183. (c) Shimo, T. ; Somekawa, K. ; Wakikawa, Y. ; Uemura,H. ;Tsuge,O. ;Imada,K. ;Tanabe,K. Bull. Chem. Soc. Jpn. 1987,60, 621. (d)Schuster,D. I. ;Heibel,G. E. ;Brown,P. ;Turro,N. J. ;Kumar,C. V. J. Am. Chem. Soc. 1988, 110, 8261. (e) Quendo, A. ; Rousseau, G. Synth.

Commun. 1989,19,1551. (f)Narasaka,K.;Hayashi,Y.;Shimadzu,H.;Niihata, S. J. Am. Chem. Soc. 1992,114,8869.

24. (a)Bergmann,E. D.;Ginsburg,D.;Pappo,R. Org. React. 1959,10, 179. (b)White,D. R. J. Chem. Soc. (C)1975,95. (c)Joucla,M.;Fouchet,B.; Hamelin,J. Tetrahedron 1985,41,2707.

25. (a)Giese,B. Angew. Chem.,Int. Ed. Engl. 1983,22,753. (b)Henning, R.;Urbach,H. Tetrahedron Lett. 1983,24,5343. (c) Giese,B.;Horler, H. Tetrahedron 1985,41,4025. (d)Ito,O.;Arito,Y.;Matsuda,M. J. Chem. Soc.,Perkin Trans. 2 1988,869. (e)Srikrishna,A.;Hemamalini,P. J. Chem. Soc.,Perkin Trans. 1 1989,2511. (f)Barton,D. H. R.;Chern,C. Y.; Jaszberenyi,J. C. Tetrahedron Lett. 1992,33,5017.

1,3-戊二烯(1,3-Pentadiene)[1]

[504-60-9]　C_5H_8　(MW　68.13)
顺[1574-41-0]　反[2004-70-8]

广泛地用于 Diels-Alder 环加成反应[1]，在和过渡金属形成络合物时作为配体[2]。

别名：戊间二烯。

物理数据：cis：mp －141℃；bp 44℃；*d* 0.691 g·cm^{-3}。trans：mp －87.5℃；bp 42℃；*d* 0.683 g·cm^{-3}。mixture of isomers：bp 42℃；*d* 0.683 g·cm^{-3}。

溶解度：溶于醇，酮，醚，苯，庚烷，不溶于水。

供应形式：可商购，既可以顺式，反式，也可以混合物购买。

分析试剂纯度：^{1}H NMR，^{13}C NMR。

提纯方式：用 $NaBH_4$ 进行蒸馏，无色液体；也可以用制备色谱柱进行提纯。

存储处理和预防措施：可燃液体，有刺激性。

狄尔斯-阿尔德尔反应

反式的戊二烯主要用于环加成反应，构建六元环的碳环[3-10]和杂环化合物[11-15]。在和马来酸酐、四氰基乙烯进行 Diels-Alder 反应的时候[3c,4]甲基的给电子能力比1,3-丁二烯活泼 3～5 倍。相对于反式的戊二烯，顺式的戊二烯非常不活泼，除非和极其活泼的亲二烯体才能进行 Diels-Alder 反应，一般进行的是聚合反应[反应式(1)][3]。在和 TCNE 反应的时候，顺式的一般比反式的反应速度慢 10^5[3c]。因为顺式的构象中甲基和另一烯烃的氢相互作用，使得其过渡状态相当不利，所有其反应活性非常低[1]。不管是顺式还是反式的都进行内加成 Diels-Alder 产品。

对于不对称的二烯烃，Diels-Alder 反应服从 ortho 规则。在环合产品中，二烯烃中的给电子集团相邻于亲二烯烃的吸电子集团[反应式(2)][5]。类似的选择性也发生在丙烯腈和丙烯醛进行的双烯加成中[1,3]。一般情况下，低温反应其区域或内选择性高得多，尤其是在路易斯酸存在的情况下[6]。

和更复杂的亲二双烯体进行的反应也发生类似的区域或内选择性[6]。反式的1,3-戊二烯和取代的醌进行的环加成反应，根据规则其生成的产品也具有高度的区域或内选择性[反应式(3)和(4)][7,8]。但是对于 2,6-二甲基苯醌用路易斯酸作催化剂的时候其区域选择性发生反转[反应式(4)][8]。

cis or trans

	X	Conditions		
	X=O	PhH, reflux 30 min	100%	—
	X=NPh	PhH, reflux 1 h	100%	—
	X=NMe	PhMe, reflux 18 h	87%	—
Me/H	X=O	Ac_2O, 94~100℃ 8h	—	4%
	X=O	CuCl, NH_4Cl 130℃, 2h	9%	49%
	X=NPh	CuCl, NH_4Cl 130℃, 13h	—	35%

(1)

(a) (b)

R	Conditions	(a) (*cis*/*trans*) : (b) (*cis*/*trans*)
R=H	120℃, 7h, 52%	89 (64/36) : 11 (62/38)
R=Me	120℃, 6h, 53%	84 (54/46) : 16 (66/34)
R=Me	25℃, 70h, 39%	90 (57/43) : 10 (73/27)
R=Me	10~20℃, $AlCl_3$(cat), 3h, 50%	98 (95/5) : 2 (mostly *cis*)

(2)

EtOH, 105℃, 3h, 70%

(3)

toluene, △

$BF_3 \cdot Et_2O$ (1 mol %), 0℃, >80%

(4)

在和取代的 2,5 -环己二烯酮进行加成反应时，基本上都是从酯这一面进行加成反应[反应式(5)][9]。其他例子该加成反应显示区域，内向和面选择性[反应式(6)][10,6]。

CH_2Cl_2, $ZnCl_2$ (2 equiv), 0℃,4.5h, 100% (5)

$AlCl_3$, 40℃,9h, 90%; major (6)

1,3 -戊二烯进行的异环加成反应其例子不少。它可以和羰基、亚胺、亚硝基以及其他的杂亲二烯体进行加成反应生成相应的杂环。例如从丙醛生成的磺酰亚胺可以非常容易地和 1,3 -戊二烯捕获进行[4+2]的环加成反应[反应式(7)][13a]。

EtCHO → $TsNSO, BF_3 \cdot Et_2O$, $MgSO_4$, toluene, CH_2Cl_2, -30℃; SO_2; 61%; 6 : 1 (7)

最近，1,3 -戊二烯用于不对称的环加成反应，得一碳环加成产品[16]和一杂环加成产品[13]。其不对称性可以由一亲二烯体的手性辅助剂[反应式(8)][16a]或手性路易斯酸[反应式(9)][17]进行诱导。

Et_2AlCl (1,4equiv), CH_2Cl_2, -100℃, 15 min, 84%; >100 : 1 diastereoselection (8)

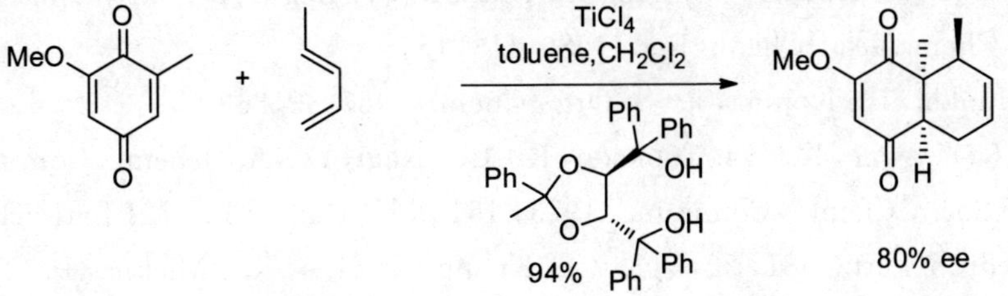

(9)

在顺和反1,3-戊二烯存在下，Rh(Ⅱ)催化的乙烯重氮甲烷生成环庚二烯，完全的立体选择[反应式(10)][18]。

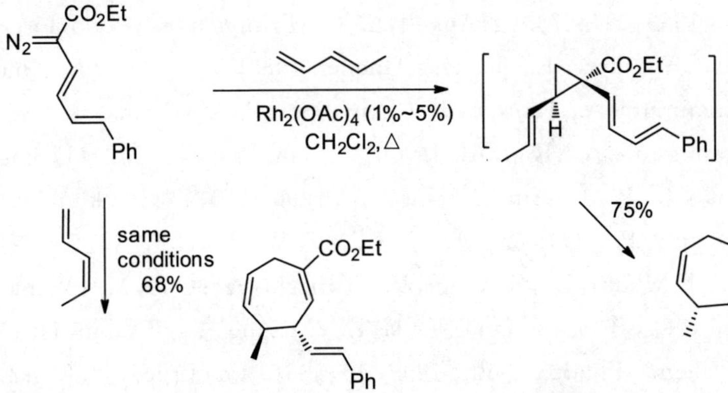

(10)

参考文献

1. (a)Martin,J. G.;Hill,R. K. Chem. Rev. 1961,61,537. (b)Titov,Y. A. Russ. Chem. Rev. (Engl. Transl.)1962,31,267. (c)Guseinov,I. I.;Vasilev,G. S. Russ. Chem. Rev. (Engl. Transl.)1963,32,20. (d)Sauer,J. Angew. Chem., Int. Ed. Engl. 1966,5,211. (e)Sauer,J. Angew. Chem.,Int. Ed. Engl. 1967,6,16. (f)Oppolzer,W. Comprehensive Organic Synthesis 1991,5,315.

2. Ernst,R. D. Chem. Rev. 1988,88,1255.

3. (a)Frank,R. L.;Emmick,R. D.;Johnson,R. S. J. Am. Chem. Soc. 1947,69,2313. (b)Craig,D. J. Am. Chem. Soc. 1950,72,1678. (c)Stewart,C. A. J. Org. Chem. 1963,28,3320. (d)Brocksom,T. J.;Constantino,M. G. J. Org. Chem. 1982,47,3450. (e)Vijn,R. J.;Hiemstra,H.;Kok,J. J.;Knotter,M.;Speckamp,W. N. Tetrahedron 1987,43,5019. (f)Okada,K.;Kondo,M.;Tanino,H.;Kakoi,H.;Inoue,S. Heterocycles 1992,34,589.

4. (a)Craig,D.;Shipman,J. J.;Fowler,R. B. J. Am. Chem. Soc. 1961,83,2885. (b)Sauer,J.;Lang,D.;Mielert,A. Angew. Chem.,Int. Ed. Engl.

1962,1,268. (c) Rücker, C.; Lang, D.; Sauer, J.; Friege, H.; Sustmann, R. Ber. Dtsch. Chem. Ges./Chem. Ber. 1980,113,1663

5. Inukai, T.; Kojima, T. J. Org. Chem. 1967,32,869.

6. (a) Ayyar, K. S.; Cookson, R. C.; Kagi, D. A. Chem. Commun./J. Chem. Soc., Chem. Commun. 1973, 161. (b) Corey, E. J.; Estreicher, H. Tetrahedron Lett. 1981, 22, 603. (c) Knapp, S.; Lis, R.; Michna, P. J. Org. Chem. 1981, 46, 624. (d) Hendrickson, J. B.; Singh, V. Chem. Commun./J. Chem. Soc., Chem. Commun. 1983, 837. (e) Fringueli, F.; Pizzo, F.; Taticchi, A.; Wenkert, E. J. Org. Chem. 1983,48,2802. (f) Weller, D. D.; Stirchak, E. P. J. Org. Chem. 1983,48,4873. (g) Angell, E. C.; Fringueli, F.; Pizzo, F.; Porter, B.; Taticchi, A.; Wenkert, E. J. Org. Chem. 1985, 50, 4696. (h) Ono, N.; Miyake, H.; Kamimura, A.; Kaji, A. J. Chem. Soc., Perkin Trans. 1 1987,1929. (i) Ono, N.; Kamimura, A.; Kaji, A. J. Org. Chem. 1988,53,251. (j) Singleton, D. A.; Martinez, J. P. J. Am. Chem. Soc. 1990, 112, 7423. (k) Alunni, S.; Minuti, L.; Pasciuti, P.; Taticchi, A.; Guo, M.; Wenkert, E. J. Org. Chem. 1991,56,5353. (l) Minuti, L.; Selvaggi, R.; Taticchi, A.; Guo, M.; Wenkert, E. Can. J. Chem. 1992,70,1481. (m) Okada, K.; Mizuno, Y.; Tanino, H.; Kakoi, H.; Inoue, S. Chem. Pharm. Bull. 1992, 40, 1110. (n) Bruce, J. M.; Lloyd-Williams, P. J. Chem. Soc., Perkin Trans. 1 1992,2877. (o) Singleton, D. A.; Martinez, J. P.; Watson, J. V.; Ndip, G. M. Tetrahedron 1992, 48, 5831. (p) Wenkert, E.; Vial, C.; Näf, F. Chimia 1992,46,95. (q) Minuti, L.; Selvaggi, R.; Taticchi, A.; Sandor, P. Tetrahedron 1993,49,1071.

7. Bohlmann, F.; Förster, H. J.; Fischer, C. H. Justus Liebigs Ann. Chem./LiebigsAnn. Chem. 1976,1487.

8. Stojanac, Z.; Dickinson, R. A.; Stojanac, N.; Woznow, R. J.; Valenta, Z. Can. J. Chem. 1975,53,616.

9. (a) Liu, H. J.; Han, Y. Tetrahedron Lett. 1993,34,423. (b) Liu, H. J.; Ulibarri, G.; Browne, E. N. C. Can. J. Chem. 1992,70,1545. (c) Liu, H. J.; Browne, E. N. C. Can. J. Chem. 1987,65,1262. (d) Liu, H. J.; Browne, E. N. C. Can. J. Chem. 1979,57,377.

10. Angell, E. C.; Fringueli, F.; Pizzo, F.; Taticchi, A.; Wenkert, E. J. Org. Chem. 1988,53,1424

11. Weinreb, S. M.; Staib, R. R. Tetrahedron 1982,38,3087.

12. Snider, B. B.; Philips, G. B.; Cordova, R. J. Org. Chem. 1983,

48,3003.

13.(a)Sisko,J.;Weinreb,S. M. Tetrahedron Lett. 1989,3037.(b)Bailey, P. D.;Wilson,R. D.;Brown,G. R. Tetrahedron Lett. 1989,6781.(c)Bailey,P. D.;Brown,G. R.;Korber,F.;Reed,A.;Wilson,R. D. Tetrahedron:Asymmetry 1991,2,1263.(d)Bailey,P. D.;Wilson,R. D.;Brown,G. R. J. Chem. Soc., Perkin Trans. 1 1991,1337.

14.(a)Kresze,G.;Firl,J. Tetrahedron Lett. 1965,1163.(b)Firl,J.;Kresze, G. Ber. Dtsch. Chem. Ges./Chem. Ber. 1966,99,3695.(c)Labaziewicz,H.; Riddell,F. G. J. Chem. Soc.,Perkin Trans. 1 1979,2926.(d)Labaziewicz,H.; Lindfors,K. R. Heterocycles 1989,29,929.

15.(a)Nakayama,J.;Akimoto,K.;Niijima,J.;Hoshino,M. Tetrahedron Lett. 1987,28,4423.(b)Meinke,P. T.;Krafft,G. A. Tetrahedron Lett. 1987, 28,5121.(c)Weiberg,N.;Wagner,S.;Fisher,G. Ber. Dtsch. Chem. Ges./ Chem. Ber. 1991,124,1981.(d)Deguin,B.;Vogel,P. J. Am. Chem. Soc. 1992, 114,9210.

16.(a)Evans,D. A.;Chapman,K. T.;Bisaha,J. J. Am. Chem. Soc. 1984, 106,4261.(b)Evans,D. A.;Chapman,K. T.;Bisaha,J. J. Am. Chem. Soc. 1988,110,1238.(c)Waldmann,H. J. Org. Chem. 1988,53,6133.(d) Waldmann,H. JustusLiebigs Ann. Chem./Liebigs Ann. Chem. 1990,671.(e) Liu,H. J.;Chew,S. Y.;Browne,E. N. C. Tetrahedron Lett. 1991,32,2005(f) de Lucchi,O.;Fabbri,D.;Cossu,S.;Valle,G. J. Org. Chem. 1991,56,1888.

17.Engler,T. A.;Letavic,M. A.;Takusagawa,F. Tetrahedron Lett. 1992, 33,6731.

18.Davies,H. M. L.;Clark,T. J.;Smith,H. D. J. Org. Chem. 1991, 56,3817.

1,3-丁二烯-1-氨基甲酸苄酯
(Benzyl 1,3-Butadiene-1-carbamate)

(1:R=Ph) [65899-49-2] $C_{12}H_{13}NO_2$ (MW 203.09)

(2:R=Me) [61759] $C_7H_{11}NO_2$ (MW 141.08)

1,3-二烯类化合物,和前两者相对应的,构成 Diels-Alder 反应的另一合成单元。

用于 Diels-Alder 反应[1]有用的氨基丁二烯等效试剂,甚至和不良亲二烯体的反应具有很好的区域和立体选择性;[2]用于合成复杂杂环天然产物[3]和氨基蒽醌[4]。

物理参数[5-7]:(1)mp 74~75℃;^{1}H NMR($CDCl_3$) 7.32(s,Ph),6.71(br d,J=9 Hz,CHNH),6.26(dt,J=10,17 Hz,$CHCH_2$),5.4~5.8(m,CH CHNH and NH),5.15(s,CH_2Ph),4.8~5.2(m,CH_2)[13];C NMR($CDCl_3$) 127.2,112.5,134.6,113.5,128.3,128.4,128.7,136.0,153.7,67.5。(2)mp 44~45℃[1];H NMR($CDCl_3$) 7.7(br d,NH),5.3~6.9(m,vinylic),4.5~5.1(m,CH_2),4.13(q,J=7 Hz,Me)[13];C NMR($CDCl_3$)127.6,112.1,134.8,113.2,14.5,61.7,154.1[2,5]。

溶解性:易溶于二氧六环和甲苯;溶于二噁烷。

制备方法:各种 N-酰基-1-氨基-1,3-二烯的合成方法已经详细描述[6-10]。以下使用 Curtius 重排[反应式(1)][7],说明了用于合成(a)和(b)通常方法。

CO_2H —(1.$ClCO_2Et$,R_3N; 2.NaN_3)→ CON_3 —(110℃ ,RH)→ NHCOR (1)

(a)R=OBn,53%
(b)R=OEt,71%

操作处置、储存和注意事项:一般来说,酰基叠氮化物具有潜在的爆炸性。因此,含有酰基叠氮化物的溶液不应蒸发至干燥[5]。(a)和(b)都是稳定的固体,可以在冰箱中储存几个月。然而，它们是酸敏感的，并且可以通过存在于氯仿-d[5]中的痕量氯化氘分解[5]。在严格脱气(无氧)溶液中，这些二烯氨基甲酸酯甚至在140℃下长时间稳定，并且这已经是它们与不良亲二烯体进行反应的关键因素[2]。

狄尔斯-阿尔德尔反应

(a)和(b)与一系列的亲二烯体反应，可生成氨基官能化的环化产物，收率相当高。和烯丙酸反应生成环己烯，具有很高的区域和立体选择性[反应式(2)][6]。和类似的亲二烯体，2,4-戊二烯酸反应需要更长的反应时间，并且得到所有可能的立体选择性和区域异构体的混合物[1]。

NHCOX X=OEt + CO_2Me —— 110℃, 2.5h, dioxane, >99% → (CO_2Me, NHCOX) 4 : 1 (CO_2Me, NHCOX) (2)

由于反应时有很好的 endo 选择性，再加上具有很高的反应活性，试剂(a)和(b)可用于一系列天然产物合成。在合成(±)-杀真菌毒素只需一步[反应式(3)][11,12]实现了三个手性中心的构建。尽管转醛与其它二烯表现出较低的立体选择性[13,14]，和(a)、(b)反应分别得到61%和67%产率的内型产物，这些是合成(±)-杀真菌毒素C[12]的关键中间体。另外，使用手性亲二烯体、(5*R*)-5-羟基-6,6-二甲基庚-2-烯-4-酮，允许不对称合成(+) pumiliotoxin C[15]。

$NHCO_2CH_2R$ + CHO —— 110 °C, 2.5h → (CHO, $NHCO_2CH_2R$) (1)R=Ph,67% (2)R=Me,61% —— steps → (±)-PumiliotoxinC (N H, Pr) (3)

反式-1,3-丁二烯-1-氨基甲酸苄酯(c)和草酸乙酯的环加成主要生成内向化合物，该化合物是合成(±)-tilidine关键中间体[反应式(4)][16]；重要的是和相关的反式-1-(二烷基氨基)-1,3-二烯($R_1=R_2=Me$)[17,18]反应表现出相反的立体选择性。

toluene, reflux 3.5h

(c)R_1=H,R_2=CO_2CH_2Ph 71 : 20

(d) R_1=R_2=Me 22 : 66 (4)

steps

(±)-Tilidine

二烯(c)和(d)的最显著的特征是它们和非常差的亲二烯体例如反式巴豆酸甲酯,反式巴豆醛、2-环己烯酮和3,4-亚甲基二氧苯乙烯反应生成内环加成产物,收率良好,(a)与苯基乙炔(140℃,114h)[2]的反应生成13个产物的混合物,表明这些二烯的反应性的上限。

迄今为止,涉及(c)和(d)的Diels-Alder反应如合成肾盂毒素[26]、(±)-全氢肾上腺素[25]、(+)-微红霉素[11,15]、(±)-异烟肼、[27](±)-吡啶。[16]此外,取代的氨基蒽醌已经通过(c)和萘醌进行区域选择性环加成反应,[4,28]随后芳构化而合成。还值得注意的是差向异构的顺式十氢喹啉-5-羧酸的合成,是通过(c)与反式-3-乙酰基丁烯醛的反应[29]。另外,(c)中存在易于修饰的苯基可生成水溶性二烯[反应式(5)],该化合物可用于抗体催化Diels-Alder反应. 根据用于引发催化抗体的过渡态类似物,[30]可以单独生成任一种异构体(内型或外型)[30]。

85 : 15 (5)

(i)buffer,37℃

(ii)antibody,buffer,37℃ exclusive formation of either isomer

参考文献

1. Overman, L. E.; Taylor, G. F.; Houk, K. N.; Domelsmith, L. N. J.

Am. Chem. Soc. 1978,100,3182.

2. Overman,L. E. ;Freerks,R. L. ;Petty,C. B. ;Clizbe,L. A. ;Ono,R. K. ; Taylor,G. F. ;Jessup,P. J. J. Am. Chem. Soc. 1981,103,2816.

3. Overman,L. E. Acc. Chem. Res. 1980,13,218.

4. Chigr,M. ;Fillion,H. ;Rougny,A. Tetrahedron Lett. 1987,28,4529.

5. Overman,L. E. ;Jessup,P. J. ;Petty,C. B. ;Roos,J. Org. Synth. 1980, 59,1.

6. Overman,L. E. ; Taylor,G. F. ;Jessup,P. J. Tetrahedron Lett. 1976, 36,3089.

7. Overman,L. E. ; Taylor,G. F. ; Petty,C. B. ; Jessup,P. J. J. Org. Chem. 1978,43,2164.

8. Weinstock,J. J. Org. Chem. 1961,26,3511.

9. Overman,L. E. ;Clizbe,L. A. J. Am. Chem. Soc. 1976,98,2352.

10. Overman,L. E. ; Petty,C. B. ; Ban,T. ; Huang,G. T. J. Am. Chem. Soc. 1983,105,6335.

11. Overman,L. E. ;Jessup,P. J. Tetrahedron Lett. 1977,1253.

12. Overman,L. E. ; Jessup,P. J. J. Am. Chem. Soc. 1978,100,5179.

13. Kobuke,Y. ;Fueno,T. ;Furukawa,J. J. Am. Chem. Soc. 1970,92,6548.

13. Kobuke,Y. ;Fueno,T. ;Furukawa,J. J. Am. Chem. Soc. 1970,92,6548

14. Seguchi,K. ;Sera,A. ;Otsuki,Y. ;Maruyama,K. Bull. Chem. Soc. Jpn. 1975,48,3641.

15. Masamune,S. ; Reed,L. A. ; Davis,J. T. ; Choy,W. J. Org. Chem. 1983,48,4441.

16. Overman,L. E. ; Petty,C. B. ; Doedens,R. J. J. Org. Chem. 1979, 44,4183.

17. Satzinger,G. Justus Liebigs Ann. Chem. /Liebigs Ann. Chem. 1969, 728,64(Chem. Abstr. 1970,72,313 33g).

18. Satzinger,G. Justus Liebigs Ann. Chem. /Liebigs Ann. Chem. 1972, 756,43(Chem. Abstr. 1972,77,113 681f).

19. (a)Sauer,J. Angew. Chem. ,Int. Ed. Engl. 1966,5,211. (b)Sauer,J. Angew. Chem. ,Int. Ed. Engl. 1967,6,16.

20. Alder,K. ;Rickert,H. F. Ber. Dtsch. Chem. Ges. /Chem. Ber. 1938, 71,379.

21. Danishefsky,S. ;Kitahara,T. J. Org. Chem. 1975,40,538.

22. Trost, B. M. ; Vladuchik, W. C. ; Bridges, A. J. J. Am. Chem. Soc. 1980, 102, 3554.

23. Berson, J. A. ; Hamlet, Z. ; Mueller, W. A. J. Am. Chem. Soc. 1962, 84, 297.

24. Danishefsky, S. ; Kitahara, T. ; Yan, C. F. ; Morris, J. J. Am. Chem. Soc. 1979, 101, 6996.

25. Overman, L. E. ; Fukaya, C. J. Am. Chem. Soc. 1980, 102, 1454.

26. Overman, L. E. ; Lesuisse, D. ; Hashimoto, M. J. Am. Chem. Soc. 1983, 105, 5373.

27. Danishefsky, S. ; Hershenson, F. M. J. Org. Chem. 1979, 44, 1180.

28. Chigr, M. ; Fillion, H. ; Rougny, A. ; Berlion, M. ; Riondel, J. ; Beriel, H. Chem. Pharm. Bull. 1990, 38, 688.

29. Witiak, D. T. ; Tomita, K. ; Patch, R. J. ; Enna, S. J. J. Med. Chem. 1981, 24, 788.

30. Gouverneur, V. E. ; Houk, K. N. ; Teresa, B. P. ; Beno, B. ; Janda, K. D. ; Lerner, R. A. Science 1993, 262, 204.

1-氯-3-戊酮(1-Chloro-3-pentanone)

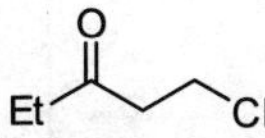

[32830-97-0]　C_5H_9ClO　(MW　120.58)

作为典型的 Robinson 环化试剂，反应后一般成六元环。和该试剂雷同的为 1-戊烯-3-酮和相应的 Mannich 碱 1-二烷基氨基-3-丁酮，都进行环化反应。

替代名称：2-氯乙基乙基酮。

物理数据：沸点 62～65℃(15mmHg)；d 1.042g · cm^{-3}。

溶解性：溶于大多数有机溶剂。

供应形式：液体，可商购。

纯化：通过蒸馏提纯。

环化

该试剂是 1-戊烯-3-酮(乙基乙烯基酮)合成等价试剂，在 Robinson 环化反应中也是 1-二甲基氨基-3-丁酮曼尼希碱的四季铵盐的等价试剂。这种试剂在环化中的的应用已经做了简要总结[1,2]。该试剂被认为可生成乙烯基酮[3]。尽管大多数环化在有机溶剂中碱性的条件下进行，但该试剂也可以在酸性的有机溶剂或水溶液中使用[4]。在水中，如预期一样，该试剂可以与 2-甲基环戊烷-1,3-二酮[反应式(1)]进行反应[5]。

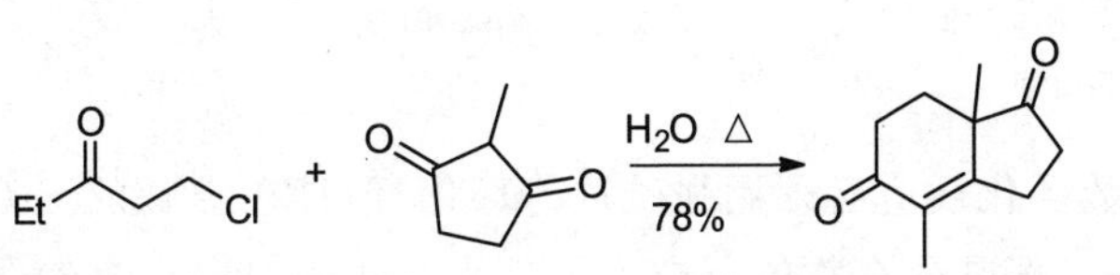

(1)

然而，相应的环己烷衍生物预期产品进一步转化为酸作为主要产物，据推测是由于桥连羟醛中间体的开环所生成[反应式(2)][5]。

仔细检查产物显示通常形成单和双环化产物[反应式(3)][6]。该双环可以生成两个中间产物，这两个中间体最后生成为 1 个产品[反应式(4)][6]。双环也可以在不分离中间体的情况下进行环合反应[反应式(5)][7]。

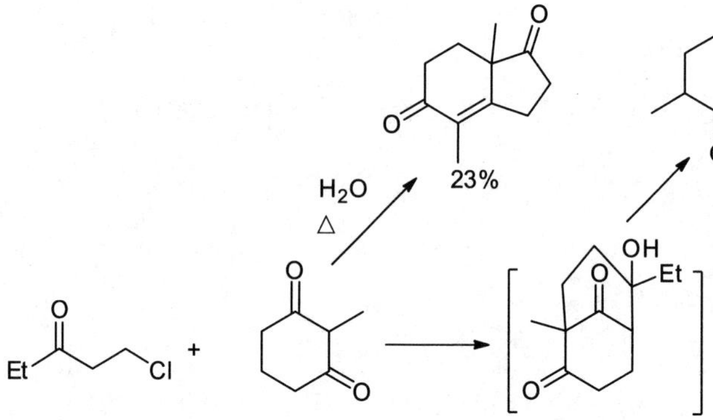

(2)

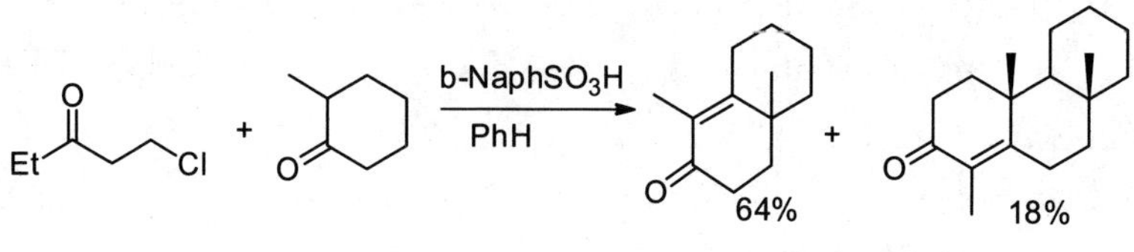

(3)

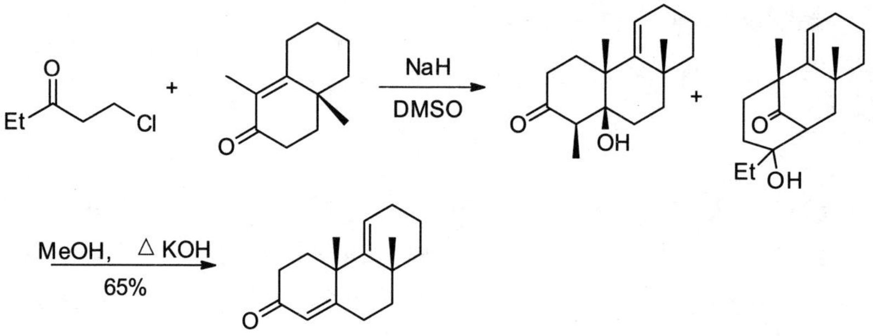

(4)

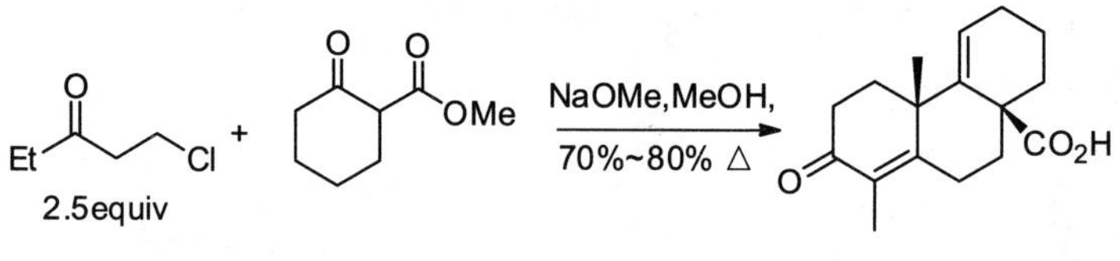

(5)

虽然大多数环化反应必须用强碱进行环化，但是在沸腾的 EtOAc 溶液中用三乙胺催化 1,3-二羰基化合物的反应也是相当有效的[反应式(6)][8]。该方法已经用于合成螺烯二酮类化合物[反应式(7)][9]。

喹啉合成[10]

该试剂可通过 Skraup 型反应[反应式(8)]制备喹啉。尽管产率低，但与 β-不饱和醛或酮的产率相当，其收率通常在 20%～30%[11]。

Et Cl + O O EtOAc, NEt_3 △, 15h 75% O O O → O O (6)

Et Cl + O OH)n EtOAc, NEt_3 rt, 8~12h O CHO)n TSA, PhH △ 56%~72% O O)n (7)

Et Cl + MeO MeO NH_2 → OMe Et MeO N (8)

参考文献

1. Fieser, M.; Fieser, L. F. Fieser & Fieser 1972, 3, 49.

2. Fieser, M.; Fieser, L. F. Fieser & Fieser 1977, 6, 110.

3. Jung, M. E. Tetrahedron 1976, 32, 3.

4. Zoretic, P. A.; Branchaud, B.; Maestrone, T. Tetrahedron Lett. 1975, 527.

5. Zoretic, P. A.; Bendiksen, B.; Branchaud, B. J. Org. Chem. 1976, 41, 3767.

6. Heathcock, C. H.; Mahaim, C.; Schlecht, M. F.; Utawanit, T. J. Org. Chem. 1984, 49, 3264.

7. Kerwin, S. M.; Paul, A. G.; Heathcock, C. H. J. Org. Chem. 1987, 52, 1686.

8. Uma, R.; Rajagopalan, K.; Swaminathan, S. Tetrahedron 1986, 42, 2757.

9. Ravikumar, V. T.; Sathyamoorthi, G.; Rajagopalan, K.; Swaminathan, S. Indian J. Chem., Sect. B 1987, 26, 255.

10. Carroll, F. I.; Berrang, B.; Linn, C. P. J. Med. Chem. 1985, 28, 1564.

11. LaMontagne, M. P.; Markovac, A.; Khan, M. S. J. Med. Chem. 1982, 25, 964.

顺-5-氯-3-三甲基甲锡烷基-2-戊烯[1]
(Z)-5-Chloro-3-trimethylstannyl-2-pentene

SnMe3, Cl

[101849-67-6]　$C_8H_{17}ClSn$　(MW　267.36)

类似于前者为环合试剂,但主要用于合成五元环。该试剂可充当环戊烷环合试剂[2,3]、双功能试剂[4-6]、螺四氢呋喃的合成[7]。

替代名称:[1-(2-氯乙基)-1-丙烯基]三甲基锡烷。

物理数据:沸点 40~50℃ (0.3 毫米汞柱)[8]。

试剂纯度分析:^{1}H NMR 分析[8]。

制备方法:通过向 2-戊炔酸乙酯中加入苯硫基(三甲基锡烷基)铜酸锂,[9]随后进行立体选择性加成[反应式(1)][10,11]得到单一异构体:(*Z*)-3-三甲基锡烷基-3-戊炔酸乙酯[10]。通过还原和转化成氯化物,得到标题试剂[反应式(2)][8]。

纯化:通过蒸馏[8]。

操作、储存和注意事项:有机锡烷应被视为有毒化合物[12]。处理时应在通风良好的通风橱内进行,且操作人员应该戴着手套以防止其与皮肤直接接触。

Et—≡—CO_2Et →(PhS(Me_3Sn)CuLi; -100℃.MeOH.THF; 79%)

SnMe3, Et, CO_2Et, >99%(E) →(1.LDA,THF,-78℃; 2.HOAc,Et_2O,-98℃; 82%) CO_2Et, $SnMe_3$　(1)

CO_2Et, $SnMe_3$ →(1.LAH; 2.CCl_4, Ph_3P, Et_3N; 78%) Cl, $SnMe_3$　(2)

螺四氢呋喃的合成

也参见 4-氯-2-三甲基甲锡烷基-1-丁烯。用甲基锂试剂和标题试剂反应,生成(*Z*)-乙烯基锂试剂。同时加入环己酮得到氯醇(31%)和螺四氢呋喃(40%)的

混合物[反应式(3)][8]

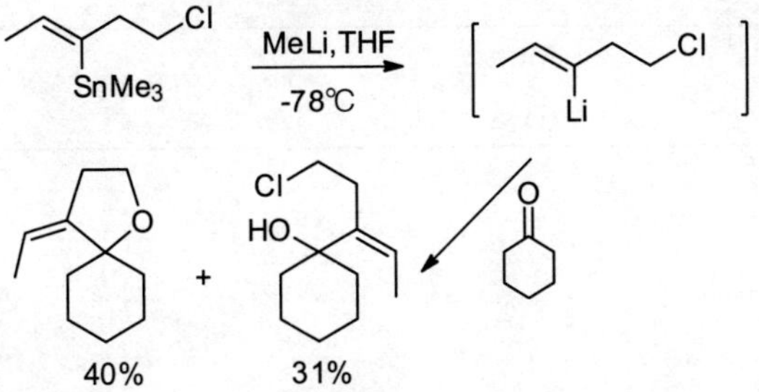

(3)

有趣的是,在这种条件(MeLi,四氢呋喃,−78℃、环己酮、苯甲醛)下处理(*E*)-5-氯-3-三甲基甲锡烷基-2-戊烯只生成乙基亚环丙烷(通过和对2,4-二硝基苯硫基氯反应生成氯硫化物,从溶液中分离)[8],但1,2-加成产物却没有被分离出来。

[3+2]环合反应

(*Z*)-5-氯-3-三甲基甲锡烷基-2-戊烯作为环戊烷环化试剂,通过两步生成[8,13]。(*Z*)-5-氯-3-锂-2-戊烯(见上文)是在四氢呋喃存在条件下用溴化镁处理得到乙烯基格氏试剂。由此衍生的铜酸盐以1,4-方式对环烯酮进行加成,得到氯代酮(当 R_1 不是H时为非对映异构体的混合物)。通过分子内烷基化进行顺式关环生成稠合双环酮[表1;反应式(4)][8]。

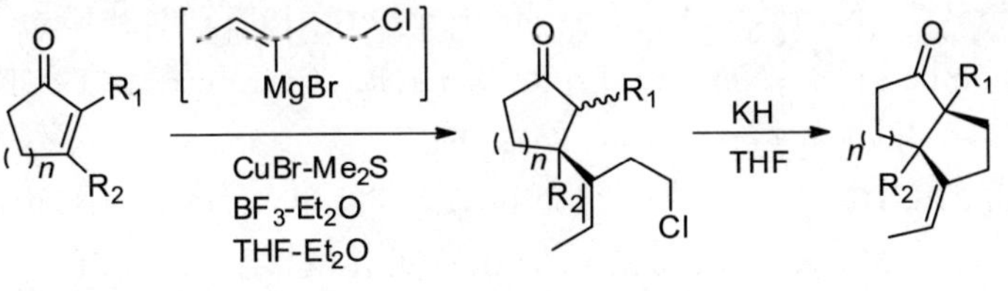

(4)

该方法已被用于下列化合物的完成(±)-oplopanone,(±)-8-epi-oplopanone和(±)-anhydro-oplopanone[反应式(5)]的全合成[8,13]。

表1 (Z)-乙基亚环戊烷环

n	R_1	R_2	产量(共轭加成)(%)	产量(环产品)(%)
1	H	H	69	78
1	H	Me	57	86
1	Me	H	56	79
2	H	H	70	78

（续表）

n	R_1	R_2	产量(共轭加成)(%)	产量(环产品)(%)
2	H	Me	61	79
2	Me	H	64	83

BrMg Cl

1. $CuBr\text{-}Me_2S$ $BF_3\text{-}Et_2O$ $THF\text{-}Et_2O$

2. KH, THF

65%

Anhydro-oplopanone

R_1 R_2

Oplopanone, R_1=OH, R_2=Me

8-epi-oplopanone, R_1=Me, R_2=OH

(5)

参考文献

1. Piers, E. Pure Appl. Chem. 1988, 60, 107.
2. Panek, J. S.; Jain, N. F. J. Org. Chem. 1993, 58, 2345.
3. Mehta, G.; Karra, S. R. Tetrahedron Lett. 1991, 32, 3215.
4. DeLombaert, S.; Nemery, I.; Roekens, B.; Carretero, J. C.; Kimmel, T.; Ghosez, L. Tetrahedron Lett. 1986, 27, 5099.
5. Knapp, S.; O'Connor, U. Mobilio, D. Tetrahedron Lett. 1980, 21, 4557.
6. Trost, B. M. Angew. Chem., Int. Ed. Engl. 1986, 25, 1.
7. Boivin, T. L. B. Tetrahedron 1987, 43, 3309.
8. Piers, E.; Gavai, A. V. J. Org. Chem. 1990, 55, 2380.
9. Piers, E.; Chong, J. M.; Morton, H. E. Tetrahedron 1989, 45, 363.
10. Piers, E.; Gavai, A. V. J. Org. Chem. 1990, 55, 2374.
11. Piers, E.; Gavai, A. V. Chem. Commun./J. Chem. Soc., Chem. Commun. 1985, 1241.
12. Neumann, W. P. The Organic Chemistry of Tin; Interscience: New York, 1970; pp 230 - 237.
13. Piers, E.; Gavai, A. V. Tetrahedron Lett. 1986, 27, 313.

2-氯乙基氯甲基醚

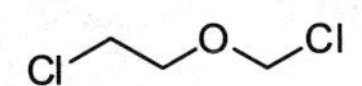

[1462-33-5]　$C_3H_6Cl_2O$　(MW　128.98)

该试剂和前者非常类似，通过生成卡宾中间体和烯烃进行反应而生成三元环。

环丙醇合成试剂[1,2]；和格氏试剂进行羟甲基化时甲醛等价试剂[3]；也可以用于保护吲哚[4]。

别名：1-氯-2-(氯甲氧基)乙烷。

物理数据：bp 145～147℃(66～68℃/22 mmHg)[3]；*d* 1.28 g·cm^{-3}[5]。

溶解性：溶于常见的有机溶剂包括醚(THF，乙醚)、卤化溶剂(二氯甲烷、氯仿、四氯化碳)和烃溶剂；与醇溶剂不相溶。

试剂纯度的分析：通过^{1}H NMR [(300 MHz，$CDCl_3$/TMS)　3.96(t，*J*=5.7 Hz，2 H)，3.96(t，*J*=5.7 Hz，2 H)，5.53(s，2 H)][3]。

制备方法：最方便地是在0℃下通过2-氯乙醇和1,3,5-三噁烷及氯化氢(气体)(1.0mol，66%产率)进行反应制备[3,6]。

纯化：通过蒸馏提纯。

操作、储存和注意事项：氯甲基醚是公认的致癌物质[7]。试剂的制备和处理应在通风良好的通风橱中进行，避免皮肤接触。氯甲基醚对湿气敏感，并应在惰性气氛下储存和转移。过量的试剂应该先进行水解，然后从通风柜中取出[3]。

环丙醇衍生物的合成

2-氯乙基氯甲基醚通常当作(2-氯乙氧基)卡宾的前体，其反应过程过氯甲基基团用2,2,6,6-四甲基哌啶锂(LiTMP)去质子化然后消除氯而得到卡宾[1]。得到的卡宾中间体与烯烃(过量)反应得到2-氯乙基环丙基醚。用正丁基锂裂解2-氯乙基部分就得到相应的环丙醇[1,8]。该方法提供了制备仲环丙醇[反应式(1)][8]，的一有效方法，但不适用于合成叔衍生物。

该反应序列已经由Danheiser和同事通过氧负离子加速的乙烯基环丙烷重排[反应式(2)]反应而用于环戊烯醇的合成[2]。在这些情况下，烯烃用作环丙烷化反应中的限制试剂。(2-氯乙基)环丙基醚当用*n*-BuLi处理时，中间体2-乙烯基环丙醇醇负离子进行加速的[1,3]-δ迁移，一锅反应得到相应的3-环戊烯醇。总体转化是高度立体选择性的，并且可以被视为通过将羟基碳卡宾和二烯进行超表面外加成途径而进行的[4+1]环化。

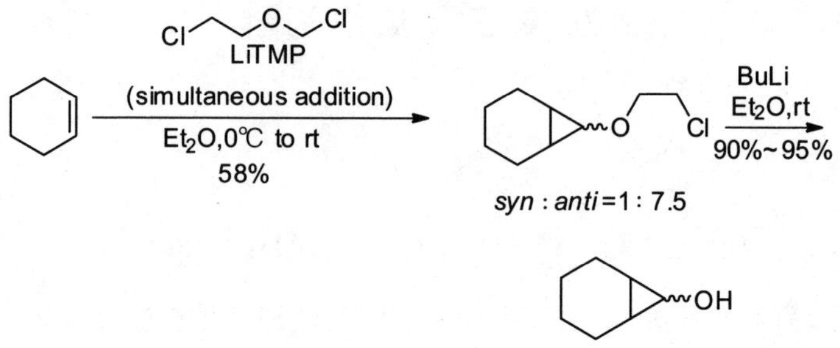

(1)

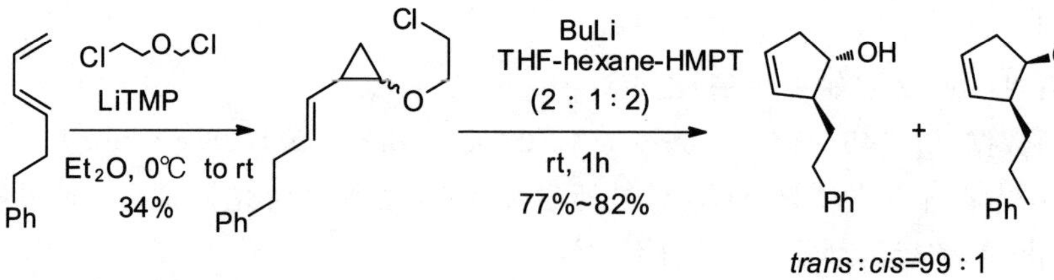

(2)

格氏试剂的羟甲基化

格氏试剂通过与甲醛反应的羟甲基化通常其反应的收率中等,并且由于处理甲醛比较困难所以该反应有点复杂。Ogle 及其同事已经开发了两步、一锅的替代方法,其方法是格氏试剂与 2-氯乙基氯甲基醚反应,然后通过用钠-钾合金(反应式 3)[3]除去 2-氯乙基,该反应乙醚作溶剂得到收率最佳。该两步方案也可以应用于炔基锂试剂而制备炔丙醇衍生物。

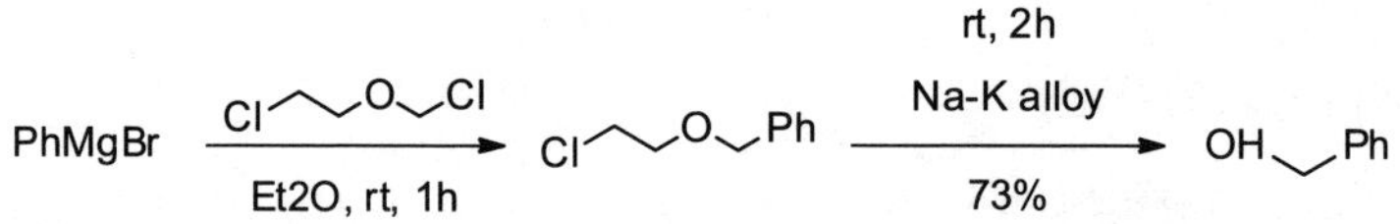

(3)

吲哚的保护

在(±)-austamide(吲哚衍生物,$ClCH_2CH_2OCH_2Cl$,KH,DMF-THF,50%)的合成中报道了用 2-氯乙氧基亚甲基保护吲哚的实例[4]。该保护基的裂解通过在 18-冠-6 存在下用氰化钾的乙腈溶液来进行处理(产率 84%)。

参考文献

1. (a)Barber,G. N.;Olofson,R. A. Tetrahedron Lett. 1976,3783. (b)for a related example,see Dougherty,C. M.;Olofson,R. A. Org. Synth.,Coll. Vol.

1988,6,571.

2. (a) Danheiser, R. L. ; Martinez - Davila, C. E. ; Morin, J. M. J. Org. Chem. 1980,45,1341. (b)Danheiser,R. L. ;Martinez-Davila,C. E. ;Auchus,R. J. ;Kadonaga,J. T. J. Am. Chem. Soc. 1981,103,2443.

3. Ogle,C. A. ;Wilson,T. E. ;Stowe,J. A. Synthesis 1990,495.

4. Hutchison,A. J. ;Kishi,Y. J. Am. Chem. Soc. 1979,101,6786.

5. Farren,J. W. ;Fife,H. F. ;Clark,F. E. ;Garland,C. E. J. Am. Chem. Soc. 1925,47,2419.

6. For similar procedures,see ref 5 and Holy,A. ;Rosenberg,I. ;Dvorakova, H. Collect. Czech. Chem. Commun. 1989,54,2190(4. 6 mol scale,74% yield).

7. Olah, G. A. ; Yu, S. ; Liang, G. ; Matseescu, G. D. ; Bruce, M. R. ; Donovan,D. J. ;Arvanaghi,M. J. Org. Chem. 1981,46,571.

8. (a)Schöllkopf,U. ;Paust,J. ;Al-Azrak,A. ;Schumacher,H. Ber. Dtsch. Chem. Ges. /Chem. Ber. 1966,99,3391. (b)Schöllkopf,U. ;Paust,J. ;Patsch,M. R. Org. Synth. ,Coll. Vol. 1973,5,859.

2-氯乙基二氯甲醚(2-Chloroethyl Dichloromethyl Ether)

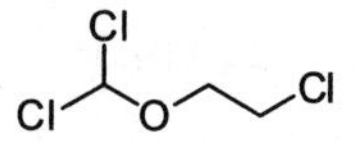

[13930-34-7]　$C_3H_5Cl_3O$　(MW163.44)

该试剂通过卡宾中间体和烯烃反应制备三元环，特别用于制备环丙醇。和前者的反应机理类似，二氯甲基先和有机锂生成碳负离子，而后消除氯负离子得到卡宾。

又名：二氯甲基2-氯乙醚。

物理数据：熔点106～110.5℃(10mmHg)。

溶解度：溶于大多数有机溶剂。

制备方法：在市场不可买到，可通过五氯化磷与甲酸氯乙酯反应制得[反应式(1)和(2)][2,3]。

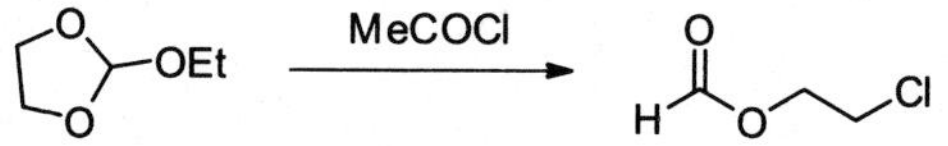

(1)

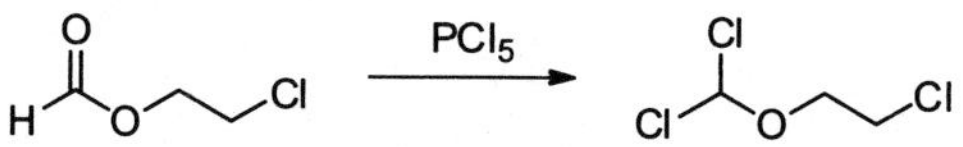

(2)

该试剂是从烯烃制备环丙醇的又一个方法，这种方法在一定范围内都适用。它涉及卡宾插入一个烯烃形成2-氯乙氧基[反应式(3)]，然后转换成环丙醇[反应式(4)][1]。

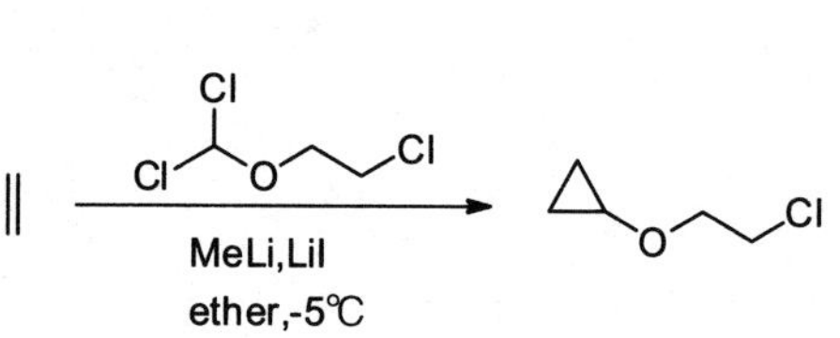

(3)

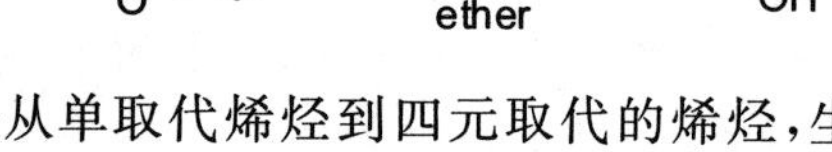

(4)

适用该反应的烯烃从单取代烯烃到四元取代的烯烃，生成环丙基醚的产量在23%～86%[反应式(5)～(9)][1]。

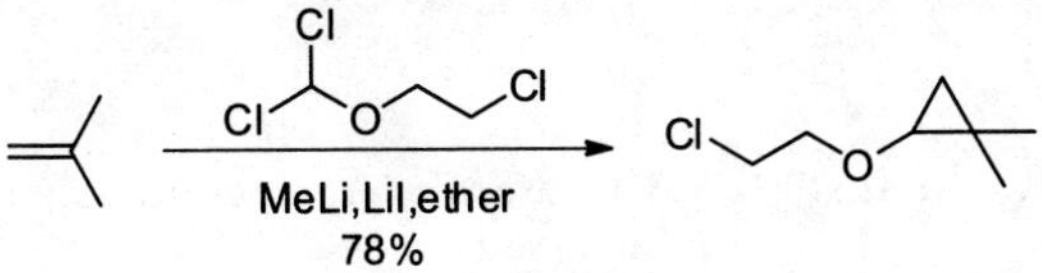

(5)

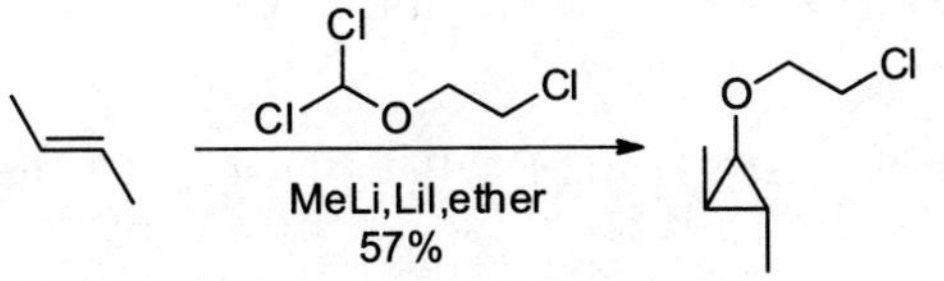

(6)

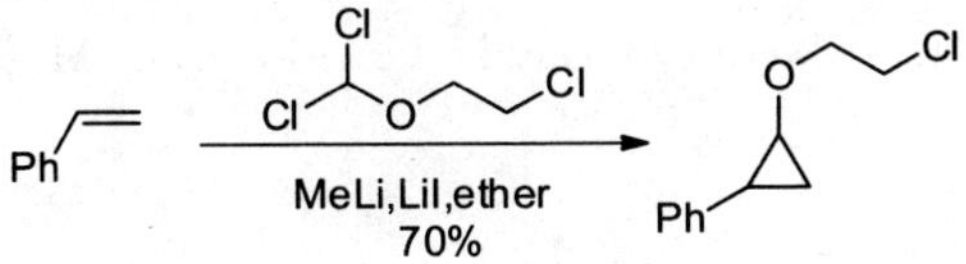

(7)

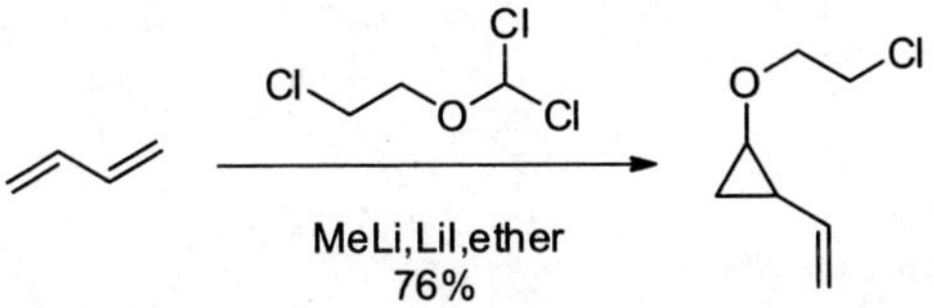

(8)

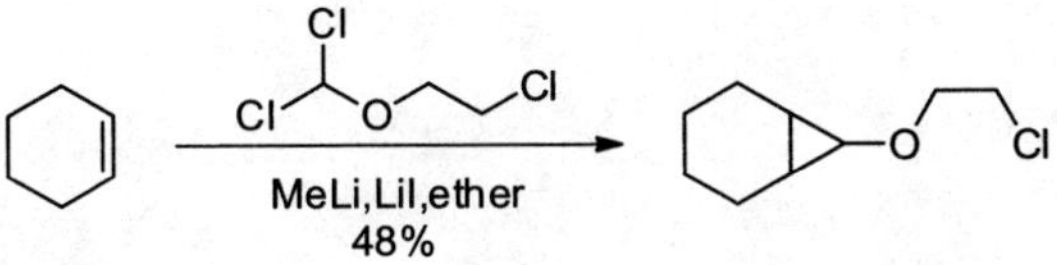

(9)

一个最近的例子该反应产生一个有趣的螺环化合物[反应式(10)][1]

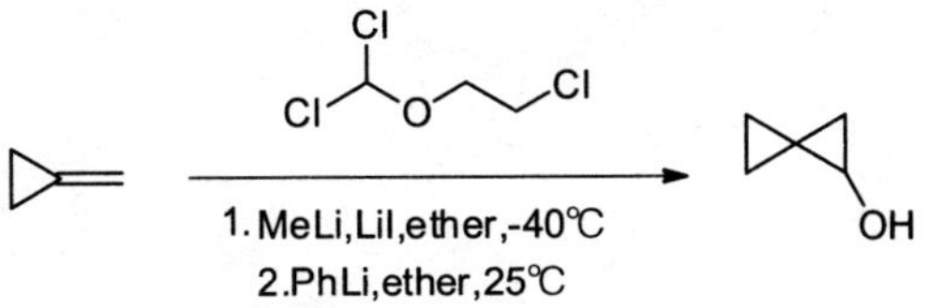

(10)

环丙基醚已经由一个类似碳烯插入反应使用1,1-二氯-3氯甲醚[反应式(11)][5]。

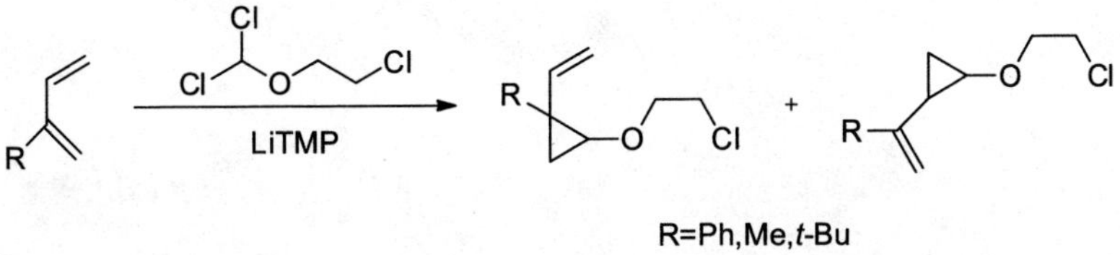

(11)

R=Ph,Me,*t*-Bu

参考文献

1. Schöllkopf, U. ; Paust, J. ; Al - Azrak, A. ; Schumacher, H. Ber. Dtsch. Chem. Ges. /Chem. Ber. 1966,99,3391.

2. Baganz, H. ;Domaschke, L. Ber. Dtsch. Chem. Ges. /Chem. Ber. 1958, 91,653

3. Gross, H. ; Rieche, A. ; Höft, E. Ber. Dtsch. Chem. Ges. /Chem. Ber. 1961,94,544

4. Applequist, D. E. ;Nickel, G. W. J. Org. Chem. 1979,44,321

5. Danheiser, R. L. ;Martinez - Davila, C. ;Morin, J. M. Jr. ,J. Org. Chem. 1980,45,1340

1-氯乙基三甲基硅烷(1-Chloroethyltrimethylsilane)

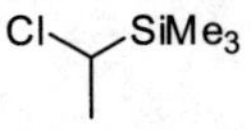

[7787-87-3]　$C_5H_{13}ClSi$　(MW136.72)

同前者类似,为制备三元环试剂。通过其锂衍生物对醛和酮进行亲核加成生成环氧基硅烷,最终生成甲基酮。

物理数据:沸点 115～116℃;密度 0.862g·cm^{-3}。

纯净-实际分析:^1H NMR。

制备方法:其锂试剂的制备,是在－78℃下,由 1-氯乙基三甲基硅烷在 THF 和仲丁基锂(1.5mol/L,在正己烷或环己烷中)制备锂化衍生物,然后升温至不超过 55℃[1]。

供应形式:液体;市场上可以买到。

处理、储存和预防:在通风橱处使用。

用就地制备的 1-氯乙基三甲基硅烷的锂衍生物和醛和酮反应得到中等至高产率的环氧三甲基硅烷(35%→96%)[反应式(1)和(2)][1,2]。

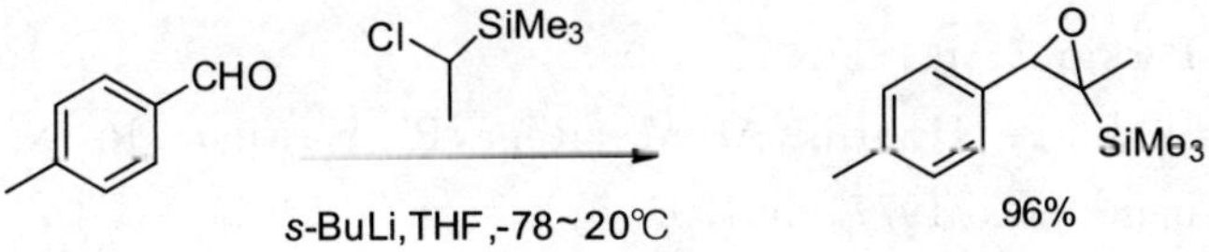
CHO
Cl
SiMe3
s-BuLi,THF,-78~20℃
SiMe3
96%

(1)

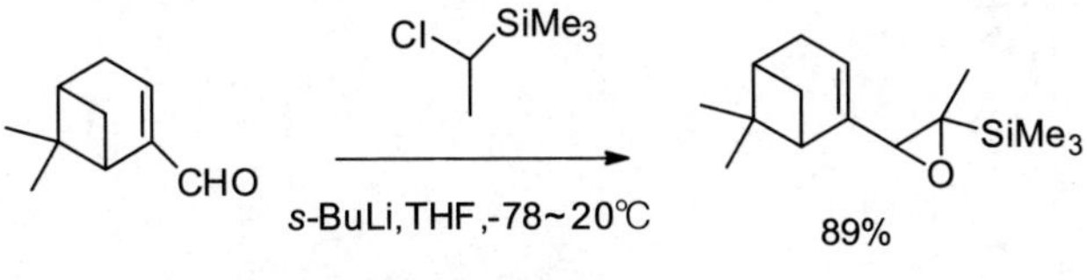
Cl
SiMe3
CHO
s-BuLi,THF,-78~20℃
SiMe3
O
89%

(2)

该大体检的碳负离子也和空间位阻酮的反应,产率中等[反应式(3)][1]。推测该负碳离子通过单电子转移机制加到受阻酮上。

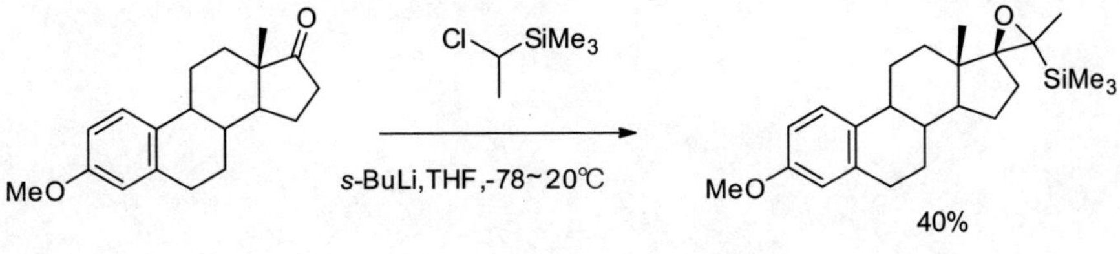
O
Cl
SiMe3
MeO
s-BuLi,THF,-78~20℃
O
SiMe3
MeO
40%

(3)

所得的环氧基三甲基硅烷进行酸性水解产生同系的甲基酮[反应式(4)][3]。因此,碳负离子作为亲核酰化试剂,而在原来羰基位置发生还原。这种两步反应比用于这种类型的同系化的其他方法更方便,并且在较温和的条件下进行[4]。中间体-环氧基三甲基硅烷也可以转化成烯醇醚、烯醇乙酸酯、烯基溴或烯酰胺[5]。

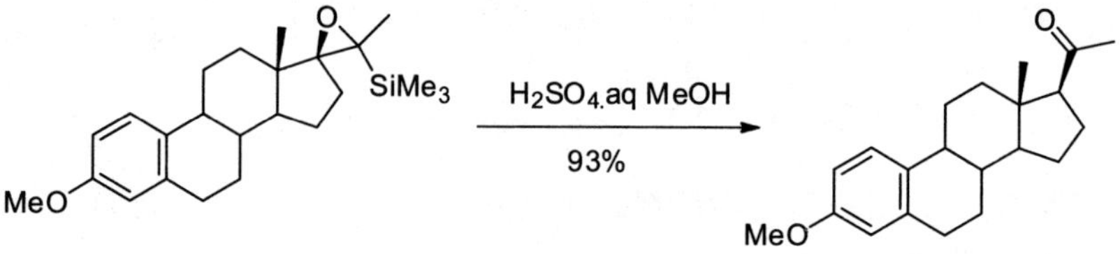

H_2SO_4.aq MeOH, 93% (4)

参考文献

1. Cooke,F. ;Roy,G. ;Magnus,P. Organometallics 1982,1,893.

2. (a) Cooke, F. ; Magnus, P. Chem. Commun. /J. Chem. Soc. , Chem. Commun. 1977,513. (b)Magnus,P. ;Roy,G. Chem. Commun. /J. Chem. Soc. , Chem. Commun. 1978,297.

3. Burford, C. ; Cooke, F. ; Ehlinger, E. ; Magnus, P. J. Am. Chem. Soc. 1977,99,4536.

4. (a)Lever,Jr. ; O. W. Tetrahedron 1976, 32, 1943. (b) Grobel, B. - T. ; Seebach,D. Synthesis 1977, 357. (c) Earnshaw, C; Wallis, C. J. ; Warren, S. J. Chem. Soc. ,Perkin Trans. 1 1979,3099.

5. Hudrlik,P. F. ;Hudrlik,A. M. ;Rona,R. J. ;Misra,R. N. ;Withers,G. P. J. Am. Chem. Soc. 1977,99,1993.

重氮基丙酮(Diazoacetone)[1]

[2684-62-0]　$C_3H_4N_2O$　(MW　84.09)

与烯烃[2]、呋喃[3]和氧烯烃[4]反应生成环丙烷，和羰基[5-6]、有机硼化合物[7]进行缩合反应，和丙烯酸酯[8]、炔烃[9]进行1,3-双极加成反应生成吡唑、吡唑啉。

物理数据：沸点 49℃(13 mmHg)。

溶解度：溶于乙醚，四氢呋喃，甲醚，甲醇，环己烷，苯

制备方法：无市售，所以必须制备。可以乙酰氯和重氮甲烷反应进行制备[10]，或者由对3-重氮基-2,4-戊二酮进行碱性的酰基裂解[11]制得。

处理、储存和预防：重氮酮类化合物在温度高(50℃)时候不稳定，所以要在通风橱处使用。该试剂对人体健康危害的影响还没有做过评估。在低温储存不会进行明显的分解。

环丙化

由金属催化的重氮丙酮进行分解生成卡宾，卡宾可对一系列烯烃进行加成反应。该反应生成环丙基酮类化合物，收率中等，或者继续得一重排产物。重氮丙酮和烯烃进行的催化加成反应一般用环己烷作溶剂。无水硫酸铜催化羰基卡宾立即和环己烯的烯烃进行加成生成环丙烷类化合物[反应式(1)][2]。在青铜的催化下，重氮丙酮与1-乙氧基环己烯于90℃进行反应2h，而后用酸进行水解生成1,4-二酮化合物。同样在青铜的催化下，重氮丙酮和四氢呋喃进行加成反应，得一连续共轭的二羰基化合物[反应式(2)][3]。

anhyd $CuSO_4$, $N_2CHCOMe$, 38%　(1)

copper bronze, $N_2CHCOMe$, 43%　CHO　(2)

由金属催化的重氮丙酮和环己酮的烯醇硅醚反应，通过一硅烯丙基的逆向羟

醛缩合反应的一区域选择性的硅烯醇醚[反应式(3)][13]。在青铜的催化下,重氮丙酮对甲基烯醇醚进行环丙化生成甲氧基环丙基酮[14]。再进行酸解的1,4-酮醛化合物[反应式(4)]。重氮丙酮和1-甲氧基-1,3-丁二烯进行的催化反应只进行一般的区域选择性反应,其主要产品为非氧的环丙烷[15]。

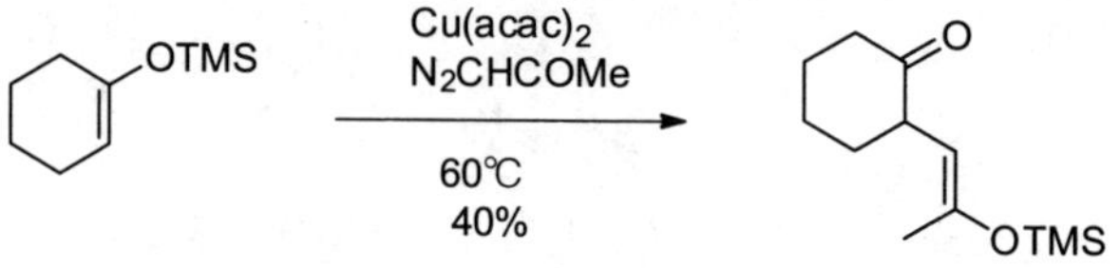

Cu(acac)$_2$, $N_2CHCOMe$, 60℃, 40% (3)

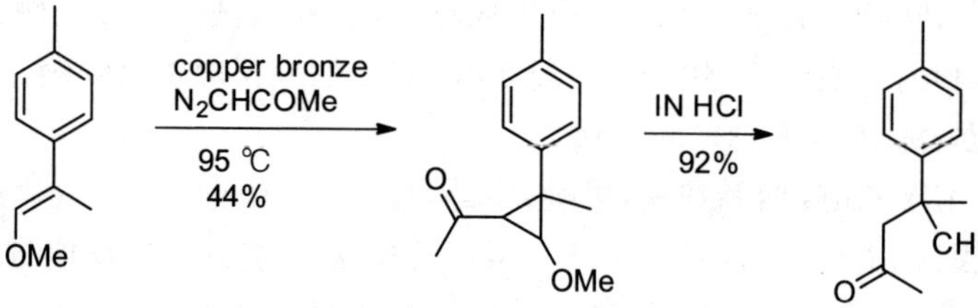

copper bronze, $N_2CHCOMe$, 95 ℃, 44%; IN HCl, 92% (4)

除了和烯烃反应外,重氮丙酮和一系列的卡宾接受体进行催化插入反应。在乙酰丙酮铜(Ⅱ)的催化下,重氮丙酮和酮烯的二甲基缩酮进行插入反应生成取代的二氢呋喃化合物[16]。由 $Rh_2(O_2CCF_3)_4$ 催化的重氮丙酮对苯进行的加成反应生成苄基酮[17]。通过催化或光解重氮丙酮和炔烃进行插入反应生成环丙烯[18,19]。

缩合反应

重氮丙酮在乙醚溶液中和 Ag_2O 的作用下生成一重氮甲基的亲核试剂,和大多数亲电试剂进行加成反应,收率中等或略低[20]。如果在碱性的条件下,重氮丙酮和醛、酮进行缩合反应生成 α-重氮基-β-羟基羰基化合物[5]。1-重氮基-1-锂丙酮和醛进行加成反应,而后用 $Rh_2(OAc)_4$ 进行催化可非常容易地生成1,3-二酮化合物[反应式(5)][21]。该反应对一系列醛都可以进行缩合,而且收率相当好。

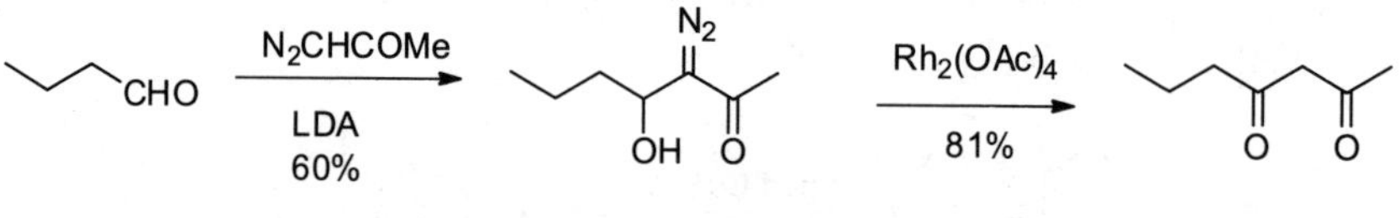

$N_2CHCOMe$, LDA, 60%; $Rh_2(OAc)_4$, 81% (5)

1-重氮基-1-锂丙酮和内酯或硫代内酯进行反应生成相应的重氮醇或硫醇。在 $Rh_2(OAc)_4$ 的催化下,1-重氮基-1-锂丙酮和内酯在苯溶液进行加热反应生成相应的2-*R*-3-O-庚酮或2-*R*-3-S-庚酮[反应式(6)][6,22]。

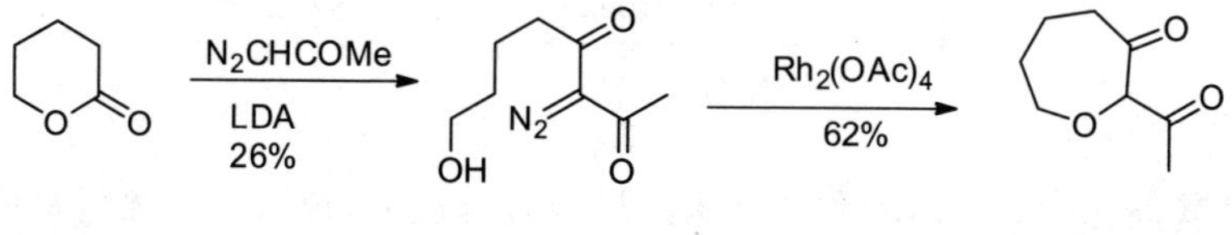

$N_2CHCOMe$, LDA, 26%; $Rh_2(OAc)_4$, 62% (6)

重氮丙酮对有机硼化合物进行加成可转化成三碳的烯烃同系物。或通过有机硼化合物,可转化成酮或区域选择性的烯醇化合物[7,23]。在二甲基胺乙醇锂的存在下该有机硼的烯醇化合物可用一些亲电试剂进行单烃基化[反应式(7)]。但是一般不会进行二或多烃基化,另外,甲基末端也不能进行烃基化。

$Bu_3B \xrightarrow{N_2CHCOMe}$ (OBBu$_2$, Bu) $\xrightarrow[Me_2N(CH_2)_2OLi\ 88\%]{MeI}$ (Bu, O) (7)

重氮丙酮生成的羰基卡宾插入到 O—H 或 S—H 键可生成 α-烃氧酮或 α-烃硫酮[24,25]。

1,3-双极环加成反应

在无须催化的条件下重氮丙酮和一系列亲双极试剂可进行 1,3-双极环加成反应生成吡唑或吡唑啉[8,9,26]。在温和的反应条件下和 α-取代丙烯酸酯反应生成 3,5,5-三取代吡唑[反应式(8)][27]。

(MeO, O, O, OMe) $\xrightarrow[80\%]{N_2CHCOMe}$ (O, O, OMe, MeO, HN, N, O) (8)

参考文献

1. (a) Adams, J. ; Spero, D. M. Tetrahedron 1991, 47, 1765. (b) Carbene Chemistry; Kirmse, W. , Ed. ; Academic: New York, 1971; Vol. 1. (c) The Chemistry of Diazonium and Diazo Groups; Patai, S. Ed. ; Wiley: New York, 1978; Part 1 and Part 2. (d) Regitz, M. ; Maas, G. Diazo Groups Properties and Synthesis; Academic: New York, 1986.

2. Sorm, F. ; Sneberk, V. ; Ratusky, J. ; Novak, J. Collect. Czech. Chem. Commun. 1957, 22, 1836. (Chem. Abstr. 1959, 51, 10 508e).

3. Sorm, F. ; Novak, J. Collect. Czech. Chem. Commun. 1958, 23, 1126. (Chem. Abstr. 1960, 52, 4480h).

4. Wenkert, E. Acc. Chem. Res. 1980, 13, 27.

5. (a) Wenkert, E. ; McPherson, A. C. J. Am. Chem. Soc. 1972, 94, 8084. (b) Schollkopf, U. ; Banhidai, B. ; Frasnelli, H. ; Meyer, R. ; Beckhaus, H. Justus Liebigs Ann. Chem. /Liebigs Ann. Chem. 1974, 1767. (Chem. Abstr.

1975,82,155 228x).

6. Moody,T. J. ;Davies,M. J. ;Taylor,R. J. Synlett 1990,93.

7. Hooz,J. ;Linke,S. J. Am. Chem. Soc. 1968,90,5936.

8. Guha,P. C. ; Muthanna, M. S. Ber. Dtsch. Chem. Ges./Chem. Ber. 1938,71,2665. (Chem. Abstr. 1940,32,49695).

9. Rodina, L. L. ; Bulusheva, V. V. ; Ekimova, T. G. ; Korobitsyna, I. K. Zh. Org. Khim. 1974,10,55. (Chem. Abstr. 1974,80,146 070w).

10. Arndt,F. ;Amende,J. Ber. Dtsch. Chem. Ges./Chem. Ber. 1928,61, 1122. (Chem. Abstr. 1929,24,3985).

11. Wolff,L. Justus Liebigs Ann. Chem./Liebigs Ann. Chem. 1912,394, 23. (Chem. Abstr. 1912,7,787).

12. Wenkert,E. ;McPherson,C. A. ;Sanchez,E. L. ;Webb,R. Synth. Commun. 1973,3,255.

13. Coates,R. M. ; Sandefur, L. O. ; Smillie, R. D. J. Am. Chem. Soc. 1975,97,1619.

14. Wenkert,E. ;Buckwalter,B. L. ;Craveiro,A. A. ;Sanchez,E. L. ;Sathe, S. S. J. Am. Chem. Soc. 1978,100,1267.

15. Wenkert, E. ; Goodwin, T. E. ; Ranu, B. C. J. Org. Chem. 1977, 42,2137.

16. Scarpati,R. ;Iesce,R. M. ;Graziano,L. M. J. Heterocycl. Chem. 1986, 23,553.

17. McKervey,A. M. ; Russell, N. D. ; Twohig, F. M. J. Chem. Soc. (C) 1985,491.

18. Vidal,M. ;Vincens,M. ;Arnaud,P. Bull. Soc. Claim. Fr. ,Part 2 1972, 657(Chem. Abstr. 1972,76,152 986h).

19. Nefedov,O. M. ; Dolgii, I. E. ; Baidzhigitova, E. A. Izv. Akad. Nauk SSSR,Ser. Khim. 1975,2842(Chem. Abstr. 1976,84,121 933z).

20. Schollkopf,U. ;Rieber,N. Ber. Dtsch. Chem. Ges./Chem. Ber. 1969, 102,488. (Chem. Abstr. 1969,70,86 980z).

21. (a) Pellicciari, R. ; Fringuelli, R. ; Sisani, E. J. Chem. Soc., Perkin Trans. 1 1981,2566. (b) Eguchi, Y. ; Sasaki, F. ; Takashima, Y. ; Nakajima, M. ; Ishikawa,M. Chem. Pharm. Bull. 1991,39,795

22. Moody,T. J. ;Taylor,R. J. Tetrahedron 1990,46,6501.

23. (a) Masamune,S. ;Mori,S. ;Van Horn,D. ;Brooks,D. W. Tetrahedron

Lett. 1979,1665. (b)Hooz,J. ;Oudenes,J. Synth. Commun. 1980,10,139.

24. Sorm,F. ;Jarolim,V. Collect. Czech. Chem. Commun. 1973,39,587

25. McKervey,A. M. ;Ratananukul,P. Tetrahedron Lett. 1982,2509.

26. Sabate - Alduy,C. ;Bastide,J. ;Bercot,P. Bull. Soc. Claim. Fr. ,Part 2 1976,1841(Chem. Abstr. 1977,87,23 137k).

27. Ghandour,N. E. ;Soulier,J. C. R. Hebd. Seances Acad. Sci. ,Ser. C 1971,272,243. (Chem. Abstr. 1971,74,111 964q).

1-氯-3-重氮基-2-丙酮
(1-Chloro-3-diazo-2-propanone)

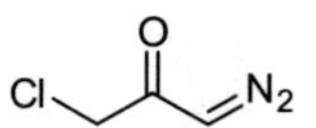

[20485-53-4]　$C_3H_3ClN_2O$　(MW　118.53)

该试剂是α-氯化重氮基丙酮,和前者相比,官能团多元化,可进行各种类型反应。

与醛进行达尔森缩合反应[1,2];有效地对苯进行烷基化[3];与三甲胺反应形成季铵盐[4];与亚磷酸二甲酯一起进行P—H卡宾插入[5];可进行重氮的置换反应[6]。

别名称:氯甲基重氮甲基酮

物理数据:mp 3℃;bp 75℃(13mmHg)。

制备方法:通过氯乙酰氯与过量的重氮甲烷反应制备。在最近的报告中[1],将粗产品通过减压分馏纯化,得到产物为黄色油状物,收率为52%。在早期的参考文献中,纯产品的分离是通过在减压下进行三重蒸馏[8]或在-80℃下从乙醚中结晶来进行制备[7]。

操作、储存和注意事项:正常操作,无须特别处理。然而,烷基重氮化合物通常被认为是爆炸性的,所以对这些化合物进行处理和蒸馏时应采取适当的预防措施。一般在通风橱中进行操作使用。

Darzens 缩合反应

1-氯-3-重氮基-2-丙酮(a)与醛(2a-e)进行Darzens缩合生成环氧重氮酮(3a-e)[反应式(1)][1,2]。化学计量的(a)和苯甲醛(2a)的甲醇冰溶液与氢氧化钠水溶液反应,生成1-重氮基-3,4-环氧-4-苯基-2-丁酮(3a),收率为69%。在所有文献报道中,该反应都是立体选择性的,生成的产品是反式构型的环氧化物。当用2摩尔当量的氢氧化钠和大大过量的苯甲醛、重氮酮进行反应时生成二加合物产品(d)。

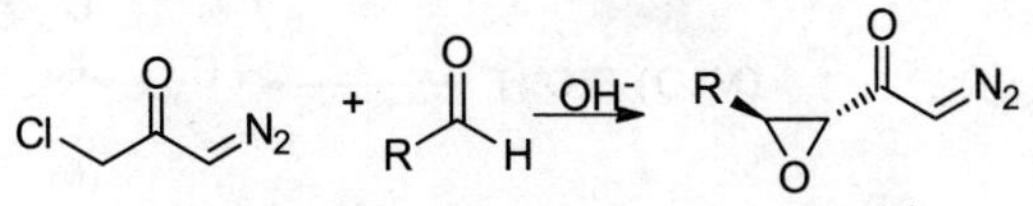

(a) (b) (c)

(a)R=Ph; (b)R=p-$NO_2C_6H_4$; (c)R=p-$MeOC_6H_4$;
(d)R=*trans*-PhCH=CH_2; (e)R=2-thienyl

(1)

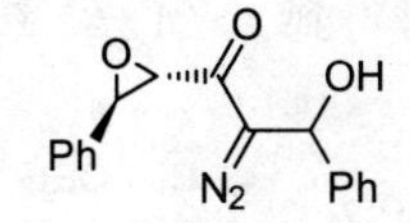

(d)

苯的烷基化

在一涉及环庚三烯基中间体报道中,1-氯-3-重氮基-2-丙酮可以对苯进行烷基化,生成苄基酮(f)[3][反应式(2)]。该方法采用由三氟乙酸铑(Ⅱ)和三氟乙酸依次进行催化。将重氮酮(a)加入到含催化量的三氟乙酸铑(Ⅱ)的过量苯中。随后蒸走过量的苯并用三氟乙酸的二氯甲烷溶液处理,生成化合物(f),产率为84%。使用不同的重氮酮进行反应可生成不同的苄基酮,说明了这种亲电芳族烷基化方法的反应范围及效率。

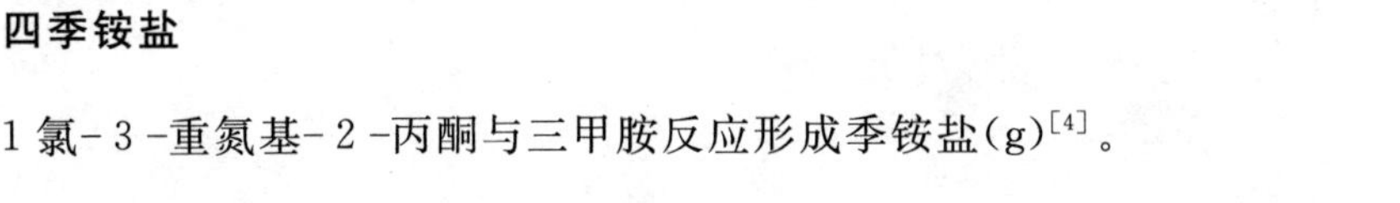

(2)

(e) (a) (f)

四季铵盐

1氯-3-重氮基-2-丙酮与三甲胺反应形成季铵盐(g)[4]。

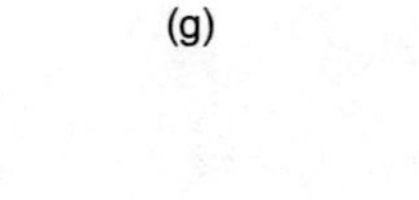

(g)

磷-氢键的卡宾插入反应

在乙酰丙酮铜(Ⅰ)催化的反应中,(a)和亚磷酸二甲酯通过P—H的卡宾插入反应[反应式(3)][5]生成3-氯-2-氧代丙基膦酸酯(h)。

$$ClCH_2COCH=N_2 + (MeO)_2P(O)H \longrightarrow ClCH_2COCH_2P(O)(OMe)_2 \quad (3)$$

(a) (h)

重氮置换

用磷酸置换(a)中的重氮基可得到 3 -氯- 2 -氧代磷酸丙酯(i)[反应式(4)][6]。

$$ClCH_2COCH=N_2 + H_3PO_4 \xrightarrow{BF_3 \cdot OEt_2} ClCH_2COCH_2OPO_3H \quad (4)$$

(a) (i)

参考文献

1. Woolsey, N. F.; Khalil, M. H. J. Org. Chem. 1975, 40, 3521.

2. Woolsey, N. F.; Khalil, M. H. J. Org. Chem. 1973, 38, 4216.

3. McKervey, M. A.; Russell, D. N.; Twohig, M. F. Chem. Commun. /J. Chem. Soc., Chem. Commun. 1985, 8, 491.

4. Persson, B. O. Acta Chem. Scand. 1973, 27, 3307.

5. Polozov, A. M.; Mustafin, A. Kh. Zh. Obshch. Khim. 1992, 62, 1039 (Chem. Abstr. 1992, 118, 22 330q).

6. De La Mare, S.; Coulson, A. F. W.; Knowles, J. R.; Priddle, J. D.; Offord, R. E. Biochem. J. 1972, 129, 321.

7. Arndt, F.; Amende, J. Ber. Dtsch. Chem. Ges. /Chem. Ber. 1928, 61, 1122(Chem. Abstr. 1928, 22, 2932)

8. Piazza, G.; Sorriso, S.; Foffani, A. Tetrahedron 1968, 24, 4751.

1-氯-2-碘乙烷(1-Chloro-2-iodoethane)[1]

[624-70-4]　C_2H_4ClI　(MW　190.42)

有机金属化合物[1,2]和碳负离子[3]的碘化试剂、烷基化剂[4]。

别名:乙烯氯碘化物。

物理数据:沸点 38～40℃(18mmHg),55～57℃(37mmHg),140℃(760mmHg)[5],n_D^{25} 1.5636;d 2.12g/cm^3。

溶解性:溶于所有常见的有机溶剂,不溶于水。

试剂纯度分析:用2m×6mm 20%二甘醇丁二酸酯柱在125℃时其VPC　R_t 5.1min(相对于空气)[6],核磁共振氢谱　3.7～3.4(m,A_2B_2,CH_2I),3.6～3.2(m,A_2B_2,CH_2Cl)[6]。

制备方法:通过将乙烯气体鼓泡通入新蒸馏的碘化氯的二氯甲烷溶液中,通过冰浴冷却维持反应液在30℃,直到温度开始降下来为止[7],产率为76%。其他的制备方法包括乙烯,氯化铜(Ⅱ)和碘在压力反应器中[6]在75～85℃下反应;过量的1,2-二氯乙烷和碘化钠在丙酮中反应[8]或者和碘化铝的二硫化碳溶液进行反应[9];或者也可以通过2-碘乙醇与氯化亚砜进行反应制备[10]。

纯化:原料暴露在光线和空气中,由于碘单质的形成产品会慢慢转化为淡玫瑰色。一般情况下还是适合使用的,除非颜色非常明显。这种化合物通过用硫代硫酸氢钠洗涤并在减压下重蒸馏进行纯化[7]。

操作、贮存和注意事项:1-氯-2-碘乙烷是一种二烷基化剂,应该仅在通风效果良好的通风橱里使用。避免吸入气体和液体与皮肤接触。该化合物对光敏感,应该在黑暗中冷藏保存。

碘化试剂

1-氯-2-碘乙烷是一种对碳负离子或其他有机金属物质将碘原子引入到有机分子的选择性试剂,它仅仅是弱的亲电试剂,可以兼容许多敏感的官能团。碘化反应的副产物是乙烯和金属氯化物,在氢化喹诺酮类真菌抗生素Frustulosin[2]和Aurocitrin[1]的合成中,二甲氧基碘乙烯基醚是关键的中间体,它容易通过芳基锂来制备,而芳基锂可由直接金属化制备[反应式(1)]。

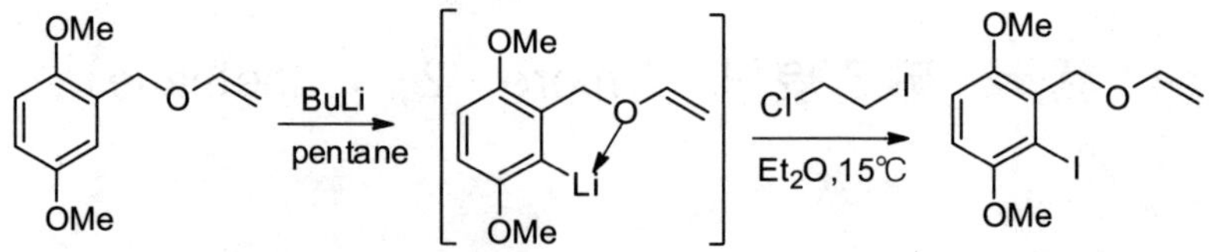

(1)

在他们对平面环辛四烯类似物的研究中,Cracknell 及其合作者[8]一起研究了可对金属化亚联苯进行碘化的许多试剂中,发现了乙烷碘氯优于碘单质和二碘甲烷[反应式(2)]。类似地,它也被证明是合成碘化苄基氯的有效试剂[反应式(3)][11]。

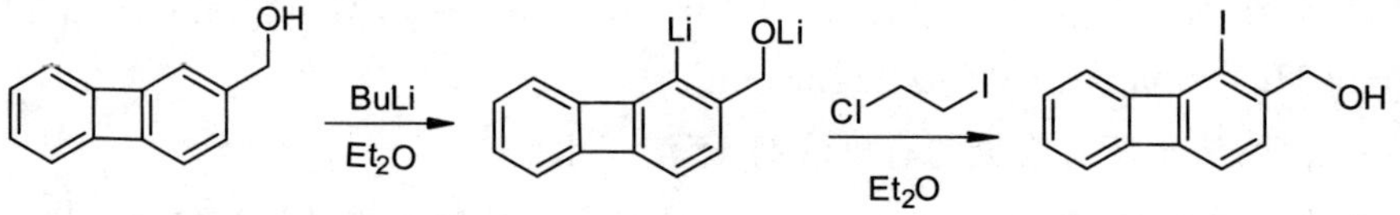

(2)

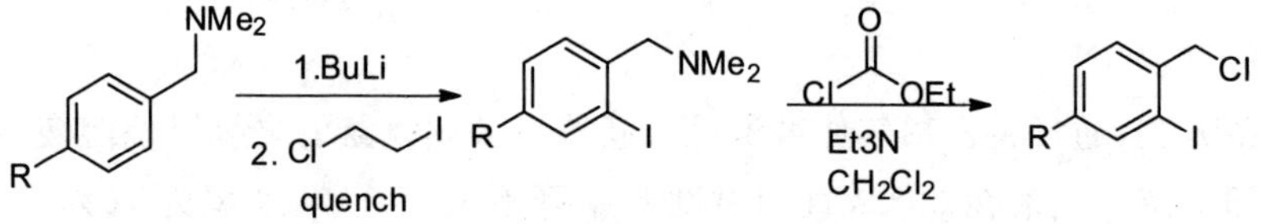

(3)

这种试剂的主要用途之一是捕获有机金属物质作为碘化物,这种碘化物随后可以用于通过卤素-金属的交换再生成碳负离子中间体。这被 Fuchs 及其同事在他们的细胞松弛素模型研究中显示出是特别有效的,其中酸酐存在下对碘代砜进行卤素-金属的交换,而后可以进行有效的酰化反应,生成的副产物丁基酮小于1%[反应式(4)][3]。

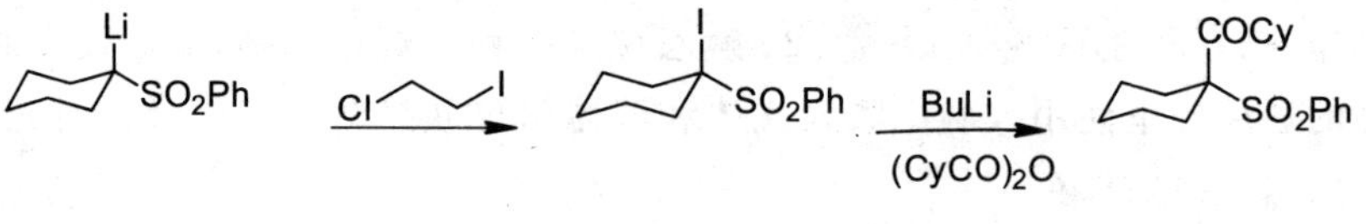

(4)

烷基化反应

1-氯-2-碘乙烷往往通过电子转移机理反应,这使得它即使和具有良好的亲核试剂反应,烷基化效果不是很好。例如,和硫化钠反应,很少或基本没有烷基化产物生成,产物是乙烯和卤化盐[12]。类似地,和阴离子金属羰基络合物[13]反应结果只导致二聚化[反应式(5)]。如使用氯碘甲烷,这些络合物通常被烷基化[反应式(6)]。这可能是弱 C—Cl 键的结果,其中均裂解离的活化能估计只需 30 千卡每摩尔[14]。

$$[CpM(CO)_3]^- \xrightarrow[\text{THF, M=Mo,W}]{Cl\diagup\diagdown I} [CpM(CO)_3]_2 \quad (5)$$

$$[CpM(CO)_3]^- \xrightarrow[\text{THF, M=Fe,Mo,W}]{Cl\diagup\diagdown I} Cl\diagup\diagdown MCp(CO)_3 \quad (6)$$

然而,使用非常强的亲核试剂或不容易氧化的亲核原子,该试剂却可以发挥着正常烷基化功效。和羧酸盐反应可生成氯乙基酯,并且氰基氨基-*s*-三嗪盐被烷基化[15]。Collman 使用碘氯乙烷和高度亲核性铑络合物反应,生成有机金属二聚体,该二聚体通过—CH_2—CH_2—桥连接[反应式(7)]。

(7)

THF,25℃

X=I,Cl

参考文献

1. Ronald,R. C.;Lansinger,J. M.;Lillie,T. S.;Wheeler,C. J. J. Org. Chem. 1982,47,2541.

2. Ronald,R. C.;Lansinger,J. M. Chem. Commun./J. Chem. Soc.,Chem. Commun. 1979,124.

3. Anderson,M. B.;Lamothe,M.;Fuchs,P. L. Tetrahedron Lett. 1991,32,4457.

4. Collman,J. P.;MacLaury,M. R. J. Am. Chem. Soc. 1974,96,3019.

5. Simpson,M. Justus Liebigs Ann. Chem./Liebigs Ann. Chem. 1863,127,372.

6. Baird,Jr.,W. C.;Surridge,J. H.;Buza,M. J. Org. Chem. 1971,36,2088.

7. Winkle,M. R. Ph.D. Thesis,Washington State Univ.,1981.

8. Cracknell,M. E.;Kabli,R. A.;McOmie,J. F. W.;Perry,D. H. J. Chem. Soc.,Perkin Trans. 1 1985,115.

9. Arniaz,F. J.;Bustillo,J. M. An. Quim. Ser. C 1986,82,270(Chem.

Abstr. 1989,107,197 464m).

10. Danen,W. C. ;Winter,R. L. J. Am. Chem. Soc. 1971,93,716.

11. Nevill,C. R. ,Jr. ;Fuchs,P. L. Synth. Commun. 1990,20,761.

12. Delepine,M. ;Ville,L. Bull. Soc. Claim. Fr. 1920,27,678.

13. King,R. B. ;Braitsch,D. M. J. Organomet. Chem. 1973,54,9.

14. Butler, E. T. ; Mandel, E. ; Polanyi, M. Trans. Faraday Soc. 1945, 41,298.

15. Amazaspyan, G. S. ; Ambartsumyan, E. N. ; Dovlatyan, V. V. Arm. Khim Zh. 1990,43,668(Chem. Abstr. 1991,115,8736h).

1-氯-2-碘乙烯(1-Chloro-2-iodoethylene)

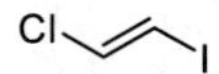

(*E*)[28540-81-0]　C_2H_2ClI　(MW　188.40)(*Z*)[31952-74-6]

该试剂和其对应的烷烃试剂不同,主要用作交叉偶联反应,合成氯烯炔,末端和不对称内二炔。

别名:1-氯-2-碘化乙烯。

物理数据:[1](*E*)式,沸点113～114℃;mp－41.0℃,*d* 2.10g・cm^{-3},和正丙醇共沸物的沸点:87.5～88.5℃。(*Z*)式,沸点116～117℃;熔点－36.4℃,*d* 2.21g・cm^{-3},和正丙醇共沸物的沸点:93.6～94.0℃。

制备方法:1-氯-2-碘乙烯可以通过氯化汞对乙炔[2]先进行氯化,随后碘化进行制备[3]或者用一氯化碘对乙炔进行亲电加成来制备[反应式(1)][1]。氯汞反应是高度立体选择性的,仅给出(*E*)异构体,而ICl的亲电加成生成非对映异构体混合物(然而,该反应也有报道为立体选择性的[4])。该(*E*)-烯基汞中间体在100℃在用催化量的过氧化二苯甲酰的二甲苯溶液催化,可将其异构化为(*E*)/(*Z*)混合物[5]。再对其碘解生成(*E*)和(*Z*)式1-氯-2-碘乙烯混合物。

Cl～～I ←(1.Hg,6M HCl; 2.I_2,cat,CdI_2)— ≡ —(ICl,6MHCl)→ I～～Cl　(1)

纯化:立体异构纯的(*Z*)-1-氯-2-碘乙烯可以通过用正丙醇共沸分馏(*Z*)和(*E*)立体异构体混合物来制备。立体异构纯样品在长时间的光照下时异构化为(*Z*)和(*E*)异构体的混合物,所有应当避光储存。

操作、储存和注意事项:在通风橱中使用。

交叉偶联反应

由于两个碳-卤素键之间的反应性的差异,1-氯-2-碘乙烯可以较易参与选择性的单交叉偶联反应。与烷基汞[6]的交叉偶联反应由于其自由基性质,因此是非立体特异性的,在大多数情况下生成对映异构体的混合物。另一方面,Pd催化与炔基锌的交叉偶联反应[7],立体选择性地产生相应的(*E*)-式产品,且收率良好[反应式(2)][4]。

$$I\text{-}CH{=}CH\text{-}Cl \xrightarrow[h\nu]{R_2Hg} R\text{-}CH{=}CH\text{-}Cl$$

$$R\text{-}C{\equiv}CH \xrightarrow[3,(E)\text{-}ICH{=}CHCl,cat,PdLn]{1,BuLi;\ 2,ZnCl_2} R'\text{-}C{\equiv}C\text{-}CH{=}CH\text{-}Cl \qquad (2)$$

值得注意的是,(*Z*)-或(*E*)-氯代炔,例如(a)和(b),可以通过Pd/Cu催化的交叉偶联(*Z*)-或(*E*)-1,2-二氯乙烯来进行制备[反应式(3)][8],可以立体选择性地制备式(a)或(b)的化合物。另一方面,与1,2-二溴乙烯的相应反应制备单和双炔基化产物的混合物[9]。

$$R'\text{-}C{\equiv}CH \xrightarrow[cat,PdLn,cat,CuI]{(Z)\text{-}ClCH{=}CHCl} (b)$$

$$R'\text{-}C{\equiv}CH \xrightarrow[cat,PdLn,cat,CuI]{(E)\text{-}ClCH{=}CHCl} (a) \qquad (3)$$

氯代炔烃(a)和(b)可以非常容易地参与进一步的交叉偶联反应,该方法可应用于合成各种天然产物[10]和低聚不饱和化合物[11]。用氨基钠的液氨溶液对氯代炔烃(a)进行脱卤化氢作用可生成1-碘-1,3-二炔,该化合物又可进一步转化成端基对称或不对称的内二炔[反应式(4)][4]。

$$(a) \xrightarrow[liq,NH_3]{NaNH_2} R'\text{-}C{\equiv}C\text{-}C{\equiv}C\text{-}Na \begin{cases} \xrightarrow{HX} R'\text{-}C{\equiv}C\text{-}C{\equiv}CH \\ \xrightarrow{Me_3SiCl} R'\text{-}C{\equiv}C\text{-}C{\equiv}C\text{-}SiMe_3 \\ \xrightarrow{R^3X} R'\text{-}C{\equiv}C\text{-}C{\equiv}C\text{-}R_3 \end{cases} \qquad (4)$$

相关试剂

(E)-1-溴-2-苯硫基乙烯。

参考文献:

1. Van de Walle, H.; Henne, A. Bull. Sci. Acad. Roy. Belg. 1925, 11, 360 (Chem. Abstr. 1926, 20, 1050).

2. Nesmeyanov, A. N.; Freidlina, R. Kh. Izv. Akad. Nauk SSSR, Ser. Khim. 1945, 150(Chem. Abstr. 1946, 40, 3451).

3. Beletskaya,I. P.;Reutov,O. A.;Karpov,V. I. Izv. Akad. Nauk SSSR, Ser. Khim. 1961,1961(Chem. Abstr. 1963,58,6670h).

4. Negishi,E.;Okukado,N.;Lovich,S. L.;Luo,F. J. Org. Chem. 1984, 49,2629.

5. Nesmeyanov, A. N.; Borisov, A. E. Akad. Nauk SSSR, Inst. Org. Khim.,Sintezy Org. Soedinenii,Sbornik 1952,2,146(Chem. Abstr. 1954,48, 567d).

6. Russell,G. A.;Ngoviwatchai,P.;Tashtoush,H. I.;Pla-Dalmau,A.; Khanna,R. K. J. Am. Chem. Soc. 1988,110,3530.

7. Negishi,E. Acc. Chem. Res. 1982,15,340.

8. Ratovelomanana,V.;Linstrumelle,G. Tetrahedron Lett. 1981,22,315 em. Soc. 1988,110,3530.

9. Carpita,A.;Rossi,R. Tetrahedron Lett. 1986,27,4351.

10. (a)Guillerm,D.;Linstrumelle,G. Tetrahedron Lett. 1986,27,5857. (b) Chemin,D.;Alami,M.;Linstrumelle,G. Tetrahedron Lett. 1992,33,2681. (c) Avignon-Tropis,M.;Berjeaud,J. M.;Pougny,J. R.;Fréchard-Ortuno,I.; Guillerm,D.;Linstrumelle,G. J. Org. Chem. 1992,57,651.

11. Bitler,S. P.;Wudl,F. Polym. Mater. Sci. Eng. 1986,54,292(Chem. Abstr. 1986,104,207 704u).

O -烯丙基羟胺(O - Allylhydroxylamine)

[6542 - 54 - 7]　$C_3H_7NO_3$　(MW73.11)

羟胺类化合物，主要用于合成肟以及芳杂环，如吡啶类化合物。

别名：O - 2 -丙烯基羟基胺。

物理性质：沸点为 80℃，红外波长为 3350nm。反应试剂通常选用其盐酸盐，这种盐酸盐可用乙醇和乙醚重结晶所得的白色固体。

制备方法：在 25℃时，搅拌下将烯丙基溴(39mL，0.46mol)逐滴加到含有无水 K_2CO_3(43g)和市售的 N -羟基邻苯二甲酰亚胺(50g，0.31mol)的二甲基亚砜溶液(500mL)中。滴加完后在室温中搅拌 24 小时，然后混合溶液倒入冷水(3L)中，将所得的沉淀进行抽滤、洗涤、干燥。粗产品用乙醇进行重结晶得到 N -丙烯氧基邻苯二甲酰胺酰胺(87%)，熔点为 56～57℃。将 N -丙烯氧基酞酰亚胺(10g，0.05mol)、水、肼(5mL，0.1mol)和乙醇(100mL)的混合溶液回流 2 小时，冷却后倒入 3% Na_2CO_3(500mL)溶液中，并用乙醚萃取。萃取液用水洗涤，然后加入 5mL 浓盐酸。蒸馏得一白色固体，再用乙醇和乙醚重结晶产物得 O -烯丙基羟胺盐酸盐固体[反应式(1)]。游离胺可以通过和 KOH 蒸馏释放[1](沸点 80℃)或氨进行处理[2]。该原料可以方便地作为 N -羟基邻苯二甲酰亚胺中间体存储，需要时可把 N -羟基邻苯二甲酰亚胺中间体转换成所需的 O -烯丙基羟胺盐酸盐。

Br　K_2CO_3　DMSO　N-OH　N-O

(1)

1. $NH_2NH_2 \cdot H_2O$
2. Na_2CO_3
3. HCl

NH_2Cl

处理、储存和注意事项：在通风柜中使用。

吡啶的合成

该试剂与酮反应得到 O -烯丙基羟胺，一般收率不错，将原料在密闭的试管中在 180℃左右进行热分解,经过电环化得到腈氧化物中间体[1,2]。最后一步是对二氢吡啶进行氧化,因此在此裂解过程中必须有氧气参与,反应式(2)的中间体可以通过相应的肟进行烯丙化得到,但这种方法不如合成 O -烯丙基羟胺方法。

92%　180~90℃　20h　48%　NOH　Br　NaOH　(2)

这种方法不能成功的双重运用来合成双吡啶。桥联的双吡啶可以用 1,2 -环辛烷二酮可以通过逐步反应来进行制备,反应式(2)中的产物可以转化为它的酮的衍生物,然后像之前[反应式(3)]将第二个吡啶环嫁接进去[3,4]。

180℃　52h　60%　(3)

相关试剂

烯丙基溴,(Z)-氨基丙烯醛,N -环已基羟基胺盐酸盐,羟胺,炔丙醛

参考文献:

1. Koyama, J. ; Sugita, T. ; Suzuta, Y. ; Irie, H. Chem. Pharm. Bull. 1983, 31, 2601.

2. Kusumi, T. ; Yoneda, K. ; Kakisawa, H. Synthesis 1979, 221.

3. Wang, X. C. ; Cui, Y. X. ; Mak, T. C. W. ; Wong, H. N. C. Chem. Commun. /J. Chem. Soc. , Chem. Commun. 1990, 167.

4. Thummel, R. P. ; Lefoulon, F. ; Mahadevan, R. J. Org. Chem. 1985, 50, 3824.

苄基羟胺盐酸盐(O-Benzylhydroxylamine Hydrochloride[1])

Ph⌒O⌒NH_2
.HCl

(base)[622-33-3] C_7H_9NO (MW 123.15)

(·HCl)[2687-43-6] $C_7H_{10}ClNO$ (MW 159.62)

同前者,该羟胺可用于制备N-羟基酰胺[2](包括N-羟基肽[3]和N-羟基内酰胺[4])和羟肟酸[5];也可用于制备酮[6-8]、醛[6]和碳水化合物[9]的衍生物。

别名:O-苯甲基羟胺盐酸盐;苄氧基氯化铵。

物理数据:白色针状结晶体,熔点为234~238℃,具有吸湿性。

溶解度:溶于水、吡啶;微溶于酒精,不溶于其他试剂。

试剂纯度分析:^1H NMR(DMSO-d6+$CDCl_3$) 5.17(s,2H,CH_2),7.42(s,5H,C_6H_5)[11],(br,ex NH_2)。

制备方法:游离碱O-苄基羟胺(沸点115~119℃/30mmHg的液体)可从市售盐酸盐制备[10]。然而,对于许多反应,最好从盐原位产生游离碱再进行反应。

储存和预防方法:储存在阴凉干燥的环境中,避免接触水分和氧气,有毒性,应避免直接摄入或者皮肤接触。

N-羟基酰胺和羟基酸

通常O-苄基部分可以通过催化氢化作用转化为类似醇的化学结构,这种特性使得该试剂用作羟基胺的O-基团的保护或掩蔽剂;例如,它特别适用于制备N-羟基酰胺[反应式(1)][2](包括N-羟基肽[3]和N-羟基内酰胺[1,4,11])、羟肟酸[反应式(2)][5]和N-羟基酰亚胺[反应式(3)][13]。

通过类似方法还可以制备其他官能团,如N-烷基羟基脲、N-烷基-N-羟基氨基甲酸酯和N-烷基羟胺[13]。

$$BocNH(CH_2)_2CO_2H \xrightarrow[-15℃\ to\ rt,23h]{BnONH_2,i\text{-}Boc\text{-}Cl,\ Et_3N,THF} \underset{89\%}{BocNH(CH_2)_2CONHOBn}$$

$$\xrightarrow[2.H_2,10\%Pd/C,\ MeOH,rt,10h]{1.BrCH_2R,NaH,\ DMF,100℃,3h} BocNH(CH_2)_2CON(OH)CH_2R \quad (1)$$

$$O_2NC(CH_2CH_2CO_2H)_3 \xrightarrow[\text{rt, 18h; 92\%}]{BnONH_2,\ EtNCN(CH_2)_3NMe_2,\ pH\text{-}4.8,\ THF/H_2O} O_2NC(CH_2CH_2CONHOBn)_3 \quad (2)$$

$$\xrightarrow[\text{rt, 12h; 100\%}]{H_2,\ 10\%\ Pd/C,\ MeOH} O_2NC(CH_2CH_2CONHOH)_3$$

BnONH2, toluene, reflux, 30s, 80%；H_2, 10% Pd/C, THF, rt, 3h, 95%　　(3)

O-苄基肟

该试剂广泛用作制备酮[6-8]、醛[6]和碳水化合物的O-苄肟的衍生物[反应式(4)][9]。该反应通常同时形成顺式(Z)和反式(E)异构体。

$$R^1C(O)X \xrightarrow{BnONH_2} R^1C(X)\!=\!N\text{-}OBn\ (E) + R^1C(X)\!=\!N\text{-}OBn\ (Z) \quad (4)$$

与O-烷基硫代羧酸酯反应生成烷基N-苄氧基羧酰亚胺酯[14]，而烯醇酯可以在饱和酯官能团的存在下转化为它们各自的酮肟[反应式(5)][15]。

BnONH2, Py, 81%　　(5)

参考文献

1. Fieser & Fieser 1981 9,504;1986 12,272;1989 14,28;1992 16,22.

2. Katoh,A.;Akiyama,M. J. Chem. Soc.,Perkin Trans. 1 1991,1839 and references cited therein.

3. Akiyama,M.;Iesaki,K.;Katoh,A.;Shimizu,K. J. Chem. Soc.,Perkin Trans. 1 1986,851 and references cited therein.

4. Ikeda,K.;Achiwa,K.;Sekiya,M. Chem. Pharm. Bull. 1989,37,1179 and references cited therein.

5. Karunaratne,V.;Hoveyda,H. R.;Orvig,C. Tetrahedron Lett. 1992,33,

1827 and references cited therein.

6. Ollett, D. G.; Attygalle, A. B.; Morgan, E. D. J. Chromatogr. 1986, 367, 207 and references cited therein.

7. Bodor, A.; Fey, L.; Breazu, D. Rev. Roum. Chem. 1980, 25, 1367.

8. Devaux, P. G.; Horning, M. G.; Hill, R. M.; Horning, E. C. Anal. Biochem. 1971, 41, 70.

9. Andrews, M. A. Carbohydr. Res. 1989, 194, 1 and references cited therein.

10. Welch, J. T.; Seper, K. W. J. Org. Chem. 1988, 53, 2991.

11. Miller, M. J.; Mattingly, P. J.; Morrison, M. A.; Kerwin, J. F., Jr. J. Am. Chem. Soc. 1980, 102, 7026.

12. Groutas, W. C.; Brubaker, M. J.; Stanga, M. A.; Castrisos, J. C.; Crowley, J. P.; Schatz, E. J. J. Med. Chem. 1989, 32, 1607. Links N - Benzyloxyisoimides may also be formed: Hearn, M. T. W.; Ward, A. D. Aust. J. Chem. 1977, 30, 2031.

13. Sulsky, R.; Demers, J. P. Tetrahedron Lett. 1989, 30, 31.

14. Brion, J. - D.; Reynaud, P.; Kirkiacharian, S. Synthesis 1983, 220.

15. Lichtenthaler, F. W.; Jarglis, P. Tetrahedron Lett. 1980, 21, 1425.

苄基 4 -硝基苯碳酸酯(Benzyl 4 - Nitrophenyl Carbonate)

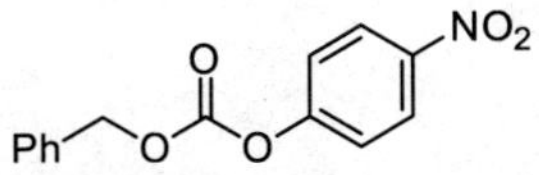

[13795 - 24 - 9]　$C_{14}H_{11}NO_5$　(MW　273.24)

作为 Cbz 保护基,主要在氨基酸的合成中用于保护氨基,如保护色氨酸[1]。

物理数据:mp 78～80℃。

溶解性:溶于醚,甲醇,氯仿。

供应形式:纤维粉末。

色氨酸的保护[1]

在四肽目标分子的合成中需要保护色氨酸残基上的吲哚环,可转化为酸稳定的 Cbz 衍生物进行保护。因此,Boc -保护的二肽片段与标题试剂(a)和用 18 -冠醚- 6增溶的氟化钾的反应可生成 Cbz -保护的衍生物[反应式(1)]。裸露的氟离子用作碱从吲哚环中夺取质子。

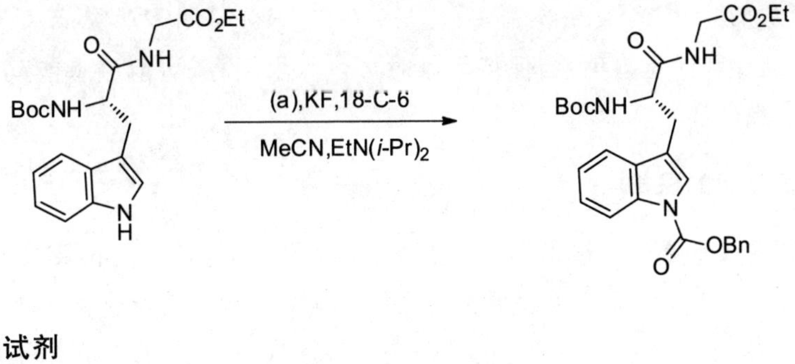

(a),KF,18-C-6
MeCN,EtN(i-Pr)$_2$

(1)

相关试剂

氯甲酸苄酯。

参考文献

1. Chorev, M. ; Klausner, Y. S. Chem. Commun. /J. Chem. Soc. , Chem. Commun. 1976, 596.

苄基氯甲基醚(Benzyl Chloromethyl Ether)[1]

Ph⌒O⌒Cl

[3587-60-8] C_8H_9ClO (MW 156.61)

同 Cbz 一样,BOM 主要用于保护试剂,用于乙醇[2]和胺[3]的官能团的保护,在烷基化反应中,用作对碳负离子进行烃基化的亲电试剂[4],也可用于生成亲核性的苄氧基甲基负离子[5]。

物理数据:熔点 53~56℃/1.5 mmHg;96~99℃/11 mmHg;密度 1.13 g·cm^{-3};旋光度 1.5268~1.5279。

溶解性:溶于四氢呋喃、醚、烷、二氯甲烷、氯仿、苯、甲苯、DMF、DMSO、乙腈。

供应形式:液体。

试剂纯度分析:核磁共振仪、气相色谱法。

制备方法:苯甲醇中加水、甲醛和氯化氢气体[1,6,7],利用三氯化硼苄基甲基醚的反应[8],对苄氧基甲基甲基硫醚与硫酰氯进行解离[9]。

纯化:蒸馏。

处理、储存和注意事项:当保持干燥时可以无限期存放,但遇水或其他亲核试剂时结构会被破坏。

乙醇官能团的保护

该试剂的最重要的用途是用来保护乙醇的官能团,这可以用在 kijanolide 全合成中的一步 BOM 保护反应来说明[反应式(1)][10]。紫杉醇侧链的不对称合成中用苄氧基甲基(BOM)醚来保护乙醇官能团[反应式(2)][11]。

HO ... Br ... TBDPSO —— BOMCl, $(i\text{-}Pr)_2NEt$, CH_2Cl_2 ——> OBOM ... Br ... TBDPSO (1)

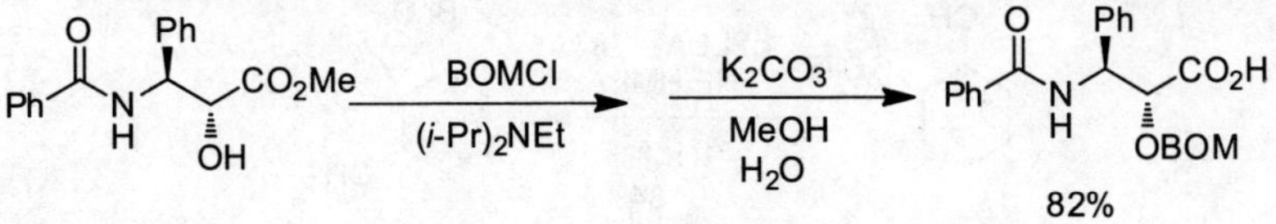

(2)

乳酸乙酯可用 BOM 作为苄氧基甲基醚保护后进行下一步的亲核反应,以高非对映选择性对相应的醛进行加成反应[12]。在合成佐帕诺尔中可选择性保护二醇[反应式(3)][13]。在二羟基的存在下可以选择性地保护伯醇[14],二级醇比三级醇在苄基氯甲基醚下反应更迅速[15]. 可以通过在钯存在下用氢进行脱保护。

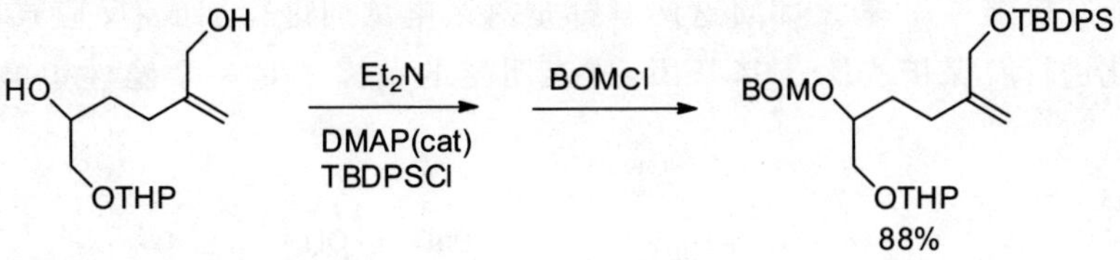

(3)

氨基官能团的保护

异吲哚与碳酸钾在 DMF 存在下通过苄基氯甲基醚反应会得到 1-BOM 的衍生物,收率为 83%[3]。取代的嘌呤通过苄基氯甲基醚和氢化钠反应进行保护[反应式(4)][16]。由于酸度的不同,酰亚胺氮原子可以在内酰胺的存在下进行保护[17]。

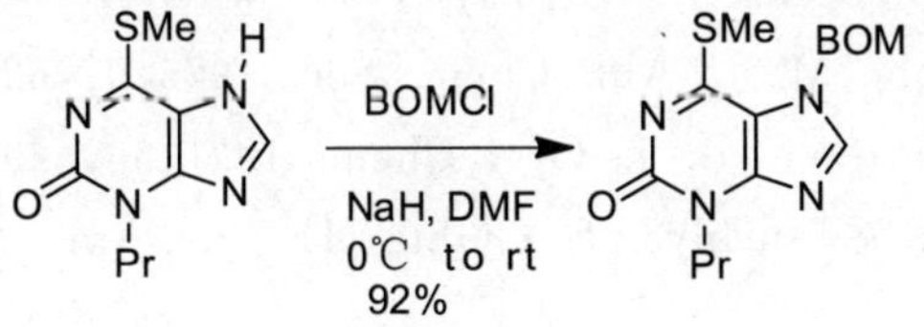

(4)

碳负离子进行烷基化

苯丙酸甲酯可以在 LDA 条件下去质子化与苄基氯甲基醚反应在碳上进行烷基化[4]。也可以对手性酰胺组[反应式(5)][18]和负离子[反应式(6)][19]进行 BOM 的保护,得到了较高收率。用氢还原脱除苄基可生成羟甲基化。

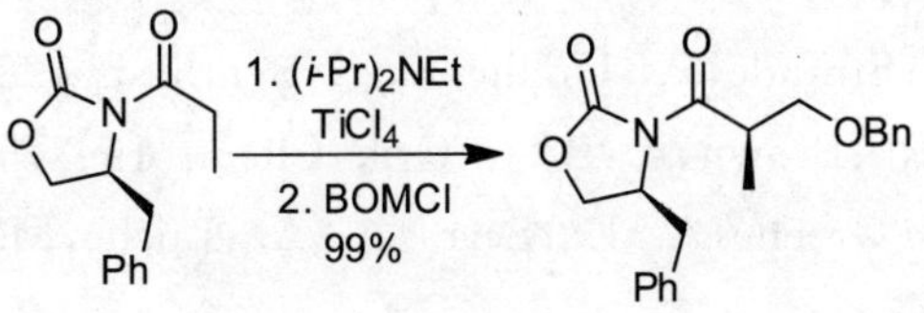

(5)

OH CO_2Et 1.2LDA, -78℃ THF,HMPA 2.BOMCl 84% BnO CO_2Et OH (6)

苄氧基甲基阴离子

格氏试剂和有机锂试剂都可以用来生成苄氧基甲基负离子。格氏试剂的形成是通过与镁的反应[20]。用锡烷的氯化三丁基锡和该试剂反应，而后与正丁基锂反应可生成有机锂[20]。毫无疑问这两者都是对亲电试剂进行加成[反应式(7)][5]。通过氢化进行脱保护去除苄基基团，这表明醚的负离子是一个隐性甲醇二元负离子。

O $(Cbz)_2N$ O BOMLi BnO OH $(Cbz)_2N$ O (7)

参考文献

1. Connor,D. S.;Klein,G. W.;Taylor,G. N. Org. Synth. 1972,52,16.

2. Stork,G.;Isobe,M. J. Am. Chem. Soc. 1975,97,6260.

3. Groziak,M. P.;Wei,L. J. Org. Chem. 1991,56,4296.

4. Miyamoto, K.; Tsuchiya, S.; Ohta, H. J. Am. Chem. Soc. 1992, 114,6256.

5. Wipf,P.;Kim,Y. J. Org. Chem. 1993,58,1649.

6. Hill,A. J.;Keach,D. T. J. Am. Chem. Soc. 1926,48,257.

7. Paraformaldehyde can be used in place of formalin:Guedin - Vuong,D.; Yoichi,N. Bull. Soc. Claim. Fr. 1986,245.

8. Goff,D. A.;Harris,R. N.,III;Bottaro,J. C.;Bedford,C. D. J. Org. Chem. 1986,51,4711.

9. Benneche,T.;Strande,P.;Undheim,K. Synthesis 1983,762.

10. Roush,W. R.;Brown,B. B. J. Org. Chem. 1993,58,2162.

11. Denis,J. N.;Greene,A. E.;Serra,A. A.;Luche,M. J. J. Org. Chem. 1986,51,46.

12. Banfi, L.; Bernardi, A.; Colombo, L.; Gennari, C.; Scolastico, C. J. Org. Chem. 1984, 49, 3784.

13. Nicolaou, K. C.; Claremon, D. A.; Barnette, W. E. J. Am. Chem. Soc. 1980, 102, 6611.

14. McCarthy, P. A. Tetrahedron Lett. 1982, 4199.

15. Bender, S. L.; Widlanski, T.; Knowles, J. R.; Biochemistry 1989, 28, 7560.

16. Shimada, J.; Suzuki, F. Tetrahedron Lett. 1992, 33, 3151.

17. Yamagishi, M.; Yamada, Y.; Ozaki, K.; Asao, M.; Shimizu, R.; Suzuki, M.; Matsumoto, M.; Matsuoka, Y.; Matsumoto, K. J. Med. Chem. 1992, 35, 2085.

18. Evans, D. A.; Urpi, F.; Somers, T. C.; Clark, J. S.; Bilodeau, M. T. J. Am. Chem. Soc. 1990, 112, 8215.

19. Fang, C.; Suganuma, K.; Suemune, H.; Sakai, K. J. Chem. Soc., Perkin Trans. 1, 1991, 1549.

20. Still, W. C. J. Am. Chem. Soc. 1978, 100, 1481.

三氟甲磺酸苄酯(Benzyl Trifluoromethanesulfonate)

Ph⌒O-SO₂CF₃

[17674-16-7]　$C_8H_7F_3O_3S$　(MW　240.18)

主要用作苄基保护基,对羟基和氨基进行保护。同时作为一个高度亲电烃基化试剂,用于形成苄醚,进行傅克反应生成苄基化作用[13-17]。

别名:三氟甲基磺酸苄酯。

溶解性:在惰性溶剂原位生成和使用,如二氯甲烷。

制备方法:苯甲醇、三氟甲磺酸和2,6-二叔丁基吡啶加入到二氯甲烷,当用于傅克烷基化反应,用苄基卤化物和三氟甲基磺酸银来进行制备[15,16]。

处理、储存和预防措施:原位生成和立即使用。该化合物非常容易水解。在通风橱中使用。

引入苄基保护基

烷基三氟甲基磺酸酯,如苄三氟甲基磺酸酯是极其活泼的烷基化试剂[1]。三氟甲基磺酸苄酯在糖化学中碳水化合物的应用[2-5]是生成苄醚的形式保护羟基,特别是在吡喃糖苷中保护2-羟基[2,3]。三氟甲基磺酸烃酯也被用于保护糖醛缩的1-羟基,一般不会形成异构化[4],该试剂与乙酯基[2,3]、亚异丙基[3]、叠氮基[5]和叔丁基二甲基硅基[5]兼容。该试剂也可以用于生成苄基醚的卤化物/碱有效替代试剂,特别是反应条件需要避免强碱时[5](另请参阅2,2,2-三氯乙酰胺苄酯)。三氟甲基磺酸苄酯除了应用在碳水化合物外,也可以用在其他化合物上[6-9],对一些碱敏感的化合物进行保护时,收率非常高[反应式(1)][6]。4-硝基苄醚通过三氟甲基磺酸酯的方法进行制备[8],因为4-硝基溴化苄在碱性条件下非常容易水解,所以和经典威廉姆森醚合成方法不兼容。

OC₁₆H₁₃ / OH, H / OTs —(BnOTf, CH_2Cl_2, -78℃, 2,6-di-*t*-butyl-4-methylpyridine, 96%)→ OC₁₆H₃₃ / BnO, H / OTs　(1)

当底物是含氮杂环化合物时使用三氟甲基磺酸苄酯可能出现问题,非常明显的N被观察进行烷基化[8,9](因此在合成该试剂必须使用昂贵,但高度位阻2,6-二叔丁基吡啶[2,3])。然而,N原子有时需要苄基化,如三氟甲基磺酸苄酯被用来保

护 N^{im}-1-Boc 组氨酸有位阻的 N^{im}-3 位置[反应式(2)][10]。如其他生成衍生物的保护方法需要在苛刻的条件下用特殊的保护集团来防止其进行外消旋化。

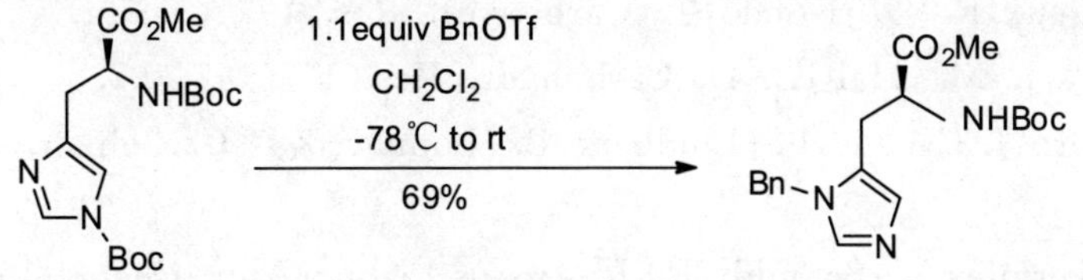
CO2Me
NHBoc
N
N
Boc
1.1equiv BnOTf
CH2Cl2
-78℃ to rt
69%
CO2Me
NHBoc
Bn
N
N

(2)

三氟甲基磺酸苄酯在对含硫化合物进行苄化时，比如乙烯二硫缩醛可能会导致一些问题[11]。高度亲电剂对硫进行反应，引起保护基的开环[反应式(3)]。

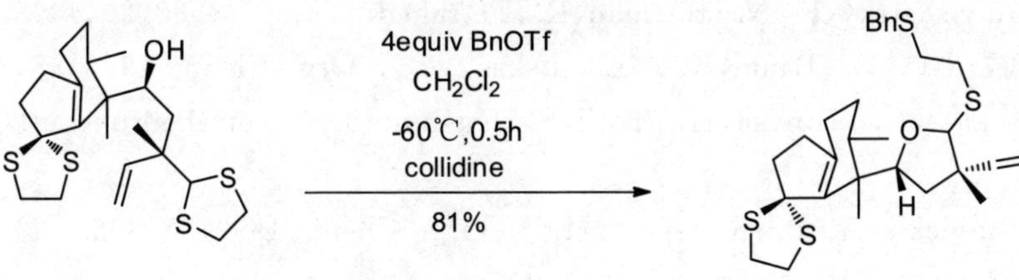
OH
S
S
S
S
4equiv BnOTf
CH2Cl2
-60℃,0.5h
collidine
81%
BnS
S
O
H
S
S

(3)

亲硫性的三氟甲基磺酸酯意味着硫醚可以方便地像三氟甲基磺酸苄锍盐进行保护[反应式(4)][12]。在这种情况下，保护硫醚可在羟基氧化成羧酸时防止硫醚氧化成砜。

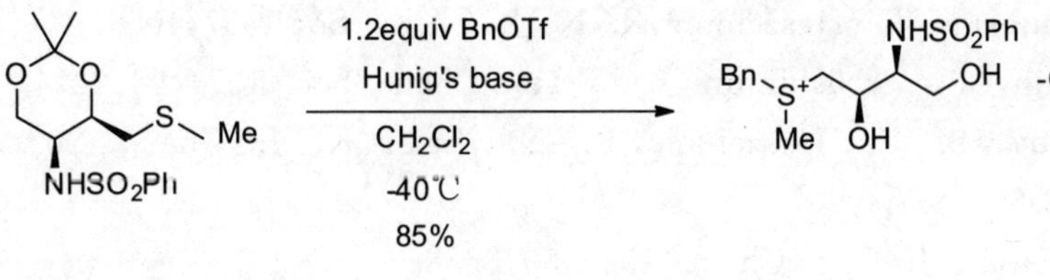
O
O
S
Me
NHSO2Ph
1.2equiv BnOTf
Hunig's base
CH2Cl2
-40℃
85%
NHSO2Ph
Bn
S+
OH
-OTf
Me
OH

(4)

傅-克酰化反应

三氟甲基磺酸苄酯，像其他三氟甲基磺酸烷基酯一样，是一个活泼的芳烃傅-克反应的试剂[13-17]。三氟甲基磺酸苄酯可以用苄卤和三氟甲基磺酸银生成[15,16]，然后用于对芳烃进行烷基化如烷基苯[15]、苯甲醚[16]和酚类[16]。没有催化剂时反应发生在室温，但是其他烷基三氟甲基磺酸盐通常不活跃，有时只有用路易斯酸催化剂反应有效。[15]最近，据报道苄三氟甲基磺酸盐作为 N-亚硝基-N-苄三氟甲磺酰胺分解的产品和如果这个反应在芳烃溶剂如苯，然后得到了傅-克酰化反应产物[17]。

参考文献

1. (a) Howells, R. D.; McCown, J. D. Chem. Rev. 1977, 77, 69. (b) Stang,

P. J. ; Hanack, M. ; Subramanian, L. R. Synthesis 1982, 85. (c) Stang, P. J. ; White, M. R. Aldrichim. Acta 1983, 16, 15.

2. Lemieux, R. U. ; Kondo, T. Carbohydr. Res. 1974, 35, C4.

3. Berry, J. M. ; Hall, L. D. Carbohydr. Res. 1976, 47, 307.

4. Arnarp, J. ; Kenne, L. ; Lindberg, B. ; Lonngren, J. Carbohydr. Res. 1975, 44, C5.

5. (a) Termin, A. ; Schmidt, R. R. Justus Liebigs Ann. Chem. /Liebigs Ann. Chem. 1989, 789. Links (b) Termin, A. ; Schmidt, R. R. Justus Liebigs Ann. Chem. /Liebigs Ann. Chem. 1992, 527.

6. Guivisdalsky, P. N. ; Bittman, R. Tetrahedron Lett. 1988, 29, 4393.

7. Beard, C. D. ; Baum, K. ; Grakauskas, V. J. Org. Chem. 1973, 38, 3673.

8. Fukase, K. ; Tanaka, H. ; Torii, S. ; Kusumoto, S. Tetrahedron Lett. 1990, 31, 389.

9. VanSickle, A. P. ; Rapoport, H. J. Org. Chem. 1990, 55, 895.

10. Hodges, J. C. Synthesis 1987, 20.

11. Paquette, L. A. ; Bulman Page, P. C. ; Pansegrau, P. D. ; Wiedeman, P. E. J. Org. Chem. 1988, 53, 1450.

12. Roemmele, R. C. ; Rapoport, H. J. Org. Chem. 1989, 54, 1866.

13. Gramstad, T. ; Haszeldine, R. N. J. Chem. Soc 1957, 4069.

14. Olah, G. A. ; Nishimura, J. J. Am. Chem. Soc. 1974, 96, 2214.

15. Booth, B. L. ; Haszeldine, R. N. ; Laali, K. J. Chem. Soc., Perkin Trans. 1 1980, 2887.

16. Laali, K. J. Org. Chem. 1985, 50, 3638.

17. White, E. H. ; DePinto, J. T. ; Polito, A. J. ; Bauer, I. ; Roswell, D. F. J. Am. Chem. Soc. 1988, 110, 3708.

对甲苯磺酸苄酯(Benzyl p - Toluenesulfonate)

Ph⌒O^Ts

[1024 - 41 - 5]　$C_{14}H_{14}O_3S$　(MW　262.32)

同三氟甲磺酸苄酯一样,用于杂原子官能团和烯醇化负离子的苄化试剂,充当羟基和氨基的保护基。

替代名称:对甲苯磺酸苄酯。

物理数据:mp 58℃。

溶解性:溶于醇,醚和芳香族溶剂。

制备方法:通常由甲苯磺酰氯和苄醇制备[1]。

操作、储存和注意事项:粗品或纯化的固体可在 0℃下储存 3 个月;潜在易爆物。在通风橱中使用。

杂原子官能团的苄基化

在碱性条件下用该试剂将酚类苄基化。当多于一个酚羟基存在于底物时,其区域选择性有利于空间位阻较小的羟基[反应式(1)][2]。对某些酚 C -烷基化通常伴随 O -烷基化时,对甲苯磺酸苄酯一般对 O -烷基化。这在间苯三酚衍生物的苄基化的例子可以说明这一点,对甲苯磺酸苄酯生成 61%的产品[反应式(2)],而苄基氯在类似的反应条件下仅提供 18%的产物。

COMe; HO; OH　→ BnOTs, K_2CO_3, acetone, reflux, 69% →　COMe; BnO; OH　(1)

HO; OH; COMe; OH　→ BnOTs, K_2CO_3, acetone, reflux, 61% →　OH; COMe; BnO; OBn　(2)

内酰胺[3]和乙烯基酰胺[4]可以在碱性条件下用该试剂选择性进行 N -苄基化[反应式(3)]。当过量的甲胺与对甲苯磺酸苄酯的乙醚溶液反应时,被烃基化生成苄基甲胺[5]。

(3)

参考文献

1. (a)Tipson,R. S. J. Org. Chem. 1944,9,235. (b)Tipson,R. S. J. Org. Chem. 1947,12,133. (c) Kochi, J. K. ; Hammond, G. S. J. Am. Chem. Soc. 1953,75,3443. (d)Blackwell,J. ;Hickinbottom,W. J. J. Chem. Soc 1963,366.

2. Dewick,P. M. Synth. Commun. 1981,11,853.

3. Davis,D. A. ;Gribble,G. W. Tetrahedron Lett. 1990,31,1081

4. Dannhardt, G. ; Paulus, B. ; Ziereis, K. Arch. Pharm. (Weinheim, Ger.) 1988,561.

5. Anderson,W. K. ;Veysoglu,T. Synthesis 1974,665

1-氯烯丙基锂(1-Chloroallyllithium)

$$\left[\begin{array}{l}\text{CH}_2\text{Cl}\\ \ominus\\ \text{CH}_2\end{array}\right]\ Li^+$$

[80411-43-4]　C_3H_4ClLi　(MW　82.46)

亲核试剂,进行亲核的氯烯丙基化反应,由于试剂中氯原子的存在,可进行Darzens类的成环反应。与取代的环氧化物[4]、硫杂环丙烷[5]、酯[1]、烷基溴化物[6]、亚胺[10]和氮丙啶[10]进行α-类型反应;与羰基化合物[2]和烷基卤化物[3]反应生成加合物的混合物;1-氯烯丙基锌和醛和酮进行加成生成高非对映选择性产品[7]。

溶解性:溶于乙醚,四氢呋喃。

操作,储存和注意事项:高度不稳定;在-78℃,惰性气氛中和亲电试剂的存在下生成的。

首先通过在-90℃下用正丁基锂和三苯基铅烯丙基氯(a)进行反应制备氯代烯丙基锂[反应式(1)]。然而,(b)在其与环氧化物的反应中显示出独特的选择性,得到相应的氯烯丙基醇(c)或(c)和氧杂环丁烷(d)的混合物[反应式(2)]。

$$Ph_3PbCH_2CH{=}CHCl \xrightarrow[\text{THF},-90℃]{\text{BuLi}} [\text{(b)}]^- Li^+ \longrightarrow \text{α-attack or γ-attack} \quad (1)$$

(a)　(b)　α-attack　γ-attack

$$[\text{(b)}]^- Li^+ + \text{epoxide}(R_1, R_2) \xrightarrow{\text{α-attack}} \text{(c)} + \text{(d)} \quad (2)$$

(b)　(c)　(d)

R_1=H,Me,Et,Ph,CH_2OH,CH_2OEt;R_2=H
$R_1=R_2$=Pr,$CH_2{=}CHCH_2CH_2$

类似地,与硫杂丙环反应最初形成的氯代乙烯基硫锂(f),而后该分子进行的分子内环化得到2-乙烯基硫杂环丁烷(g)[反应式(3)]。如用酯对化合物(b)进行酰化时可观察到非常好的区域选择性(除了用羧酸叔丁酯)。不饱和烯酮(i)[1]通过最初形成的氯酰基加合物(h)[反应式(4)]用碱进行催化异构形成。

S, R_2, R_1, R_3 (e) + Cl〰Li (b) —THF, -90°C to -60°C→ [LiS, R_1, R_2, Cl, R_3 (f)]

—LiCl, 10%~73% → S, R_2, R_1, R_3 (g) (3)

$R_1=R_3=H$, $R_2=Et, CH_2OEt$, Bu, Et

$R_1=R_2=Me, Pr, CH_2—CH=CH_2$; $R_3=H$

$R_1=R_2=R_3=H$

$R_1=H$; $R_2=R_3=—(CH_2)_4—CH_3$

[Cl]$^-$ Li^+ + R^1COOR —THF, α-mode→ R_1, O, Cl (h) → R_1, O, Cl (i) (4)

$R_1=Et, Pr, i\text{-}Pr, Ph, MeOCH_2CH_2$

和烷基化试剂反应，可形成 α 产品(j)和 γ 产品(h)。然而，只有少量的烃基化试剂，正丁氧基亚甲基氯化物，二甲基亚甲基碘化铵在生成烷基化产物才发现高度的区域选择性。烷基化产物仅以(*Z*)构型存在，其原因是基于形成过渡态(l)[反应式(5)]。

[Cl]$^-$ Li^+ —R-X→ α-mode → Cl, R (j); γ-mode → [R, X, Li, Cl (l)] → R, Cl (k) (5)

$R=Bu$; $X=Br, Cl$

$R=C_6H_{13}$, cyclo-C_6H_{11}, $PhCH_2$, $H_2C=CHCH_2CH_2$

$MeCH=CHCH_2$, $Me(CH=CH)_2CH_2$, $BuC\equiv CCH_2$

随后，在－78℃下用二异丙基胺锂和烯丙基氯反应在原位直接生成 1 -氯烯丙基锂，并显示其与各种伯烷基溴化物进行烷基化时，有非常高的选择性。仲烯丙基氯中间体(13a)和(13b)已被用作合成二取代烯类昆虫性信息素 A. aucotreta(14a)和 S. littoralis(14b)“构建单元”[反应式(6)]。烷基化/铜酸盐置换序列也适用于巴豆基氯的负离子，该合成路线是一条非常有希望的途径，用于合成复杂化合物[反应式(7)][6]。

LDA, -90℃; Li$^+$; Br(CH$_2$)$_n$Br, 70%~90%; Cl; Br

(13a) n=4
(13b) n=8

OAc; R

(14a)R=Pr,n=4
(14b)R=Me,n=8

(6)

Cl; Cl; Cl

(o) (p)

O; O; H; OR

(q) (r)

(7)

从(a)和丁基锂反应衍生出的氯代烯烃(b)对羰基化合物进行加成可形成不同比例的两种加成产物[反应式(8)][2]。由此获得的环氧化物(s)是(Z)式和(E)异构体的混合物，而在 γ 加合模式中保持顺式构型，如产品(t)，这和早先观察到的一样[反应式(8)]。

Cl; Li$^+$; O; R; R$_1$; THF,-90℃; α-mode; γ - mode; R; R$_1$; O; (s); Cl; R; R$_1$; OH; (t)

(8)

有趣的是，和 Zn^{2+} 形成化合物的阴离子(u)与醛和酮进行加成反应，都以 α-方式生成氯醇，产品高非对映选择性[反应式(9)][7]，没有形成环氧化物。用乙醇钾处理氯代醇(v)可生成顺式-乙烯基环氧乙烷(s)，几乎完全转化[反应式(9)]。然而，通过烯丙基氯与 LDA 的直接去质子化产生的氯烯丙基锂(b)与芳族醛和酮反应，仅生成 γ 方式的加合物(t)[反应式(10)][7]，这一点与由(a)产生的(b)的加成方式刚好相反[2]。

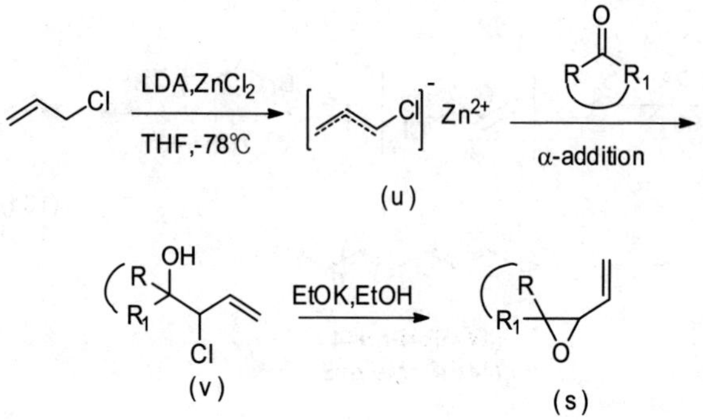

LDA, $ZnCl_2$; THF, -78℃ ; Zn^{2+} ; R, R_1, O ; α-addition ; (u)

OH, R, R_1, Cl ; EtOK, EtOH ; R, R_1, O ; (v) ; (s)

(9)

Cl ; LDA, THF ; -78℃ ; Cl ; Li^+ ; R, R_1, O ; THF, -78℃ ; OH, R, R_1, Cl ; (b) ; (t)

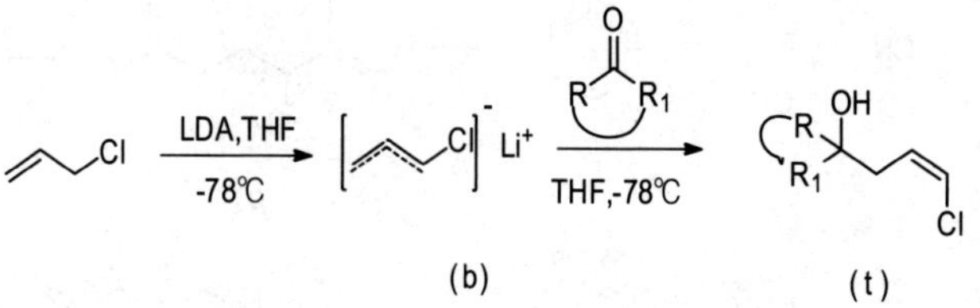

(10)

阴离子(b)与亚胺[8,9]和氮丙啶[10]进行区域选择性加成,然后进行分子内环化,分别得到相应的乙烯基氮丙啶(x)[反应式(11)]和2-乙烯基氮杂双环丁烷(z)[反应式(12)]。

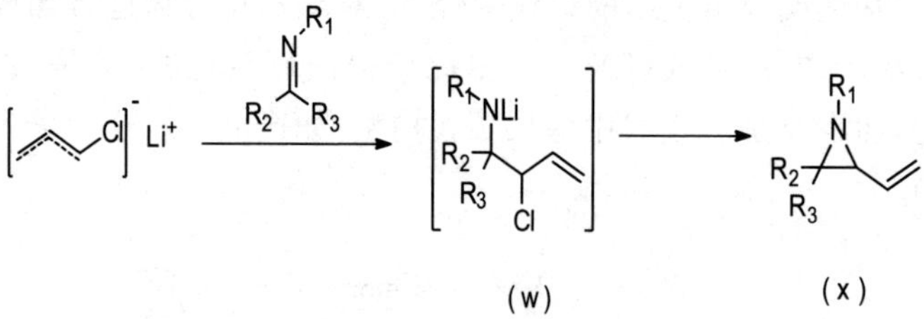

Cl ; Li^+ ; N, R_1, R_2, R_3 ; R_1, NLi, R_2, R_3, Cl ; R_1, N, R_2, R_3 ; (w) ; (x)

(11)

Cl ; Li^+ ; N, R_1, R_2, R_3 ; Li, N, Cl, R_1, R_2, R_3 ; N, R_1, R_2, R_3 ; (12) ; (y) ; (z)

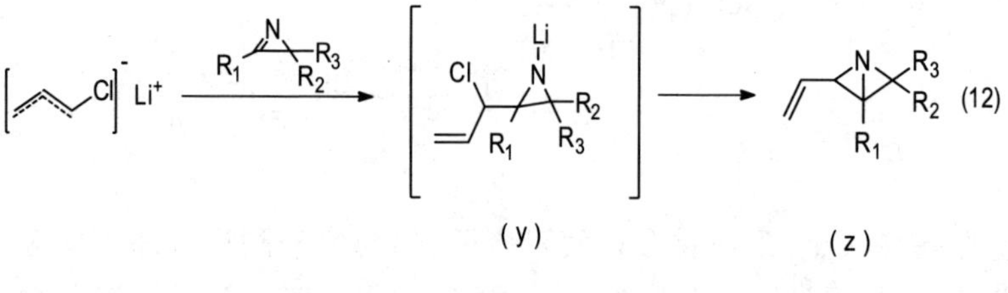

(12)

相关试剂

烯丙基锂;二丁基碲化物;1,1-二氯乙烯。

参考文献

1. Mauze, B. ; Doucoure, A. ; Miginiac, L. J. Organomet. Chem. 1981, 215,1.

2. Doucoure, A. ; Mauze, B. ; Miginiac, L. J. Organomet. Chem. 1982, 236,139.

3. Mauze,B. ;Ongoka,P. ;Miginiac,L. J. Organomet. Chem. 1984,264,1.

4. Ongoka, P. ; Mauze, B. ; Miginiac, L. J. Organomet. Chem. 1985, 284,139.

5. Ongoka,P. ;Mauze,B. ;Miginiac,L. Synthesis 1985,1069.

6. Macdonald,T. L. ;Amirthalingam Narayanan,B. ;O'Dell,D. E. J. Org. Chem. 1981,46,1504.

7. Mallaiah,K. ;Satyanarayana,J. ;Ila,H. ;Junjappa,H. Tetrahedron Lett. 1993,34,3145.

8. Mauze,B. J. Organomet. Chem. 1980,202,233.

9. Doucoure,A. Dissertation,Université,de Poitiers,1982.

10. Mauze,B. Tetrahedron Lett. 1984,25,843.

2,3-二氯丙烯(2,3-Dichloropropene)

$C_3H_4Cl_2$

［78－88－6］　$C_3H_4Cl_2$　(MW 110.97)

烃基化试剂，和前者相反，主要进行亲电的氯烯丙基化反应。

物理数据：沸点 94℃，折射率 1.4611，密度 1.204g·cm^{-3}。

供应形式：无色液体，广泛易购。

制备方法：可以从 1,2,3-三氯丙烷，通过对氢氧化钠水或乙醇溶液进行回流，通过消除氯化氢的反应来进行制备，收率可达 87%[1]。最近，文献表明加入四级铵盐如$[Me(CH_2)_7]_3N^+Me\ Cl^-$可以提高收率至 94%，并进行选择性的消除[2]。

处理、储存和注意事项：高度易燃液体(闪点 10℃)，有毒，有腐蚀性。在通风橱中使用。

烷基化

2,3-二氯丙烯(a)是一种通用的烷化剂，用于烯丙基侧链的引入[3,4]。通常可对羰基烯醇负离子进行加成，比如在(-)-hypnophilin 的全合成的最后一步［反应式(1)］[5]。

(a), *t*-BuOK, *t*-BuOH
benzene
63%
(1)

2,3-二氯丙烯也可以对醇[7]、胺[8]、砜亚胺[9]和 Schiff 碱类[10]进行加成。在许多情况下，进行烯丙基侧链烷基化时能够进行 Claisen 重排[6,11,12]，比如双(氯烯丙基)醚进行重排生成 anthrarufin［反应式(2)］[13]。

(a), K_2CO_3, KI
acetone
89%

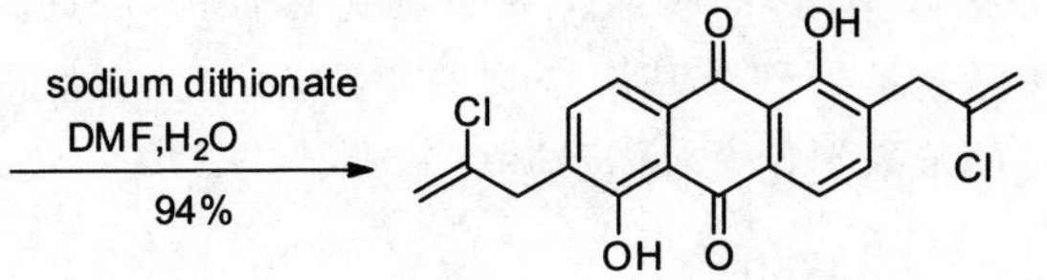

sodium dithionate, DMF, H_2O, 94% (2)

格氏反应

2,3 -二氯丙烯也可以与格氏试剂进行烷基化[14-16]。这已被用于环酮的合成，用97%甲酸催化烯丙基侧链对烯进行环化反应[反应式(3)][17]。

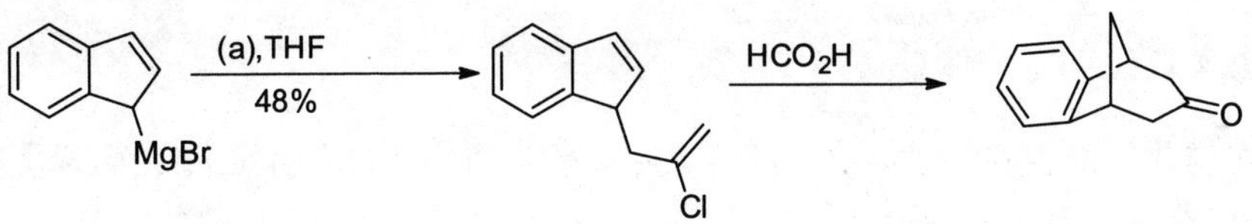

MgBr; (a),THF 48%; Cl; HCO_2H; O (3)

钯偶联反应

在钯催化下对炔苯胺类化合物进行环化生成吲哚，在烯丙基氯的存在下，生成3 -烯丙基吲哚，收率良好[反应式(4)][18]。反应混合物中必须包含质子捕获剂，避免氢离子和有机钯中间体进行反应。

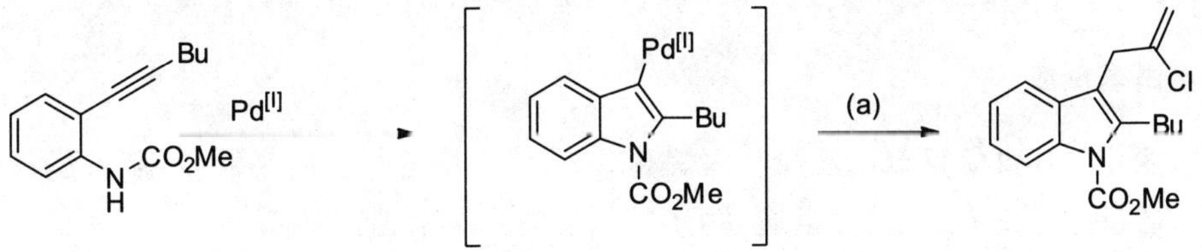

Bu; Pd[I]; N H CO_2Me; Pd[I]; Bu; N CO_2Me; (a); Cl; Bu; N CO_2Me (4)

丙二烯的合成

目前许多文献报道了丙二烯的合成，大多数合成产品是丙二烯和甲基乙炔的混合物。用锌粉还原 2,3 -二氯丙烯可生成丙二烯[反应式(5)]，收率良好，重复性好，只生成少量的杂质 2 -氯丙烯[19]。

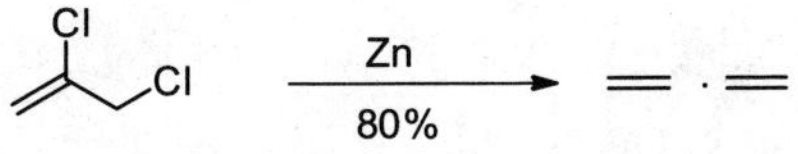

Cl; Cl; Zn 80%; ═·═ (5)

芳基偶联反应

2,3 -二氯丙烯在芳基格氏试剂进行自由基反应时，作为电子受体[反应式

(6)][20]。由于该方法收率高,同时避免有毒的铊化合物,因此这种方法优于其他偶联反应。此方法已被扩展到芳基聚合物的生产。2,3-二氯丙烯和双官能团格氏试剂反应可生成聚苯烯类化合物[反应式(7)][21]。

$$\mathrm{ArMgBr} \xrightarrow[70\%\sim95\%]{\text{(a),THF}} \mathrm{Ar{-}Ar} + \mathrm{CH_2{=}C{=}CH_2} \tag{6}$$

$$\mathrm{BrMg{-}C_6H_4{-}MgBr} \xrightarrow[85\%]{\text{(a).rt}} \mathrm{{-}(C_6H_4)_n{-}} \tag{7}$$

卤素取代

在碘化钠的存在下,2,3-二氯丙烯在3位进行卤素交换生成碘氯丙烯[反应式(8)][22]。

$$\mathrm{CH_2{=}C(Cl)CH_2Cl} \xrightarrow{\text{NaI,acetone}} \mathrm{CH_2{=}C(Cl)CH_2I} \tag{8}$$

有机金属化合物

2,3-二氯丙烯已表明和过渡金属配合物进行氧化加成,例如钌[23]。

自由基反应

官能化的环戊烷可以由乙烯基丙烷和3-取代丙烯进行反应来制备,制备途径既可以通过光化学方法,也可以通过DBU引发的方法来进行制备[24]。

$$\text{2-vinylcyclopropane-1,1-}(\mathrm{CO_2Me})_2 \xrightarrow[47\%]{\text{(a),PhSSPh},\ h\nu} \text{vinyl-substituted cyclopentane bearing Cl, }\mathrm{CH_2Cl},\ (\mathrm{CO_2Me})_2 \tag{9}$$

参考文献

1. Henne, A. L.; Haeckl, F. W. J. Am. Chem. Soc. 1941, 63, 2692.

2. Chem. Abstr. 1988, 109, 73 005j.

3. Herradón, B.; Seebach, D. Helv. Chim. Acta 1989, 72, 690.

4. Brownbridge, P.; Hunt, P. G.; Warren, S. G. J. Chem. Soc., Perkin Trans. 1 1986, 9, 1695.

5. Weinges, K.; Iatridou, H.; Dietz, U. Justus Liebigs Ann. Chem./Liebigs Ann. Chem. 1991, 9, 893.

6. Majumdar, K. C.; Choudhury, P. K. Heterocycles 1991, 32, 73.

7. Barluenga, J.; Foubelo, F.; Facnanás, F. J.; Yus, M. J. Chem. Soc., Perkin Trans. 1 1989, 3, 553.

8. Julia, M.; Blasioli, C. Bull. Chem. Soc. Jpn. 1976, 1941.

9. Cuvigny, T.; Larchevêque, M.; Normant, H. Tetrahedron Lett. 1974, 1237.

10. Genet, J. - P.; Juge, S.; Achi, S.; Mallart, S.; Montes, J. R.; Levif, G. Tetrahedron 1988, 44, 5263.

11. Parker, K. A.; Casteel, D. A. J. Org. Chem. 1988, 53, 2847.

12. Yasuda, S.; Yamada, T.; Hanaoka, M. Tetrahedron Lett. 1986, 27, 2023.

13. Cambie, R. C.; Howe, T. A.; Pausler, M. G.; Rutledge, P. S.; Woodgate, P. D. Aust. J. Chem. 1987, 40, 1063.

14. Negishi, E.; Zhang, Y.; Bagheri, V. Tetrahedron Lett. 1987, 28, 5793.

15. Zhang, Y.; Wu, G.; Agnel, G.; Negishi, E. J. Am. Chem. Soc. 1990, 112, 8590.

16. Peterson, P. E.; Nelson, D. J.; Risener, R. J. Org. Chem. 1986, 51, 2381.

17. Lansbury, P. T.; Nienhouse, E. S. J. Am. Chem. Soc. 1966, 88, 4290.

18. Iritani, K.; Matsubara, S.; Utimoto, K. Tetrahedron Lett. 1988, 88, 1799.

19. Cripps, H. N.; Kiefer, E. F. Org. Synth., Coll. Vol. 1973, 5, 22.

20. Cheng, J. W.; Luo, F. T. Tetrahedron Lett. 1988, 29, 1293.

21. Wang, W. J.; Huang, C. M.; Luo, F. T. Synth. Met. 1991, 41, 335.

22. Baldwin, J. E.; Adlington, R. M.; Lowe, C.; O'Neil, I. A.; Sanders, G. L.; Schofield, C. J.; Sweeney, J. B. Chem. Commun./J. Chem. Soc., Chem. Commun. 1988, 15, 1030.

23. Nagashima, H.; Mukai, K.; Shiota, Y.; Yamaguchi, K.; Ara, K.; Fukahori, T.; Suzuki, H.; Akita, M.; Moro - aka, Y.; Itoh, K. Organometallics 1990, 9, 799.

24. Chuang, C. P.; Ngoi, T. H. J. J. Chem. Res. (S) 1991, 1, 1.

苄基氯甲基硫醚(Benzyl Chloromethyl Sulfide)

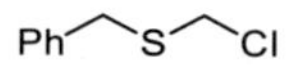

[3970-13-6]　C_8H_9ClS　(MW 172.67)

肽合成中的保护基[5]。可和钯形成络合物[10],用于制备生物活性的亚铵盐[13]、砜类和砜肟类化合物[15]。

别名:氯甲基苯硫醚。

物理数据:熔点 78℃(0.2mmHg);沸点 98～99℃(2.5mmHg);折射率 n_D^{25} 1.571～1.578。

溶解度:溶于大多数有机溶剂。

制备方法:该试剂采用 Fancher 方式进行制备[1]。用多聚甲醛的浓盐酸溶液对硫代苄醇进行氯甲基化,制备所需的苄基氯甲基醚。100mL 浓盐酸在搅拌条件下在 5 min 加入到多聚甲醛(7.5g)的 50mL 苯溶液。混合物在 40℃反应一段时间,苄硫醇(33.75g)50mL 的苯溶液慢慢加入到上述溶液中,混合物在略高于 40℃条件下继续反应 2 小时,蒸走溶剂后,在减压下蒸馏提纯产物。有难闻的气味产生,反应后立即用用碱性高锰酸钾对仪器进行洗涤,可抑制大部分气味。也可以用其他方法来进行制备[2]。

处理、储存和预防措施:应在通风柜中使用。

肽合成中的保护基团

已经部分证据表明对含有 S-苄基半胱氨酸的肽进行苄基脱除的时候有可能伴随着副反应,如肽链的裂变[3]和脱硫反应[4],这样促使人们思考其他的肽合成中的半胱氨酸的巯基保护方法。采用苄基硫甲基作为 S-的保护基团已被证明了可以用在不同的肽合成中,如在谷胱甘肽合成中几乎定量进行[5]。苄基硫甲基在合成过程中相当稳定,并在最后阶段可以在标准条件下[乙酸汞(Ⅱ)的 80%甲酸溶液,在室温下反应 30 分钟]进行干净的脱保护反应。

单和双金属配合物中的配体

单和双金属的短齿配体如双复合物双(二苯基膦)甲烷(dppm)[6]、双(二苯基砷)甲烷(dpam)[7]、(二苯基膦二苯基砷)甲烷(dapm)[8]和 2-二苯基膦吡啶[9]最近获得了相当多的关注。这些“短齿配体”可以在单齿、双齿螯合或双齿桥式模式的配合物所起的作用，取决于配位体和金属中心的性质，以及金属离子的氧化态。目前为止只有少数的以 P 和 S 作为配位原子的双齿配体报道过。Sanger 报道合成了苯硫基甲基二苯基膦作为桥联配体和合成一些络合物膦[10]。然而，在缺乏金属-金属键的双金属络合物中苯硫基甲基的络合能力似乎比较弱。基于这些观察，有可能形成含有金属-金属键的钯(Ⅰ)络合物，苯硫基甲基二苯基膦作为桥联配体[反应式(1)][11]。在这种情况下，在硫醚部分中苄基的引入有助于提高硫的配位能力。包含磷和硫醚的双齿配体非常引人关注，其主要原因：(1)当磷与硫醚同时对铂金属进行络合是，硫醚比膦更不稳定，在金属中心产生一个“空位”；(2)由于磷和硫醚对不同的金属有不同的亲和力容易生成杂双核络合物；(3)有可能生成几何和配位异构体。

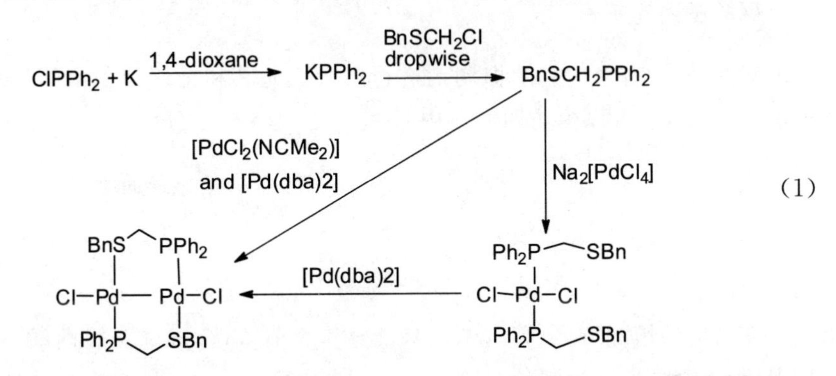

(1)

$[Pd_2Cl_2(m-PhCH_2SCH_2PPh_2)_2]$可以和取代炔烃的反应(RC=CR′；R=Ph、R′=H；R=CO_2Me，R′=H；R=R′=CO_2Me)生成一框架式的钯(Ⅱ)络合物[反应式(2)]。

BnS PPh2 / Cl—Pd — Pd—Cl / Ph2P SBn —RC≡CR′→ BnS PPh2 / Cl−Pd (R)C=C(R′) Pd—Cl / Ph2P SBn (2)

$[CpFe(CO)(PPh_3)(CH_2SCH_2Ph)]$型的络合物也被合成[反应式(3)][12]，对该铁配合物$[CpFe(CO)(PPh_3)(CH_2XCH_2R)]$(R=O，S)也进行过构象分析，用以研究该络合物的构象对溶剂极性的依赖度。

$$[Cp(CO)_2Fe]_2 + Na \longrightarrow [Cp(CO)_2Fe]^-Na^+ \xrightarrow[\text{15min, rt.overnight}]{\text{ClCH}_2\text{SBn THF}}$$

$$[CpFe(CO)_2(CH_2SBn)] \xrightarrow[\text{benzene}]{PPh_3} [CpFe(CO)(PPh_3)(CH_2SBn)] \quad (3)$$

合成咪唑氯化物

与烷氧甲基和烷硫代甲基形成的咪唑盐类化合物是有效的抗菌剂[13]。它们可以很容易从下面的方法进行制备[反应式(4)][14]。

$$BnSCH_2Cl + \text{1-}C_8H_{17}\text{-2-Ph-imidazole} \longrightarrow [\text{3-}(BnSCH_2)\text{-1-}C_8H_{17}\text{-2-Ph-imidazolium}]^+ Cl^- \quad (4)$$

砜肟基团的制备

砜肟基(a)有可能和酶抑制剂进行融合。尤其和金属蛋白酶进行甲酰胺的加成反应中[15],它可以模仿四面体中间体(b)。

(a) R、CH_2R、S=S=NH　　(b) R、NHR、HO—C—OH

在目前的情况下,氯甲基苯乙基硫醚作为前体,合成砜亚胺丙酸[16],它可以根据 Böhme 方法来进行制备。

苄砜甲基苯乙烯砜的制备

在催化量苄胺存在下,新型不饱和砜可以用芳基或苄砜甲基乙酸与芳香醛的冰醋酸溶液缩合来进行制备[17],得到的产品是稳定的(*E*)-烯烃[反应式(5)][18],该烯烃可以作为中间体合成一系列的碳环[1b,18]和杂环化合物[19]。

$$BnSCH_2Cl + HSCH_2CO_2H \xrightarrow[\text{McOH}]{\text{NaOH}} BnSCH_2SCH_2CO_2H \xrightarrow{H_2O_2/AcOH} BnSO_2CH_2SO_2CH_2CO_2H \xrightarrow[BnNH_2]{ArCHO.AcOH} (E)\text{-}ArCH{=}CHSO_2CH_2SO_2Bn \quad (5)$$

参考文献

1. (a) Fancher, L. W. Chem. Abstr. 1958, 52, 16 296b. (b) Balaji, T.; Bhaskar Reddy, D. Bull. Chem. Soc. Jpn. 1979, 52, 3434.

2. (a)Wood,J. L.;Vigneaud,V. J. Biol. Chem. 1939,130,109. (b)Böhme, H.;Fischer, H.; Frank, R. Justus Liebigs Ann. Chem./Liebigs Ann. Chem. 1949,563,54.

3. Benisek,W. F.;Cole,R. D. Biochem. Biophys. Res. Commun. 1965, 20,655.

4. Katsoyannis,P. G. Am. J. Med. 1966,40,652.

5. (a)Brownlee,P. J. E.;Cox,M. E.;Handford,B. O.;Marsden,J. C.; Young,G. T. J. Chem. Soc 1964,3832. (b)Camble,R.;Purkayastha,R.;Young, G. T. J. Chem. Soc. 1968,1219.

6. (a)Puddephatt,R. J. Chem. Soc. Rev. 1983,12,99. (b)Hassan,F. S. M.;Markham,D. P.;Pringle,P. G.;Shaw,B. L. J. Chem. Soc.,Dalton Trans. 1985,279. (c)Uson,R.;Fornies,J.;Espinet,P.;Navarro,R.;Fortuno,C. J. Chem. Soc.,Dalton Trans. 1987,2077. (d)Langrick,C. R.;McEwan,D. M.; Pringle,P. G.;Shaw,B. L. J. Chem. Soc.,Dalton Trans. 1983,2487.

7. Jacobson,G. B.;Shaw,B. L. J. Chem. Soc.,Dalton Trans. 1987,151.

8. (a)Enlow,P. D.;Woods,C. Organometallics 1983,2,64. (b)Balch,A. L.; Guimerans, R. R.; Linehan, J.; Olmstead, M. M.; Oram, D. E. Organometallics 1985,4,1445.

9. Farr,J. P.;Wood,F. E.;Balch,A. L. Inorg. Chem. 1983,22,3387.

10. (a)Sanger,A. L. Can. J. Chem. 1983,61,2214. (b)Sanger,A. L. Can. J. Chem. 1984,62,822. (c)Anderson,G. K.;Kumar,R. J. Organomet. Chem. 1988,342,263.

11. Fuchita,Y.;Hardcastle,K. I.;Hiraki,K.;Kawatani,M. Bull. Chem. Soc. Jpn. 1990,63,1961.

12. Blackburn,B. K.;Bromley,L.;Davies,S. G.;Whittaker,M.;Jones,R. H. J. Chem. Soc.,Perkin Trans. 2 1989,1143.

13. (a)Pernak,J.;Kucharski,S.;Krysinski,J. Pharmazie 1983,38,752. (b) Pernak,J.;Krysinski,J.;Skrzypczak,A. Tenside Detergents 1985,22,259. (c) Pernak, J.; Skrzypczak, A.; Kucharski, S.; Krysinski, J. Arch. Pharm. (Weinheim,Ger.)1984,317,430. (d)Pernak,J.;Skrzypczak,A.;Kucharski,S.; Krysinski,J. Pharmazie 1988,43,654. (e)Pernak,J.;Krysinski,J.;Skrzypczak, A. Tenside Detergents 1987,24,276. (f)Pernak,J.;Krysinski,J.;Skrzypczak, A.;Michalak, L. Arch. Pharm. (Weinheim,Ger.)1988,321,193.

14. Pernak,J.;Krysinski,J.;Skrzypczak,A.;Michalak,L. Arch. Pharm.

(Weinheim, Ger.)1990,323,307.

15. Mock,W. L. ;Tsay,J. - T. J. Am. Chem. Soc. 1989,111,4467.

16. Mock,W. L. ;Zhang,J. Z. J. Org. Chem. 1990,55,5791.

17. Ramana Reddy,M. V. ;Vijayalakshmi,S. ;Ramana Reddy,D. B. Sulfur Lett. 1989,10,79.

18. (a) Bhaskar Reddy, D. ; Balaji, T. ; Reddy, B. V. Phosphorus Sulfur/ Phosphorus Sulfur Silicon 1983, 17, 297. (b) Bhaskar Reddy, D. ; Reddy, P. S. ; Reddy,B. V. ; Reddy,P. A. Synthesis 1987,74.

19. (a)Parham,W. E. ;Blake,F. D. ;Theissen,D. R. J. Org. Chem. 1962, 27, 2415. (b) Helder, R. ; Doornbos, T. ; Strating, J. ; Zwanenburg, B. Tetrahedron 1973,29, 1375. (c)Bhaskar Reddy,D. ;Bhaskara Reddy,D. ;Reddy, N. S. ;Balaji,T. Indian J. Chem. ,Sect. B 1984,23B,983.

苄基溴甲基硫醚(benzyl bromomethyl sulfide)

Ph⁀S⁀Br

［15960－81－3］ C_8H_9BrS (MW 217.12)

该反应试剂比其相应的氯化物来的活泼，通过对烯醇化物烷基化引入保护巯甲基；用于亚甲基酮和羧酸的合成。

物理数据：bp 65.5～67℃(0.2mmHg)。

溶解性：溶于二氯甲烷，四氢呋喃。

制备方法：从苯甲基硫醇、多聚甲醛和 48％ HBr 制备或从苄基氯甲基硫醚和无水溴化氢进行制备[3]。

处理、存储和预防措施：冷藏；在通风橱中使用。

苄基溴甲基硫醚可对酮[2]、羧酸[2]、丙二酸酯[3]、恶唑酮[4]和恶唑碳酰胺[1]生成的烯醇化物进行烃基化、而如果用氯苄硫醚(参阅氯二甲硫醚和氯苯基硫醚)[1]一般不能成功进行烃基化［反应式(1)］[2]。烷基化产品脱苄基后生成巯甲基化合物[1,4]，或通过氧化成亚砜后进行热解转化为亚甲基化合物(见二甲基二硫和二苯二硫)。

1.LDA.THF.-78℃
2.BnSCH$_2$Br.-20℃ 83%
98:2
(1)

尽管苄溴甲基硒反应比苄基溴甲硫醚的反应速度慢 18 倍，但是还是可以对羧酸、酰胺二阶负离子、三级酮的烯醇化物和保护氨基酸酯(甘氨酸、缬氨酸和丙氨酸)进行烷基化[2]。用 Br_2 或 SO_2Cl_2 氧化脱苄基作用；非常单一把硒转换硒卤化物，这样可以很方便原位进行还原生成联硒化物［反应式(2)］。另外，通过把硒氧化成硒亚砜，而后进行温和的消除反应生成烯烃［反应式(2)］[2,5]。

1,Br$_2$
2.H$_2$NNH$_2$ 97%
1.*m*-CPBA,-78℃
2.NEt$_3$,25℃
87%
(2)

参考文献

1. Evans,D. A.;Mathre,D. J.;Scott,W. L. J. Org. Chem. 1985,50,1830.

2. Reich, H. J.; Jasperse, C. P.; Renga, J. M. J. Org. Chem. 1986, 51,2981.

3. Hollowood,J.;Jansen,A. B. A.;Southgate,P. J. J. Med. Chem. 1967, 10,863.

4. Walker,M. A.;Heathcock,C. H. J. Org. Chem. 1992,57,5566.

5. Reich, H. J.; Renga, J. M. Chem. Commun./J. Chem. Soc., Chem. Commun. 1974,135.

1,3-丙二硫醇(1,3-Propanedithiol)[1]

HS⁀⁀SH

[109-80-8]　$C_3H_8S_2$　(MW 108.25)

用于1,3-二噻烷的形成,也可以用于还原(羰基还原成亚甲基,叠氮至伯胺,肽的二硫醚至二硫醇,去汞),形成酮烯二硫缩醛。

物理数据:d^{20} 1.077g·mL^{-1};bp 170℃(760mmHg),92～98℃(56mmHg)。

溶解性:微溶于水,与大多数有机溶剂互溶。

供应的形式:液体,多渠道购买。

处理、存储和预防措施:必须在通风橱中使用,在空气中易被氧化成硫醚,环形的硫醚在甲醇中形成聚合沉淀。用有机溶剂对其氢氧化钠水溶液进行萃取是从其一些非酸性杂质分离1,3-丙二硫醇的方法。

1,3-二噻烷的形成

在路易斯酸或质子酸的催化条件下,1,3-丙二硫醇(a)和醛和酮反应生成1,3-二噻烷[反应式(1)～(4)][2-5]。

OTBDMS; TBDMSO; CHO —— (a),$MgBr_2$ / Et_2O 84% ——→ S; S; OTBDMS; OTBDMS　(1)

O; H; N; O; EtO_2C; NH —— (a),BF_3•OEt_2 / 74% ——→ H; N; O; NH; S; S; CO_2Et　(2)

O; O; Ph —— (a),HCl / $ZnCl_2$ / Et_2O / 83% ——→ S; S; Ph; O —— 1.PhMgBr / 2.HgO / BF_3•OEt_2 / aqTHF / 59% ——→ Ph; Ph; O; HO　(3)

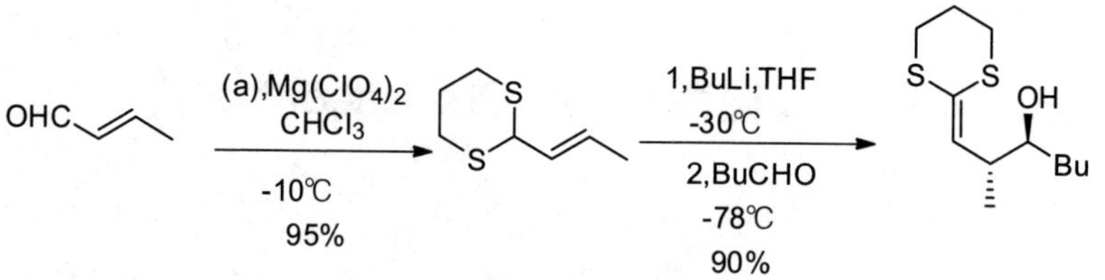

(4)

主要用于羰基保护,1,3-二噻烷和酸性的水溶液、碱溶液、负离子[反应式(3)][4]和钯催化的C—C键形成[反应式(5)][6a],Crabtree催化剂形成的催化氢化[6b],以及其他的有机合成过程都是相容的[7]。

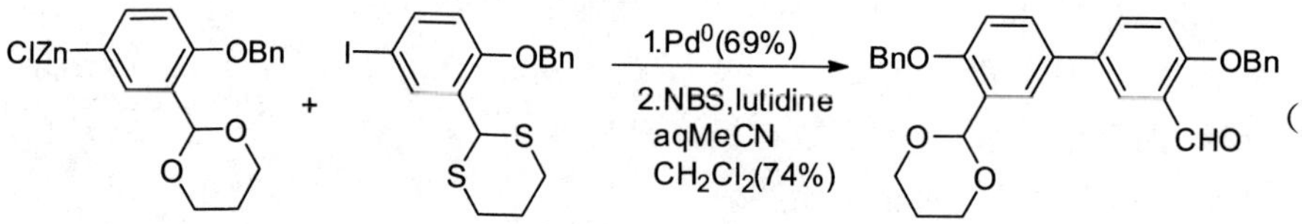

(5)

1,3-丙二硫醇和二羰基反应时一般会有一定的选择性[反应式(3),化学式(b)~(e)][4,8]。

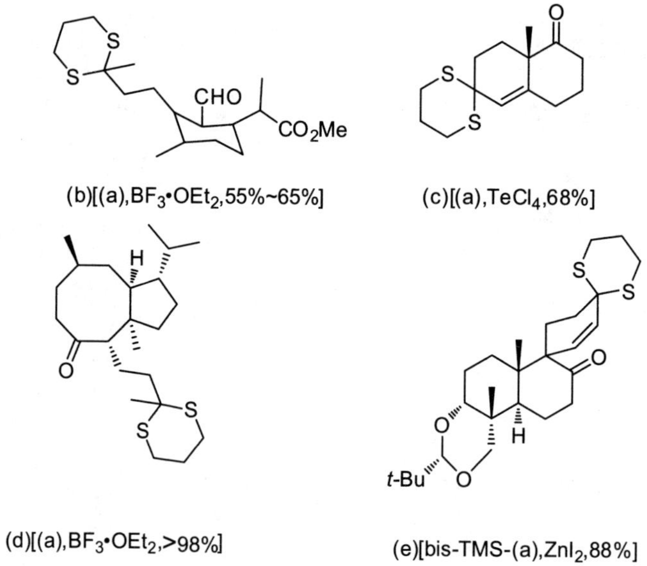

(b)[(a),BF_3•OEt_2,55%~65%]

(c)[(a),$TeCl_4$,68%]

(d)[(a),BF_3•OEt_2,>98%]

(e)[bis-TMS-(a),ZnI_2,88%]

与二醇形成的缩酮相反[9a],在中等位阻的单独酮情况下1,3-丙二硫醇会和α,β-烯酮反应[1c],双键不会发生位移[1a]。在立体位阻有利的情况下,一般会发生共轭加成[9b]。在α,β-炔酮情况下(不是炔醛)[10a],特别容易发生共轭加成[反应式(6)][10a]。

(a),Al_2O_3 80%; HgO, HBF_4, aqTHF 66% (6)

缩醛、烯醇醚、噁唑烷和1,3-丙二硫醇反应生成1,3-二噻烷[反应式(7)～(12)][11,12]，该反应可用于对一些不易开启的环状结构进行开环[13a,13c]，而四氯化钛四一特别有效的催化剂[13b]。在二氯化锡的存在下[14c]，1,3-丙二硫醇和二卤甲烷[14a,14b]，羧酸反应都可以生成二噻烷。

(a),BF_3•OEt_2, MeCN 63% (7)

1.(a),TsOH, CH_2Cl_2(75%); 2.PhCH$(OMe)_2$, TsOH,CH_2Cl_2 (94%); 2equiv LDA,THF, -78℃ to rt 73% (8)

(a),$TiCl_4$, CH_2Cl_2, -78℃ to rt 69%, R=$SiPh_2$-t-Bu (9)

(a),BF_3•OEt_2, CH_2Cl_2, -40℃ 96% (10)

(1), $TiCl_4$, CH_2Cl_2, 98%　　(11)

(1), $MeSO_3H$, CH_2Cl_2, 40℃, 82%　　(12)

从醛得到的1,3-二噻烷是一非常重要的合成中间体,经过去质子生成2-锂-1,3-二噻烷,该化合物相当于一羰基的负离子(极性反转)[1b-e],通过该方法引入乙烯[反应式(4)]是当今研究的一课题[15]。

从1,3-二噻烷重新生成羰基是一边尝试一边修正的过程,有多种方法可以用来重新生成羰基[1a-e]。汞盐和N-卤代酰胺是用得比较多的试剂,有时碘甲烷的水溶液也可以用来脱保护[8c]。在形成二噻烷或进行脱保护的过程中不一定形成差向异构体[反应式(8)、(9)、(12)、(13)]。

(1), Me_3Al, CH_2Cl_2, 87%

1, O_3, Me_2S; 2, (1), BF_3•OEt_2, CH_2Cl_2, 72%　　(13)

还原

用Raney镍处理硫代缩醛是一典型的还原羰基至亚甲基的方法[1b]。在三乙胺的存在下,1,3-丙二硫醇还原叠氮化合物至伯胺[反应式(14)][16a,16b],在酸性的条件下形成硫代缩醛,但是在同等条件下不能进行还原[反应式(8)][11b,16c]。

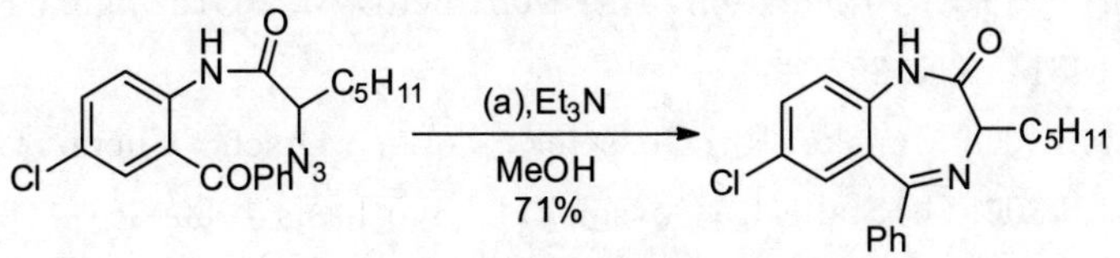

(14)

1,3-丙二硫醇也可以非常方便地用来还原肽的二硫醚至二硫醇[17]。丙二硫醇也可以非常有效地进行去汞而后生成一光学异构体的酯[反应式(15)][18]。

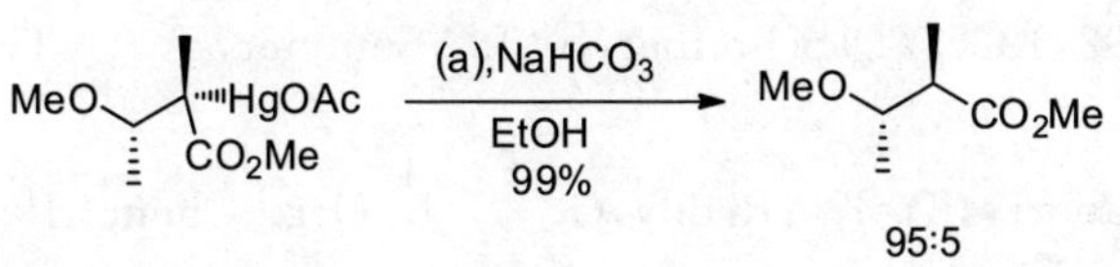

(15)

酮烯二硫缩醛的形成

从1,3-二噻烷的负离子通过消除反应[反应式(8)][11b,19],或烯烃基化可生成酮烯这类多用途的中间体[反应式(4)][5],或者也可以通过1,3-丙二硫醇和羧酸衍生物的反应来进行制备[反应式(13)][20a]。从内酯形成的酮烯硫代缩醛可进行环化生成二硫原酸酯,该酯可进行选择性的脱保护[反应式(16)][20b]。

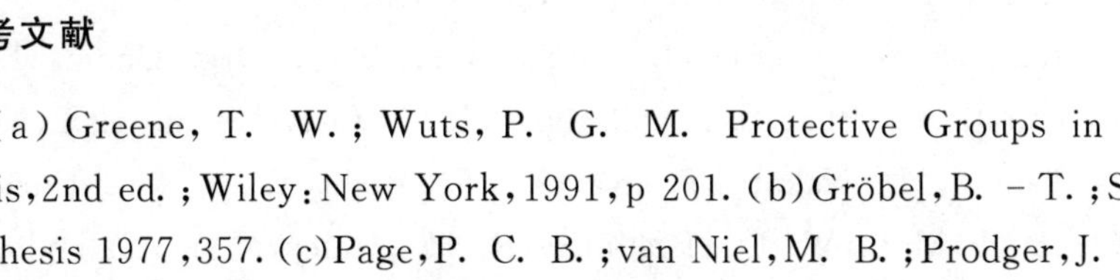

(16)

参考文献

1. (a) Greene, T. W.; Wuts, P. G. M. Protective Groups in Organic Synthesis, 2nd ed.; Wiley: New York, 1991, p 201. (b) Gröbel, B. -T.; Seebach, D. Synthesis 1977, 357. (c) Page, P. C. B.; van Niel, M. B.; Prodger, J. C. Tetrahedron 1989, 45, 7643. (d) Kolb, M. Synthesis 1990, 171. (e) Ogura, K. Comprehensive Organic Synthesis 1991, 1, Chapter 2.3; Krief, A. Comprehensive Organic Synthesis 1991, 3, Chapter 1.3. (f) Perrin, D. D.; Armarego, W. L. F.; Perrin, D. R. Purification of Laboratory Chemicals, 2nd ed.; Pergamon: Oxford, 1980.

2. Ohmori, K.; Suzuki, T.; Miyazawa, K.; Nishiyama, S.; Yamamura, S. Tetrahedron Lett. 1993, 34, 498

3. Jacobi, P. A.; Brownstein, A.; Martinelli, M.; Grozinger, K. J. Am. Chem. Soc. 1981, 103, 239.

4. (a) Stahl, I.; Manske, R.; Gosselck, J. Ber. Dtsch. Chem. Ges./Chem. Ber. 1980, 113, 800. (b) Stahl, I.; Gosselck, J. Synthesis 1980, 561.

5. Fang, J. - M.; Liao, L. - F.; Hong, B. - C. J. Org. Chem. 1986, 51, 2828.

6. (a) Schmidt, U.; Meyer, R.; Leitenberger, V.; Griesser, H.; Lieberknecht, A. Synthesis 1992, 1025. (b) Schreiber, S. L.; Sommer, T. J. Tetrahedron Lett. 1983, 24, 4781.

7. (a) Chakraborty, T. K.; Reddy, G. V. J. Org. Chem. 1992, 57, 5462. (b) Jones, T. K.; Mills, S. G.; Reamer, R. A.; Askin, D.; Desmond, R.; Volante, R. P.; Shinkai, I. J. Am. Chem. Soc. 1989, 111, 1157. (c) Chen, S. H.; Horvath, R. F.; Joglar, J.; Fisher, M. J.; Danishefsky, S. J. J. Org. Chem. 1991, 56, 5834. (d) Rosen, T.; Taschner, M. J.; Thomas, J. A.; Heathcock, C. H. J. Org. Chem. 1985, 50, 1190. (e) Golec, J. M. C.; Hedgecock, C. J. R.; Kennewell, P. D. Tetrahedron Lett. 1992, 33, 547.

8. (a) Xu, X. -X.; Zhu, J.; Huang, D. -Z.; Zhou, W. -S. Tetrahedron 1986, 42, 819. (b) Tani, H.; Masumoto, K.; Inamasu, T.; Suzuki, H. Tetrahedron Lett. 1991, 32, 2039. (c) Myers, A. G.; Condroski, K. R. J. Am. Chem. Soc. 1995, 117, 3057. (d) Corey, E. J.; Tius, M. A.; Das, J. J. Am. Chem. Soc. 1980, 102, 1742.

9. (a) Reference 1(a), p. 188. (b) Hoppmann, A.; Weyerstahl, P.; Zummack, W. Justus Liebigs Ann. Chem./Liebigs Ann. Chem. 1977, 1547.

10. (a) Johnson, W. S.; Frei, B.; Gopalan, A. S. J. Org. Chem. 1981, 46, 1512. (b) Ranu, B. C.; Bhar, S.; Chakraborti, R. J. Org. Chem. 1992, 57, 7349.

11. (a) Tanino, H.; Nakata, T.; Kaneko, T.; Kishi, Y. J. Am. Chem. Soc. 1977, 99, 2818. (b) Moss, W. O.; Bradbury, R. H.; Hales, N. J.; Gallagher, T. J. Chem. Soc., Perkin Trans. 1 1992, 1901. (c) Myles, D. C.; Danishefsky, S. J.; Schulte, G. J. Org. Chem. 1990, 55, 1636. (d) Nakata, T.; Nagao, S.; Oishi, T. Tetrahedron Lett. 1985, 26, 75. (e) Corey, E. J.; Kang, M. - c.; Desai, M. C.; Ghosh, A. K.; Houpis, I. N. J. Am. Chem. Soc. 1988, 110, 649. (f) Hoppe, I.; Hoppe, D.; Herbst - Irmer, R.; Egert, E. Tetrahedron Lett. 1990, 31, 6859.

12. (a) Sato, T.; Otera, J.; Nozaki, H. J. Org. Chem. 1993, 58, 4971. (b) Sánchez, I. H.; López, F. J.; Soria, J. J.; Larraza, M. I.; Flores, H. J. J. Am.

Chem. Soc. 1983, 105, 7640. (c) Burford, C.; Cooke, F.; Roy, G.; Magnus, P. Tetrahedron 1983, 39, 867.

13. (a) Alonso, R. A.; Vite, G. D.; McDevitt, R. E.; Fraser-Reid, B. J. Org. Chem. 1992, 57, 573. (b) Page, P. C. B.; Roberts, R. A.; Paquette, L. A. Tetrahedron Lett. 1983, 24, 3555. (c) Corey, E. J.; Reichard, G. A. Tetrahedron Lett. 1993, 34, 6973.

14. (a) Page, P. C. B.; Klair, S. S.; Brown, M. P.; Smith, C. S.; Maginn, S. J.; Mulley, S. Tetrahedron 1992, 48, 5933. (b) Lissel, M. Justus Liebigs Ann. Chem./Liebigs Ann. Chem. 1982, 1589. (c) Kim, S.; Kim, S. S.; Lim, S. T.; Shim, S. C. J. Org. Chem. 1987, 52, 2114.

15. (a) Moss, W. O.; Jones, A. C.; Wisedale, R.; Mahon, M. F.; Molloy, K. C.; Bradbury, R. H.; Hales, N. J.; Gallagher, T. J. Chem. Soc., Perkin Trans. 1 1992, 2615. (b) Köksal, Y.; Raddatz, P.; Winterfeldt, E. Justus Liebigs Ann. Chem. 2616./Liebigs Ann. Chem. 1984, 450.

16. (a) Goldstein, S. W.; McDermott, R. E.; Makowski, M. R.; Eller, C. Tetrahedron Lett. 1991, 32, 5493. (b) Lim, M.-I.; Marquez, V. E. Tetrahedron Lett. 1983, 24, 5559. (c) Durette, P. L. Carbohydr. Res. 1982, 100, C27.

17. (a) Ranganathan, S.; Jayaraman, N. Chem. Commun./J. Chem. Soc., Chem. Commun. 1991, 934. (b) Lees, W. J.; Whitesides, G. M. J. Org. Chem. 1993, 58, 642.

18. Gouzoules, F. H.; Whitney, R. A. J. Org. Chem. 1986, 51, 2024.

19. (a) Muzard, M.; Portella, C. J. Org. Chem. 1993, 58, 29. (b) Barton, D. H. R.; Gateau-Olesker, A.; Anaya-Mateos, J.; Cleophax, J.; Gero, S. D.; Chiaroni, A.; Riche, C. J. Chem. Soc., Perkin Trans. 1 1990, 3211.

20. (a) Corey, E. J.; Pan, B.-C.; Hua, D. H.; Deardorff, D. R. J. Am. Chem. Soc. 1982, 104, 6816. (b) Dziadulewicz, E.; Giles, M.; Moss, W. O.; Gallagher, T.; Harman, M.; Hursthouse, M. B. J. Chem. Soc., Perkin Trans. 1 1989, 1793.

2-氯-1,3-二噻烷(2-Chloro-1,3-dithiane)

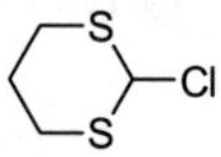

[57529-04-1]　$C_4H_7ClS_2$　(MW 154.69)

1,3-两二硫醇的衍生物,容易制备亲电的1,3-二噻烷试剂、甲酰基阳离子等效试剂,易和烷烃基、芳基镁卤化物[1]、烯胺[2]、1,3-二羰基化合物[1,3]、富电子的芳族化合物以及含有P[4,5]、N[3]、S[3]和Se[6]的亲核试剂进行反应。

物理数据:熔点50℃(分解)。

溶解性:溶于苯、氯仿、THF和醚。

制备方法:该试剂很容易通过1,3-二噻烷的氯化反应制备得到,也可通过和NCS的苯[3]溶液反应和硫酰氯的氯仿[5]溶液反应得到。后面一个制备方法通常得到的产品更纯,就像下面所描述的[7]。

在-40℃的氮气保护下硫酰氯(11mmol)的5mL氯仿溶液缓慢地加入含有1,3-二噻烷(10mmol)的25mL氯仿溶液中。马上生成一种白色沉淀。当反应混合物放置在室温下30分钟沉淀逐渐溶解,再在0℃下继续搅拌30分钟,蒸走溶剂得到1.55克纯度大于95%的白色或淡黄色固体2-氯-1,3-二噻烷。该产品含少量的杂质次磺酰氯$ClCH_2S(CH_2)_3SCl$,是氯硫鎓盐[5]的中心碳原子被氯离子攻击而形成的。

处理、存储和预防措施:试剂应该现配现用,在以固体或配溶液时,要严防吸潮。一般在通风橱处理。

和碳亲核试剂的反应

有机镁(铝)试剂

2-氯-1,3-二噻烷(a)很容易和二级脂肪烃以及芳香族的格氏试剂[1]反应,因此可生成如下图的(b)、(c)和(d)化合物,这些化合物一般不易通过传统的2-锂-1,3-二噻烷化学反应制备得到的[8]。

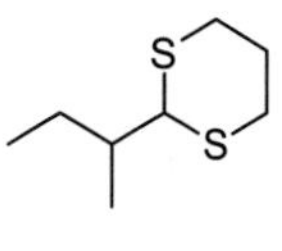

(b)53% 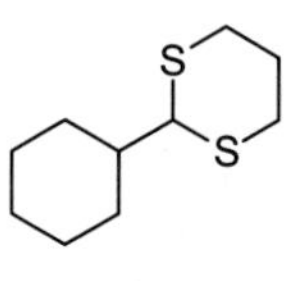　　(c)60% 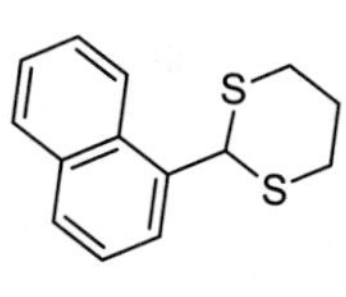　　(d)75%

和3位取代-烯丙基铝试剂[9]反应生成二噻烷(e),该化合物是通过烯丙基的重排生成的,而没有其他同分异构体[反应式(1)]。如用烯丙基卤对2-锂-1,3-二噻烷进行烃化反应,就不会进行重排[8]。另一相关试剂1,3-二噻烷四氟硼酸盐在该类反应得到类似的产品,但收率更好[9]。

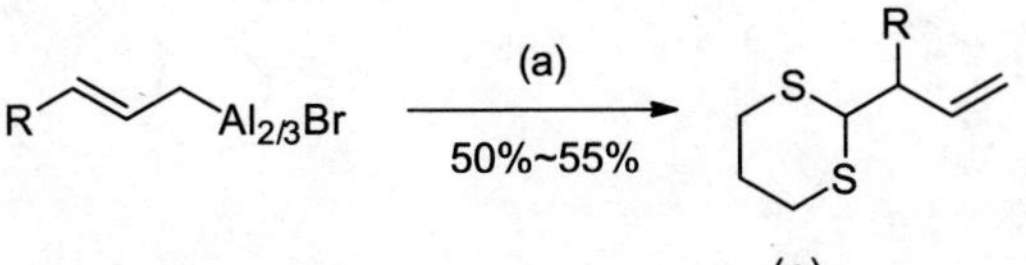

R–CH=CH–CH$_2$–Al$_{2/3}$Br —(a), 50%~55%→ (e) (1)

1-溴-2-丙炔的铝衍生物和(a)反应时可生成下图的化合物(f)[9]。通过格氏反应和(a)反应可生成苯乙炔衍生物(g)[10]。

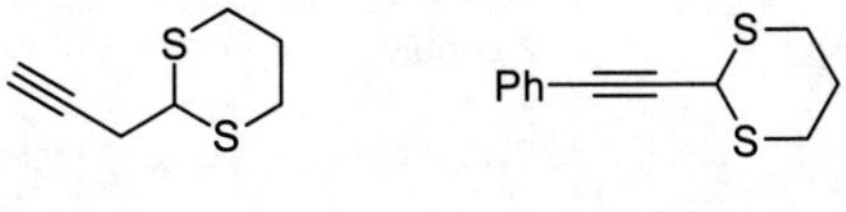

(f) (g)

和富电子芳烃的反应:

用NCS方法制备的化合物(a),和苯酚或者二甲基苯胺进行反应时,分别生成晶体状的4-取代基的2-(1,3-二噻烷)衍生物(h)和(i)[3]。

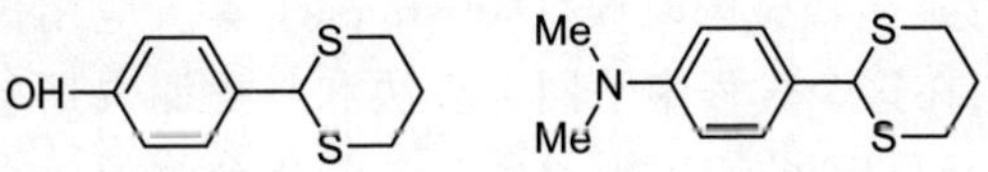

(h)75% (i)30%

用硫酰氯方法制备的化合物(a)相应的酚类化合物进行反应时可生成产品(j)、(k)和(l),收率相当高[1]。在和苯酚反应制备的混合物产品中,20%的为2-取代同分异构体(NMR)。

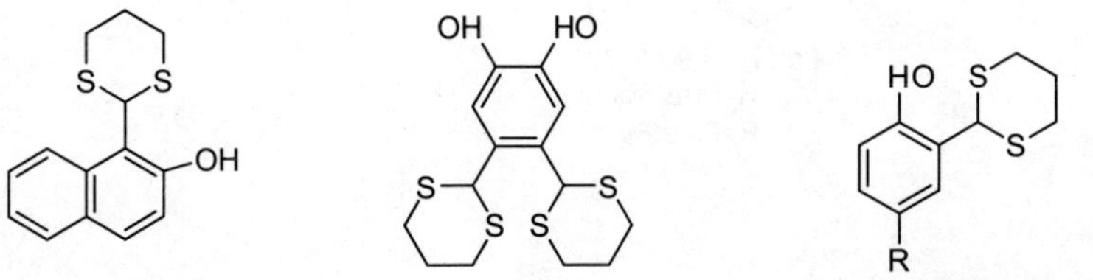

(j)99% (k)96% (l) R=OMe,86%
R=Me,85%
R=Cl,81%

在1,3-苯并二酮类化合物的研究中,通过二醇和化合物(a)反应制备的6位取代的 2 -(1,3 -二噻烷)(m),(收率 79%),用它作为原料合成 6 -甲基化合物(用 Raney Nickel 还原)和 4,5 -醌(n)[反应式(2)][11]。

o-chloranil
95%
(m) (n) (2)

脱保护基后,N -苯磺酰基的吲哚负离子和(a)反应生成 2 -[2 -(1,3 -二噻烷)]吲哚(o),在 2 位碳上进行脱保护后引进不同取代基(p)[反应式(3)]。[7]

1.NaOH
2.2equiv
3.E^+
70%~95%
(o) (p) (3)

和 1,3 -二羰基化合物的反应

(1)和丙二酸酯的钠盐反应生成 2 -[2 -(1,3 -二噻烷)]衍生物(q),收率相当高[1]。在合成萘啶霉素生物碱的时候,Danishefsky 等人应用这个方法引入一个关键的 C - 1 单元[12]。在这个过程中了同工方法和丹尼谢夫斯基方法。乙酰乙酸乙酯的钠盐和化合物(a)反应生成产物(r)[2]。这些化合物通过在二甲亚砜中的氯化钠处理后能脱去羰基乙氧基。[2,13]

(q) R=H,90%
R=Me,95%
R=Ph,95%

(r)

烯胺

Taylor 和 LaMattina 报道通过(a)和吗啉基烯胺的反应合成了 2 -[2 -(1,3 -噻烷)]醛和酮(s)[反应式(4)][2]。这种方法比传统的羰基化合物的甲酰化更有优势。因为它直接引进了一个在碱性条件下稳定的甲酰基保护取代基。

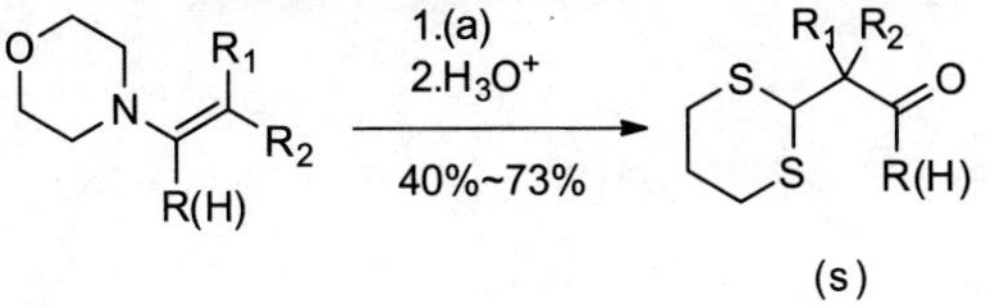

(4)

和磷亲核试剂的反应

试剂(a)同三苯基磷起反应,生成磷盐(t)(收率78%)[5],和亚磷酸三乙酯反应生成二乙基磷酯21(收率85%)[4,5]。这两个化合物都可以通过霍纳维蒂希反应Horner-Wittig合成烯酮二硫缩醛类化合物。然而,(t)只限于与醛类进行反应[反应式(5)][5],(u)却与醛类和酮类都可以进行反应[反应式(6)][5,14,15]。

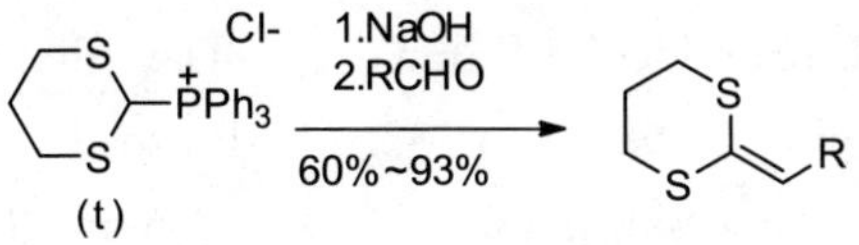

(5)

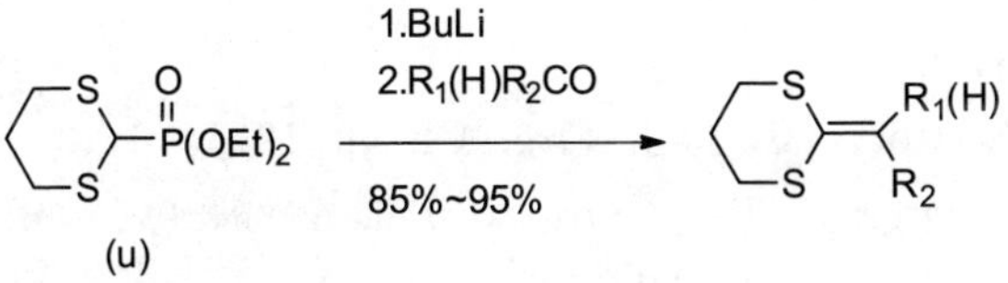

(6)

和硫,硒和氮亲核试剂的反应

化合物(a)与苯硫酚反应生成2-苯硫基-1,3-二噻烷,收率90%[3]。咪唑和琥珀酰亚胺的反应也可以生成相应的N-[2-(1,3-二噻烷)]化合物,收率也很高[3a]。

化合物(a)与芳香硒醇负离子反应生成2-芳基硒基-1,3-二噻烷(v)[反应式(7)][6]。这些化合物与早期研究的化合物(g)[10]和(a)本身一样[3],在溶液中显示出很强异头效应(anomeric effect)[6]。

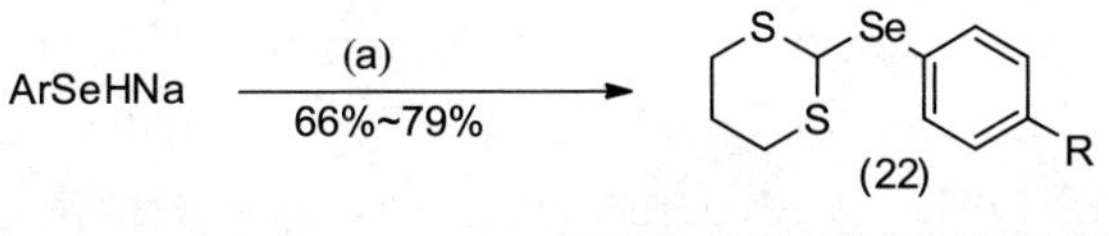

R=NMe$_2$,OMe,Me,H,I,Cl,CF$_3$,NO$_2$

(7)

其他应用

试剂(a)被发现可用于制备2-(1,3-二噻烷)-取代多羰基金属络合物,如铬[16]、钨[16]和锰[17]络合物。

参考文献

1. Kruse, C. G.; Wijsman, A.; van der Gen, A. J. Org. Chem. 1979, 44, 1847.

2. Taylor, E. C.; LaMattina, J. L. Tetrahedron Lett. 1977, 2077.

3. (a) Arai, K.; Oki, M. Bull. Chem. Soc. Jpn. 1976, 49, 553. (b) Arai, K.; Oki, M. Tetrahedron Lett. 1975, 2183.

4. Mlotkowska, B.; Gross, H.; Costisella, B.; Mikolajzyk, M.; Grzejszczak, S.; Zatorski, A. Methoden Org. Chem. (Houben - Weyl) 1977, 319, 17.

5. Kruse, C. G.; Broekhof, N. L. J. M.; Wijsman, A.; van der Gen, A. Tetrahedron Lett. 1977, 885.

6. (a) Pinto, B. M.; Sandoval - Ramirez, J.; Dev Sharma, R.; Willis, A. C.; Einstein, F. W. B. Synlett 1986, 64, 732. (b) Pinto, B. M.; Johnston, B. D.; Sandoval - Ramirez, J.; Dev Sharma, R. J. Org. Chem. 1988, 53, 3766.

7. Rubiralta, M.; Casamitjana, N.; Grierson, D. S.; Husson, H. - Ph. Tetrahedron 1988, 44, 443.

8. Seebach, D.; Corey, E. J. J. Org. Chem. 1975, 40, 231.

9. Picotin, G.; Miginiac, P. J. Org. Chem. 1985, 50, 1299.

10. Arai, K.; Iwamura, H.; Oki, M. Bull. Chem. Soc. Jpn. 1975, 48, 3319.

11. Dallacker, F.; Kramp, P.; Coerver, W. Z. Naturforsch., Tell B 1983, 38b, 752.

12. Danishefsky, S.; O' Neill, B. T.; Taniyama, E.; Vaughan, K. Tetrahedron Lett. 1984, 25, 4199.

13. Kruse, C. G.; Janse, A. C. V.; Dert, V.; van der Gen, A. J. Org. Chem. 1979, 44, 2916.

14. Mikolajczyk, M.; Grzejszczak, S.; Zatorski, A. Tetrahedron Lett. 1976, 2731.

15. The reactivity of the corresponding diphenylphosphine oxide is similar to that of (21): Juaristi, E.; Gordilla, B.; Valle, L. T. Tetrahedron 1986, 42, 1963.

16. Raubenheimer, H. G.; Kruger, G. J.; Viljoen, H. W. J. Organomet. Chem. 1987, 319, 361.

17. Löwe, C.; Huttner, G.; Zsolnai, L.; Berke, H. Z. Naturforsch., Tell B 1988, 43b, 25.

氯乙醛(Chloroacetaldehyde)

[107-20-0]　C_2H_3ClO　(MW 78.50)

双功能的亲电试剂,构建杂环的基元[4-10],氯硝酮的前体[15]。

替用名:2-氯乙醛。

物理数据:沸点 85～86℃。

溶解度:溶于水和大多数有机溶剂。

供应形式:水溶液(45%～55%)。

试剂纯度分析:肟滴定方法。

处理、储存和预防措施:强刺激性,非常容易聚合,制备后应马上使用,在通风橱中处理。

制备方法:无水的氯乙醛可以通过过氧化物氧化氯乙醇[1],或者通过热解 4-氯-1,3-二噁烷-2-酮[2]。用有机溶剂萃取氯乙醛的水溶液可得其半缩醛的形式[3]。

构建杂环

氯乙醛可用来合成多种类型的杂环,如吡咯[4]、呋喃[5]、噻吩[6]、咪唑[7]、二氢噻唑[8]、噻唑[9]、吲哚[10]。

Wittig 反应

Wittig 试剂和氯乙醛反应生成 Wittig 酸,其产品的反和顺式比例大于 0.94 [反应式(1)][11]。

$Ph_3P{=}C(CH_3)CO_2\text{-}t\text{-}Bu + ClCH_2CHO \xrightarrow{86\%} ClCH_2CH{=}C(CH_3)CO_2\text{-}t\text{-}Bu$ (1)

氰基烯胺

氰基烯胺[12]可以从氯乙醛来进行制备[反应式(2)],而后可以制备更高级的酮类[13]、1,2-二酮[13]、1,4-二酮[14]、1,5-二酮[12]。

OHC—Cl + PhNHMe ——(1.HCl; 2.KCN; 3.NaOH; 87%)——> CN, N—Ph, Me (2)

氯硝酮

氯乙醛可以非常容易地和羟胺反应生成[反应式(3)][15]，低聚的醛(R＝H，Me)不太稳定，应该储存在－20℃。

CHO, R, Cl + HN(HO)—Cy ——(79%)——> R, Cl, Cy—N⁺—O⁻ (3)

银催化的氯硝酮和不太活泼的烯烃进行反应有两种类型，一是进行4＋2的环加成[反应式(4)][15-19]，二是在二氧化硫和硝基甲烷的溶液里进行取代反应[反应式(5)][16,17]。单1,2－二取代，四取代的烯烃一般进行环加成反应，而1,1－二取代或三取代的烯烃主要进行取代反应，生成不饱和的烯酮，两个反应的烯烃都有一定的构象要求。

⁻O—N⁺—Cy, Cl + cyclohexene ——(1.$AgBF_4$; 2.NaCN; 85%)——> H, O, N—Cy, H, CN (4)

⁻O—N⁺—Cy, Cl + alkene ——(1.$AgBF_4$; 2.NaCN; 55%)——> N⁺—Cy, O⁻ ——(H_3O^+; 76%)——> CHO (5)

环加成产物，如果用强碱如叔丁醇钾反应，可转化成亚胺内酯，水解后生成内酯[反应式(6)][16,17,19]。

O—N—Cy, CN ——(1.*t*-BuOK; 2.H_3O^+; 85%)——> O, =O (6)

氰1,2－噁唑的环加成产物如用银盐来处理，再和四苯基硼化钠反应生成易结晶的亚铵盐，该化合物再用弱碱反应生成四氢1,2－噁唑，而后进行环分解，水解生成不饱和的二醛[反应式(7)][20]。

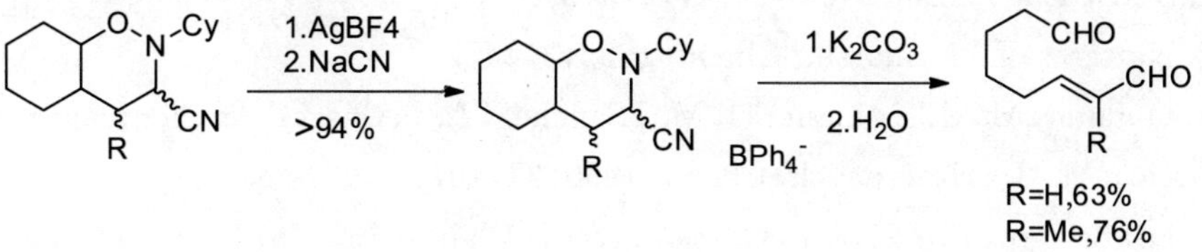

(7)

1,4-二氢-5-硝基萘通过环加成和环分解可用于制备吲哚[21]。

略微活泼的芳香类化合物和硝化酮反应，在 $AgBF_4$ 催化下生成芳香醛类化合物[反应式(8)][18]。采用相同的步骤，对甲基苯酚可转化成苯并呋喃[反应式(9)][18]。氯硝酮对芳香类化合物进行的亲电取代反应也可以用来合成呋喃[22]和吲哚[23]。

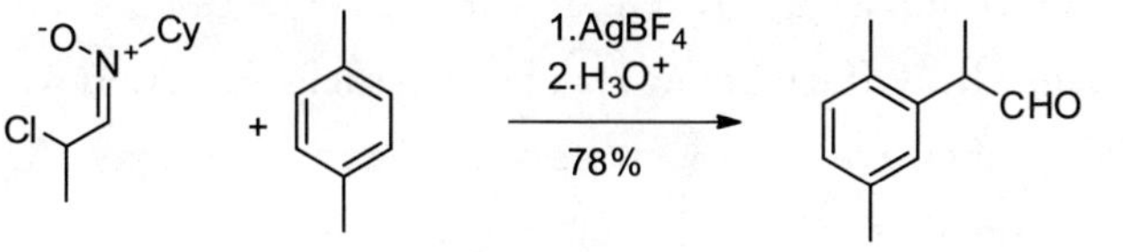

(8)

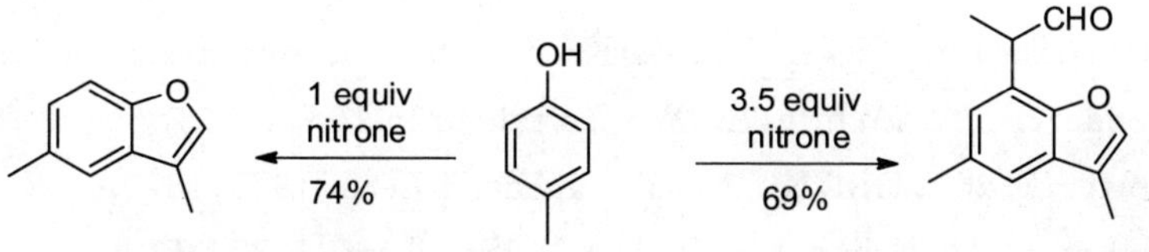

(9)

银离子诱导的硝化酮对炔烃进行环加成反应，而后用去活性的氧化铝进行色谱分离得到 α,β-烯酮[反应式(10)][24]。

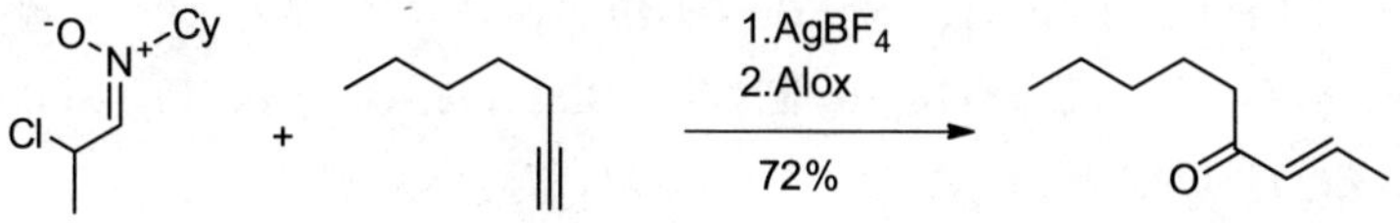

(10)

氯硝酮也可以对丙二酸二酯的负离子进行烃基化，得到相应的烃基化产品[反应式(11)][25]。

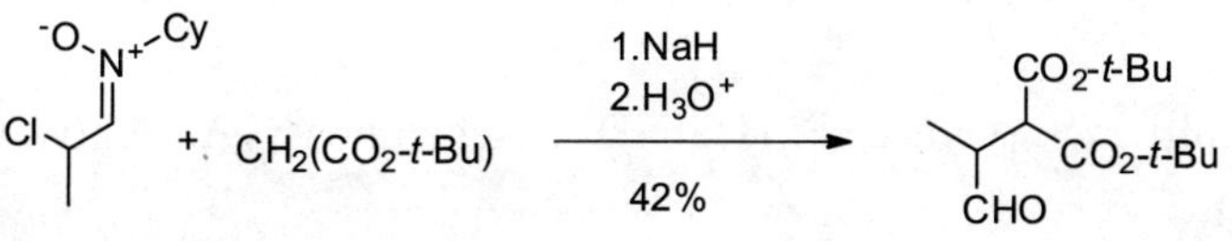

(11)

参考文献

1. Hatch, L. F.; Alexander, H. E. J. Am. Chem. Soc., 1945, 67, 688.
2. Weygand, C.; Hilgetag, G.; Preparative Organic Chemistry, 4th ed.;

Martini,A. ; Ed. ;Wiley:New York,1973;p 185.

3. Natterer,E. Monatsh. Chem. 1882,3,447.

4. Quijano, M. L. ; Nogueras, M. ; Sanchez, A. ; Alvarez de Cienfuegos, G. ; Melgarejo, M. J. Heterocycl. Chem. 1990,27,1079.

5. (a) Bisagni, E. ; Rivalle, C. Bull. Soc. Claim. Fr. 1974,519. (b) Padwa, A. ; Gasdaska,J. R. Tetrahedron 1988,44,4147. (c) Matsumoto,M. ;Wanatabe, N. Heterocycles 1984,22,2313.

6. (a) Hirota,K. ;Shirahashi,M. ;Senda,S. ;Yogo,M. J. Heterocycl. Chem. 1990,27, 717. (b) Waldvogel,E. Helv. Chim. Acta 1992,75,907.

7. (a) Kluge, A. F. J. Heterocycl. Chem. 1978, 15, 119. (b) Senga, K. ; Robins,R. K. ; O'Brien,D. E. J. Heterocycl. Chem. 1975,12,1043.

8. (a) Martens, J. ; Offermanns, H. ; Scherberich, P. ; Angew. Cheml 1981, 93,680. (b) Comprehensive Heterocyclic Chemistry; Katritzky, A. R. ; Rees, C. W. ,Eds. ; Pergamon:Oxford,1984;Vol. 6,p 314.

9. (a) Begtrup,M. ;Hansen,L. B. L. Acta Chem. Scand. 1992,46,372. (b) Brandsma, L. ;De Jong,R. L. P. ;VerKruijsse,H. D. Synthesis 1985,948.

10. Wender,P. A. ;White,A. W. Tetrahedron 1983,39,3767.

11. Stotter,P. L. ;Hill,K. A. ;Tetrahedron Lett. 1975,1679.

12. Ahlbrecht,H. ;Dietz,M. ;Weber,L. Synthesis 1987,251.

13. (a) Ahlbrecht,H. ;Pfaff,K. Synthesis 1978,897. (b) Ghosez,L. ,Toyé,J. J. Am. Chem. Soc. 1975,97,2276.

14. Ahlbrecht,H. ;Pfaff,K. Synthesis 1980,413.

15. Kempe, U. M. ; Das Gupta, T. K. ; Blatt, K. ; Gygax, P. ; Felix, D. ; Eschenmoser, A. Helv. Chim. Acta 1972,55,2187.

16. Das Gupta, T. K. ; Felix, D. ; Kempe, U. M. ; Eschenmoser, A. Helv. Chim. Acta 1972,55,2198.

17. Petrzilka, M. ; Felix, D. ; Eschenmoser, A. Helv. Chim. Acta 1973, 56,2950.

18. Shatzmiller,S. ;Gygax,P. ;Hall,D. ;Eschenmoser,A. Helv. Chim. Acta 1973,56, 2961.

19. Rüttimann,A. ;Ginsburg,D. Helv. Chim. Acta 1975,58,2237.

20. Gygax,P. ;Das Gupta,T. K. ;Eschenmoser,A. Helv. Chim. Acta 1972, 55,2205.

21. Hattingh,W. C. ;Holzapfel,C. W. ;van Dyk,M. S. Synth. Commun.

1987,17,1491.

22. Gerlach,H. ;Wetter,H. Helv. Chim. Acta 1974,57,2306.

23. Holzapfel,C. W. ;van Dyk,M. S. Synth. Commun. 1987,17,1349.

24. Shatzmiller,S. ;Eschenmoser,A. Helv. Chim. Acta 1973,56,2975.

25. Lidor, R. ; Shatzmiller, S. Justus Liebigs Ann. Chem. /Liebigs Ann. Chem. 1982,226.

2-氯-1,1-二乙氧基乙烷
(2-Chloro-1,1-diethoxyethane)

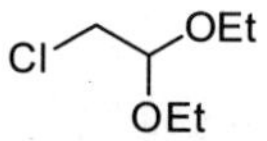

[621-62-5]　$C_6H_{13}ClO_2$　(MW152.62)

从结构上看,是前者氯乙醛的缩醛形式,可作为多用途的二个碳合成子;可用于合成碳环[4]、杂环化合物[14-18];也用于炔烃[1,2]和烯烃[3,5,6]的合成。

替用名:1-氯-2,2-二乙氧基乙烷;氯代乙醛缩二乙醇。

物理数据:无色液体;沸点:151℃;密度:1.018g·cm^{-3}。

溶解度:溶于大多数有机溶剂。

供应形式:高纯度的试剂;现购。

处理、储存和预防措施:易燃,对水敏感,在通风橱中使用。

合成烷氧基炔烃[1]和炔醇[2]

在液氨中2-氯-1,1-二乙氧基乙烷与氨基钠作用形成乙氧基乙炔钠,该乙炔负离子与适当的亲电试剂反应可分别生成乙氧基乙炔、1-乙氧基炔或1-乙氧基炔醇[反应式(1)]。所形成的烷氧基炔醇可以在酸处理时容易地转化为β-不饱和酯[3]。

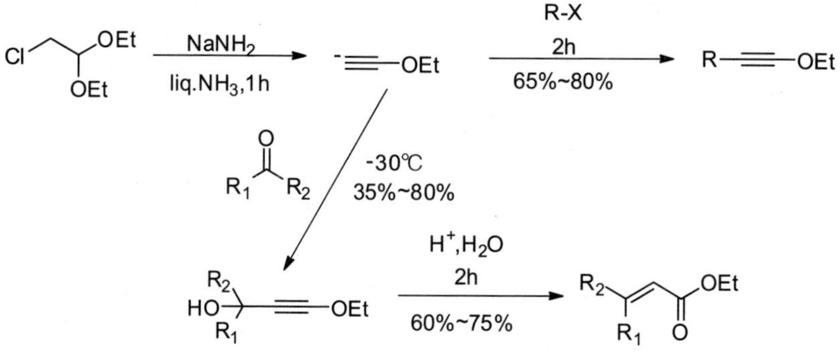

(1)

羟基环戊烯酮[4]

生物学中重要化合物4-羟基环戊烯酮高效合成路线是用2-氯-1,1-二乙氧基乙烷和二噻烷反应[反应式(2)]。值得注意的是,它和溴缩醛反应时其相应的收率低得多。

$ClCH_2(OEt)_2$；AcOH,H_2O，THF.rt，68%；1. Li$^+$，-20℃；2.$HgCl_2$,H_2O；3.NaOH；32.2% (2)

官能化烯丙基硅烷[5]

1-乙氧基-3-三甲基硅烷基-1-丙炔在四氯化钛(Ⅳ)的催化下和2-氯-1,1-二乙氧基乙烷反应生成2-羰基乙氧基烯丙基三甲基硅烷,该反应既是区域选择性,也是立体选择性[反应式(3)]。

Me_3Si—C≡C—OEt + Cl—CH_2—CH(OEt)$_2$ →（$TiCl_4$，CH_2CL_2，33%）Cl—CH_2—CH=C(CO_2Et)—CH_2—TMS (3)

烯醇化物的乙烯化作用[6]

2-氯-1,1-二乙氧基乙烷和二羰基二茂铁酸钠反应可生成相当于乙烯基阳离子的亲电试剂,该试剂可对烯醇进行反应[反应式(4)]。

OLi；1. Cp(CO)Fe^+ BF_4^-，THF,ether,-78℃；2.HBF_4.Et_2O；3.Et_2O,-78℃,~75%；MeCN,heat,2h,~70% (4)

异胞嘧啶可以和2-氯-1,1-二乙氧基乙烷乙烯化生成相应的咪唑[反应式(5)][7]。该方法在用乙酸铅(Ⅳ)和温和的碱性水解条件下反应是可逆的。在进行缩合反应时一般给出含有桥头氮的六元环体系[8]。

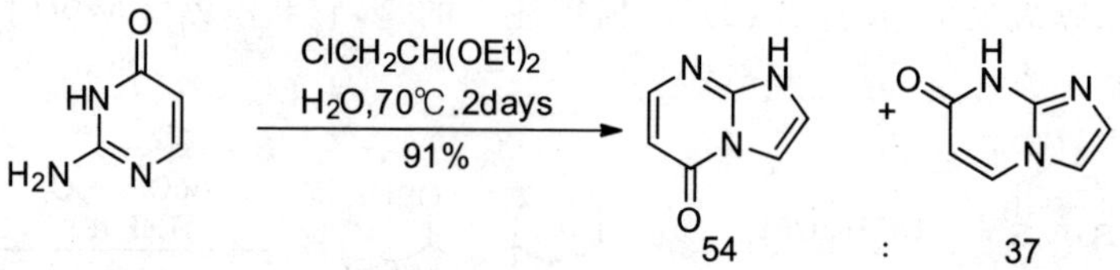

(5)

其他应用包括在酸催化下合成乙烯基醚[9]和在碱催化下合成烯酮缩醛[10]；在三氟化硼乙醚的存在下，和亚磺酸反应生成磺酸酯或磺醚[11]；作为乙二醇缩醛的前体[12]；该试剂也可应用于N-硝基氨醛的合成[13]。在杂环的合成可用于咪唑并吡嗪[14]、咪唑并吡唑[15]、苯氧基嘧啶酮类[16]、3-取代-1,5-二氢苯并二硫杂苯[17]、P-官能化环磷烯氧化物[18]的合成。

相关试剂

氯乙醛，乙氧基乙炔。

参考文献

1. Stalick,W. M.;Hazlett,R. N.;Morris,R. E. Synthesis 1988,287.
2. Stalick,W. M. Org. Prep. Proced. Int. 1988,20,275.
3. Olah,G. A.;Wu,A. H.;Farrog,O.;Surya Prakash,G. K. Synthesis 1988,537.
4. Woessner,W. D.;Ellison,R. A. Tetrahedron Lett. 1972,3735.
5. Pornet,J.;Rayadh,A.;Miginiac,L. Tetrahedron Lett. 1986,27,5479.
6. Chang,T. C. T.;Rosenblum,M.;Simms,N. Q. Rev.,Chem. Soc. 1988,66,95.
7. Sako,M.;Totani,R.;Hirota,K.;Maki,Y. Chem. Pharm. Bull. 1992,40,235.
8. Dhaka,K. S.;Mohan,J.;Chadha,V. K.;Pujari,H. K. IJC 1974,12,287.
9. Taskinen,E.;Sainio,E. Tetrahedron 1976,32,593.
10. Taskinen,E.;Pentikainen,M. -L. Tetrahedron 1978,34,2365.
11. Schank,K.;Schmitt,H. -G. Ber. Dtsch. Chem. Ges./Chem. Ber. 1977,110,3235.
12. Nielsen,A. T.;Lawrence,G. W. J. Org. Chem. 1977,42,2900.
13. Suzuki,E.;Okada,M. Chem. Pharm. Bull. 1979,27,541.
14. Depompei,M.;Paudler,W. W. J. Heterocycl. Chem. 1975,12,861.
15. Eleguero,J.;Jacquier,R.;Mignonac-Mondon,S. J. Heterocycl. Chem.

1973,10,411.

16. Lipinski,C. A.;Stam,J. G.;Pereira,J. N.;Ackerman,N. R.;Hess,H. J. J. Med. Chem. 1980,23,1026.

17. Gross,H.;Keitol,I.;Costicella,B. Methoden Org. Chem.(Houben-Weyl)1978,320,255.

18. Mathey,F.;Lampin,J.-P.;Thavard,D. Synlett 1976,54,2402.

1-氯-2-苯基乙炔(1-Chloro-2-phenylacetylene)

Ph—≡—X

(X=Cl)[1483-82-5]　C_8H_5Cl　(MV 136.57)

(X=Br)[932-87-6]　C_8H_5Br　(MV 181.03)

(X-I)　[932-88-7]　C_8H_5I　(MV 228.03)

与叔烯醇化物反应形成苯基乙炔基加合物;可作为原料用于制备炔胺、炔肼、炔基磷酸酯和炔醚。

别名:(氯乙炔基)苯;苯基氯乙炔。

物理数据:X=Cl:沸点 78℃(20mmHg)[3];X=Br:沸点 40~41℃(0.1mmHg),d 1.456g·cm^{-3};X=I:沸点 115~117℃(16mmHg),d 1.75g·cm^{-3}。

制备方法:可选用不同的方法来进行制备,如苯乙炔与次氯酸钠反应[1];也可以通过苯乙炔钠与对甲基苯磺酰氯[2]或苯乙炔锂和N-氯琥珀酰亚胺反应制备[3]。

操作、储存和注意事项:在通风橱中使用。

苯乙炔化

1-氯-2-苯基乙炔与叔酮或烯醇酯进行反应,生成苯乙炔基加合物(1)和(2),收率70%~95%。氢化炔基可生成二羰基类化合物(3)[4]。对于二氯乙炔(参见三氯乙烯和1-氯-2-苯硫基乙炔),已经报道了进行烯醇化物加成/消除反应生成炔基衍生物(4)和(5)[4],此方法仅限于叔烯醇化物。已经报道了使用炔基三乙酸铅[5]或炔基碘四氟硼酸盐对叔二羰基烯醇化物进行类似炔基化[6]。

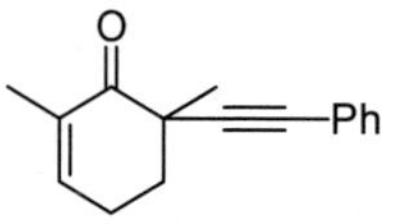

(1) 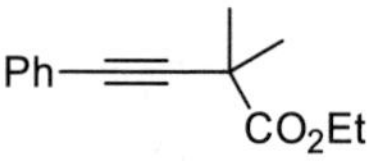　(2) 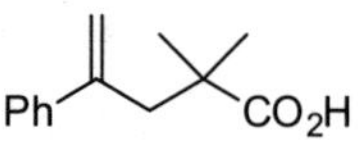　(3)

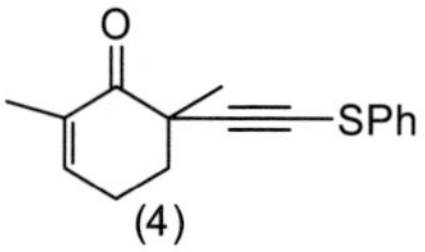

(4) 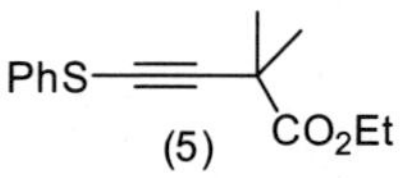　(5)

制备炔胺和炔苯肼

1-氯-2-苯基乙炔与二甲基酰胺锂反应,得到炔胺(6),收率为87%。炔胺也可以从叔胺进行制备[7,8]。类似地,三甲基炔肼衍生物(7)可以从三甲基酰肼锂进行制备[9]。

Ph—≡—NMe_2 (6)　　Ph—≡—$NMeNMe_2$ (7)

与其他亲核试剂的反应

1-氯-2-苯基乙炔与亚磷酸三乙酯反应,经历 Arbuzov 反应以生成膦酸酯(8)[10]。类似地,与醇盐反应得到烷氧基乙炔(9)[11]。

Ph—≡—$P(O)OEt_2$ (8)　　Ph—≡—OR (9)

相关试剂

乙氧基乙炔;苯硫基乙炔;三氯乙烯。

参考文献

1. Miller, S. I.; Ziegler, G. R.; Wieleseck, R. Org. Synth., Coll. Vol. 1973, 5, 921.

2. Pangon, G.; Phillippe, J. - L.; Cadiot, P. C. R. Hebd. Seances Acad. Sci., Ser. C 1973, 277, 879.

3. Murray, R. E. Synth. Commun. 1980, 10, 345.

4. (a) Kende, A. S.; Fludzinski, P. Tetrahedron Lett. 1982, 23, 2373. (b) Kende, A. S.; Fludzinski, P.; Hill, J. H.; Swenson, W.; Clardy, J. J. Am. Chem. Soc. 1984, 106, 3551.

5. (a) Moloney, M. G.; Pinhey, J. T.; Roche, E. G. J. Chem. Soc., Perkin Trans. 1 1989, 333. (b) Hashimoto, S.; Miyazaki, Y.; Shinoda, T.; Ikegami, S. Chem. Commun./J. Chem. Soc., Chem. Commun. 1990, 1100.

6. Ochiai, M.; Ito, T.; Takaoka, Y.; Masaki, Y.; Kunishima, M.; Tani, S.; Nagao, Y. Chem. Commun./J. Chem. Soc., Chem. Commun. 1990, 118.

7. Chemistry of Acetylenes; Viehe, H. G., Ed.; Dekker: New York, 1969.

8. Dickstein, J. I.; Miller, S. I. J. Org. Chem. 1972, 37, 2175.

9. DeCroute, H.; Janousek, Z.; Pongo, L.; Merenyi, R.; Viehe, H. G. Bull.

Soc. Claim. Fr. 1990,745.

10. (a)Fujii,A.;Miller,S. I. J. Am. Chem. Soc. 1971,93,3694. (b)Burt, D. W.; Simpson,P. J. Chem. Soc. (C)1971,2872.

11. (a)Tanaka,R.;Miller,S. I. Tetrahedron Lett. 1971,1753. (b)Tanaka, R.; Rodgers,M.;Simonaitis,R.;Miller,S. I. Tetrahedron 1971,27,2651.

乙氧基三甲基硅乙炔[Ethoxy(trimethylsilyl)acetylene]

EtO—≡—Si(Me)$_3$

[1000-62-0]　$C_7H_{14}OSi$　(MW 142.27)

羧酸转化为酸酐的温和试剂[1]，和酸、胺、醇进行脱水缩合试剂[2]，三甲基硅酮烯前体[3]，环加成反应的构成单元[4]。

物理数据：沸点 57℃(34mmHg)；密度 0.828g·cm^{-3}。

溶解度：不溶于水，溶于大多数有机溶剂。

供应形式：无色液体，多渠道易购。

制备方法：由乙氧基乙炔进行硅化制备[1,3,5]。

处理、储存和预防措施：在冰箱中可以存储数年不会聚合和分解；这个也是一个相对于乙氧基乙炔的主要优点。

制备酸酐

乙氧基三甲基硅乙炔(a)可对羧酸或二羧酸进行脱水生成酸酐。一般来说，1当量的羧酸和1.5当量化合物(a)的 CH_2Cl_2，$ClCH_2CH_2Cl$ 或 MeCN 溶液在室温至60℃反应2h至一天，而后进行浓缩可定量地转化成酸酐[反应式(1)][1]。唯一的副产物是中性易挥发的三甲基硅乙酸乙酯，如用乙氧基乙炔代替会发现诸如不耐热，易挥发和一些羧酸反应活性低等特性[6]。而用乙氧基三甲基硅乙炔可以很好地解决上述问题，特别是当底物存在一些对酸敏感官能团时，如下图中的化合物(b)[1]和(c)[7]。具有合适官能团的邻苯二甲酸酐的同系物(b)和(e)[8]以及杂环衍生物(f)[9]是全合成天然化合物氨茴环霉素以及杂环衍生物的关键中间体。

TBDMSO—C$_6$H$_4$—CO$_2$H $\xrightarrow[\text{CH}_2\text{Cl}_2,\ 40℃,20\text{h}]{(a)}$ [TBDMSO—C$_6$H$_4$—CO$_2$]$_2$O + TMSCH$_2$CO$_2$Et
100%

(b) 99%　　(c) 100%

(d) 99%　　(e) 100%　　(1)

TMS　OAc　HO　S

羧酸和醇和胺的脱水缩合

在汞催化剂存在的条件下,化合物(a)可以对羧羧和酸性化合物如胺,醇进行脱水缩合生成相应的酰胺、酯、内酯、肽,收率相当高[3]。

三甲基硅酮烯的制备

化合物(a)在120℃进行加热是一简易制备三甲基硅酮烯(g)的方法[反应式(2)][3]。该酮烯是非常容易处理,蒸馏单分子化合物,可用于对立体位阻的醇,胺进行酰化反应[反应式(3)]。三甲基硅酮烯(g)还可以用来制备α-硅酸酯[10]、α-硅酮[11]、α,β-不饱和酯[12]和硅丙二烯[17]。

(1) —120℃→ [TMS—≡—O (H)] —80%~90%→ TMS\=C=O (g)　　(2)

—(g), BF_3,Et_2O, 89%→　　(3)

环加成反应

二氯酮烯、N-磺酰亚胺、重氮甲烷、芳基酮烯对(a)进行加成分别生成环丁烯酮[12]、2-氮杂环丁烯[13]、吡唑[14]、吡唑酮[15]。在镍的催化下3分子的(a)和1分子的二氧化碳进行共聚生成2-吡唑酮,收率90%[16]。

参考文献

1. Kita, Y. ; Akai, S. ; Ajimura, N. ; Yoshigi, M. ; Tsugoshi, T. ; Yasuda, H. ; Tamura, Y. J. Org. Chem. 1986, 51, 4150.

2. Kita, Y. ; Akai, S. ; Yamamoto, M. ; Taniguchi, M. ; Tamura, Y. Synthesis 1989, 334

3. Ruden, R. A. J. Org. Chem. 1974, 39, 3607.

4. Danheiser, R. L. ; Sard, H. Tetrahedron Lett. 1983, 24, 23.

5. Shchukovskaya, L. L. ; Pal' chik, R. I. Izv. Akad. Nauk SSSR, Ser. Khim. 1964, 2228.

6. Eglinton, G. ; Jones, E. R. H. ; Shaw, B. L. ; Whiting, M. C. J. Chem.

Soc 1954,1860.

7. Kita, Y. ; Okunaka, R. ; Honda, T. ; Shindo, M. ; Taniguchi, M. ; Kondo, M. ;Sasho,M. J. Org. Chem. 1991,56,119.

8. Tamura, Y. ; Sasho, M. ; Ohe, H. ; Akai, S. ; Kita, Y. Tetrahedron Lett. 1985,26,1549. Tamura, Y. ; Akai, S. ; Kishimoto, H. ; Kirihara, M. ; Sasho, M. ; Kita, Y. Tetrahedron Lett. 1987,28,4583

9. Kita, Y. ;Kirihara, M. ;Sekihachi, J. ;Okunaka, R. ;Sasho, M. ;Mohri, S. ; Honda, T. ; Akai, S. ; Tamura, Y. ; Shimooka, K. Chem. Pharm. Bull. 1990, 38,1836.

10. Kita, Y. ;Sekihachi, J. ; Hayashi, Y. ;Da, Y. - Z. ;Yamamoto, M. ;Akai, S. J. Org. Chem. 1990,55,1108.

11. Kita, Y. ; Matsuda, S. ; Kitagaki, S. ; Tsuzuki, Y. ; Akai, S. Synlett 1991,401.

12. Akai, S. ; Tsuzuki, Y. ; Matsuda, S. ; Kitagaki, S. ; Kita, Y. J. Chem. Soc. ,Perkin Trans. 1 1992,2813.

13. Zaitseva, G. S. ;Novikova, O. P. ;Livantsova, L. I. ;Petrosyan, V. S. ; Baukov, Yu. I. Zh. Obshch. Khim. 1991,61,1389.

14. Kostyuk, A. S. ;Knyaz'kov, K. A. ;Ponomarev, S. V. ;Lutsenko, I. F. Zh. Obshch. Khim. 1985,55,2088.

15. Kolesnikova, O. N. ;Livantsova, L. I. ;Shurov, S. N. ;Zaitseva, G. S. ; Andreichikov, Yu. S. Zh. Obshch. Khim. 1990,60,467.

16. Tsuda, T. ; Hasegawa, N. ; Saegusa, T. Chem. Commun. /J. Chem. Soc. ,Chem. Commun. 1990,945.

17. Kita, Y. ;Tsuzuki, Y. ;Kitagaki, S. ;Akai, S. Chem. Pharm. Bull. 1994, 42,233.

高锰酸苄基三乙基铵(Benzyltriethylammonium Permanganate)

$[PhCH_2NEt_3]^+[MnO_4]^-$

[68844-25-7]　$C_{13}H_{22}MnNO_4$　(MW 311.26)

相转移类型的氧化剂,用于氧化烷烃和芳烃成醇或酮[1,2],醚氧化至酯[3],伯醇氧化至亚甲基二酯[4],仲醇氧化成酮[4],胺氧化成酰胺[5],醛氧化至羧酸[6],硫化物或亚砜氧化至砜[7]。

物理数据[8]:紫色固体,在101℃分解(TDA),127~129℃(熔点管)。

溶解度:在水中的溶解度为84.97mmol/L;在二氯甲烷中为0.576mmol/L;在氯仿中为4.6mmol/L;不溶于四氯化碳和甲苯。

试剂纯度分析:在526nm的吸光度为$2530\pm30nmol^{-1}\cdot cm^{-1}$或碘滴定方法检测。

制备方法[1]:将苄基三乙基氯化铵(227.8g,1.00mol)溶于200mL水中,然后缓慢滴加到高锰酸钾(158.0g,1.00mol,在4.7L)的水溶液中。通过过滤可得紫色晶体,并在室温下真空干燥。产量:294.8g(95%)。

操作、储存和注意事项:氧化剂,在室温或低于室温的玻璃容器中可少量储存(10~100g)。加热至50℃以上或受到冲击时进行剧烈分解[9,10]。在真空下干燥时不应超过室温[9]。

烷烃和芳烃的氧化[1,2]

某些烷烃和烷基取代芳烃的苄基碳在二氯甲烷或乙酸中被苄基三乙基高锰酸铵氧化,生成醇或酮。收率良好(基于未回收的起始材料)(25%~98%),但是转化率(基于用作起始原料烷烃的量)相当低(11%~44%)。一些典型的氧化例子如反应式(1)~(4)所示。

Ph　→(61%)　Ph OH　(1)

→　HO　+　O　+　O　(2)

25%　25%　25%

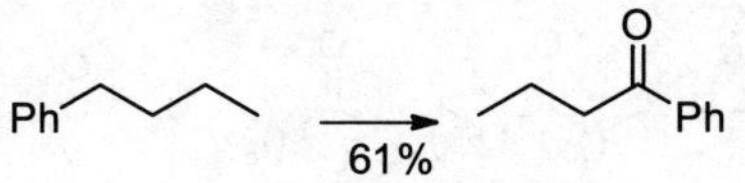

Ph → (61%) Ph (3)

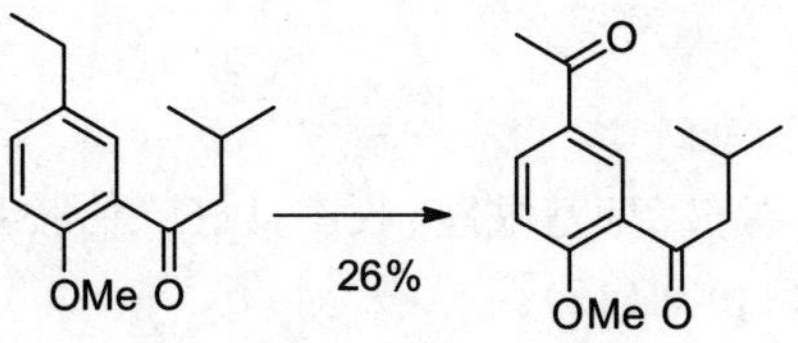

OMe O → (26%) OMe O (4)

醚氧化为酯[3]

苄基三乙基高锰酸酯在非水条件下将醚氧化成酯,收率良好,类似于钌(Ⅷ)氧化物报道的氧化反应。使用高锰酸苄基三乙基铵的优点是它会不导致芳族醚的降解。实例包括反应式(5)～(7)。

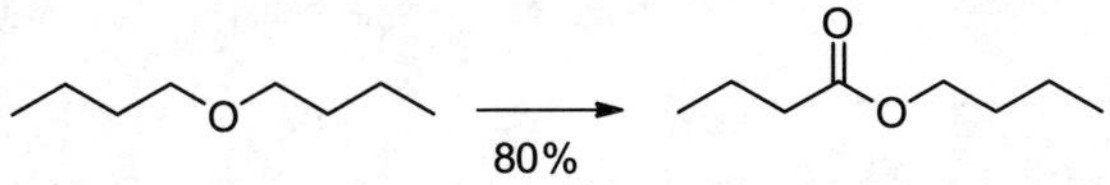

O → (80%) O O (5)

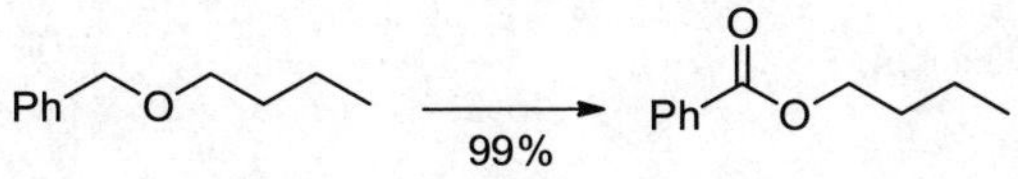

Ph O → (99%) Ph O O (6)

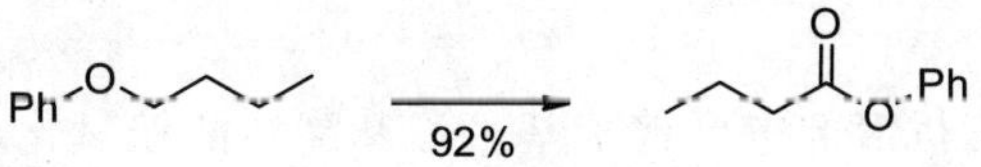

Ph O → (92%) O O Ph (7)

醇的氧化[4]

用该试剂将仲醇氧化成酮时伴随有一定量的碳-碳键断裂。伯醇被氧化成羧酸酯,当用二氯甲烷作溶剂时,它可以与溶剂进一步起反应。主要产品是亚甲基二酯。实例包括反应式(8)～(10)。

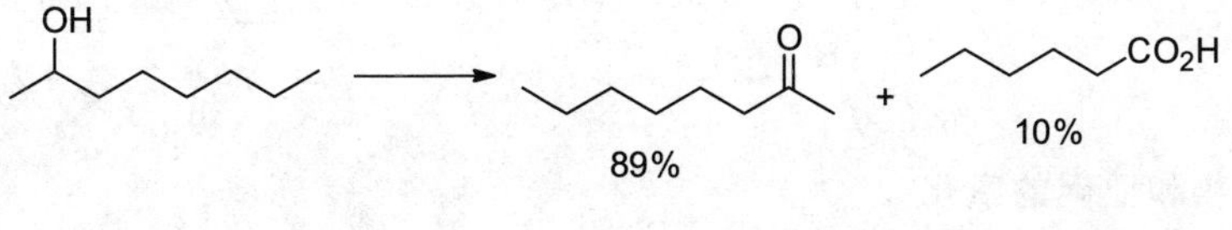

OH → O (89%) + CO_2H (10%) (8)

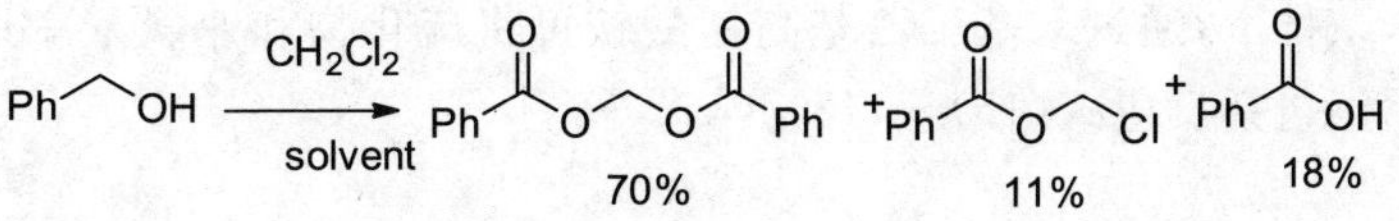

Ph OH $\xrightarrow[\text{solvent}]{CH_2Cl_2}$ Ph O O Ph (70%) + Ph O Cl (11%) + Ph OH (18%) (9)

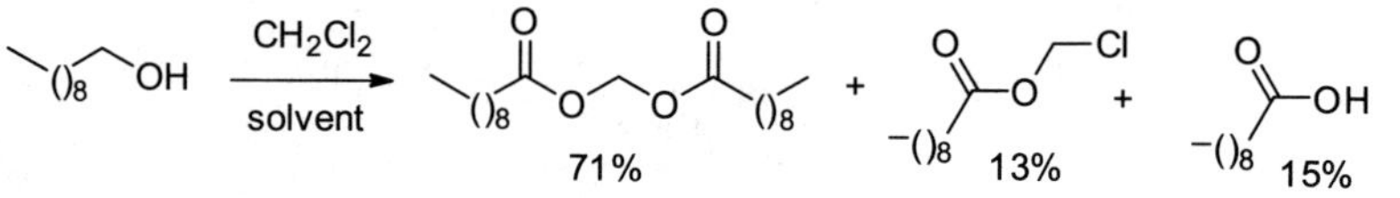

()8 OH —CH_2Cl_2 / solvent→ ()8 O O ()8 (O, O) 71% + ()8 O Cl (O) 13% + ()8 OH (O) 15%　(10)

胺的氧化[5]

叔胺可被氧化成 N,N-二烷基酰胺,收率良好。伯胺和仲胺被氧化时,选择性较差。实例包括反应式(11)和(12)。

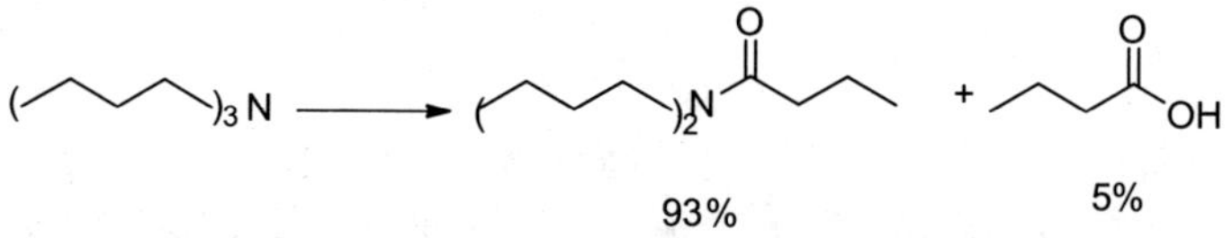

( )3 N → ( )2 N (O) 93% + OH (O) 5%　(11)

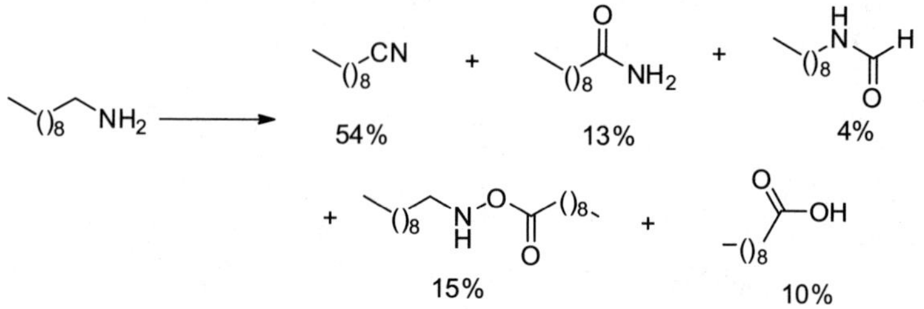

()8 NH_2 → ()8 CN 54% + ()8 NH_2 (O) 13% + ()8 N(H) H (O) 4%
+ ()8 N(H) O ()8 (O) 15% + ()8 OH (O) 10%　(12)

氧化醛[6]

在室温下醛在有机溶剂中可被苄基三乙基高锰酸铵氧化成羧酸,例如反应式(13)和(14)。

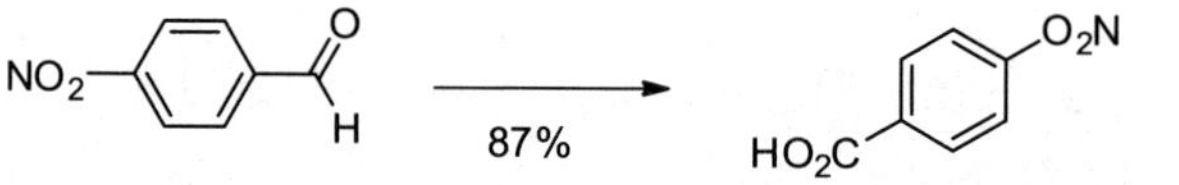

NO_2 (O, H) —87%→ O_2N HO_2C　(13)

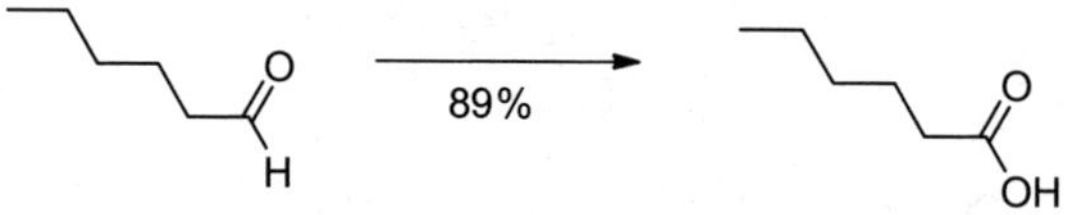

(O, H) —89%→ (O) OH　(14)

硫化物和亚砜的氧化[7]

在非水条件下,通过苄基三乙基高锰酸铵可将硫化物和亚砜干净地氧化成相应的砜。示例包括反应式(15)~(18)。

(15) 65%

(16)

(17) 63%

(18) MeOS … Cy → 93% → MeO_2S … Cy

高锰酸苄基三乙基铵的反应与其他高锰酸季铵盐和高锰酸鳞盐如高锰酸四正丁基铵和高锰酸甲基三苯基鳞的反应非常相似。类似的反应也可以通过使用高锰酸钾的相转移方法更简便地进行。

参考文献

1. Schmidt, H. - J.; Schäfer, H. J.; Angew. Chem., Int. Ed. Engl. 1979, 18, 68.

2. Sangaiah, R.; Krishna Rao, G. S. Synthesis 1980, 1018.

3. Schmidt, H. - J.; Schäfer, H. J. Angew. Chem., Int. Ed. Engl. 1979, 18, 69.

4. Schmidt, H. - J.; Schäfer, H. J. Angew. Chem., Int. Ed. Engl. 1981, 20, 109.

5. Schmidt, H. - J.; Schäfer, H. J. Angew. Chem., Int. Ed. Engl. 1981, 20, 104.

6. Scholz, D. Monatsh. Chem. 1979, 110, 1471.

7. Scholz, D. Monatsh. Chem. 1981, 112, 241.

8. Karaman, H.; Barton, R. J.; Robertson, B. E.; Lee, D. G. J. Org. Chem. 1984, 49, 4509.

9. Jager, H.; Lütolf, J.; Meyer, M. W. Angew. Chem., Int. Ed. Engl. 1979, 18, 786.

10. Schmidt, H. - J.; Schäfer, H. J. Angew. Chem., Int. Ed. Engl. 1979, 18, 787.

四丁基过碘酸铵盐(Tetra－*n*－butylammonium Periodate)

$N-Bu_4N^+IO_4^-$

[65201－77－6]　$C_{16}H_{36}INO_4$　(MW 433.43)

四季铵盐类的氧化试剂,不同于高锰酸苄基三乙基铵,该试剂为过碘酸盐。氧化硫醚[1]、苯基酰溴[1]、苄氯[3]、亚磷酸酯[7]、氧化脱羧[1]、金属催化氧化的共氧化剂[1b,5,8]。

物理数据:熔点 158～159℃。

溶解度:溶于二氯甲烷、氯仿、苯,不溶于水、醇。

供应形式:白色的结晶状固体,易购。

制备方法:由乙氧基乙炔进行硅化制备[1,3,5]。

处理、储存和预防措施:最后储存在暗处,因为受光会变黄色。时间储存久了也不会失去氧化能力。

由于容易制备,易溶于有机溶剂,所以四丁基过碘酸铵盐是非常有用的在同相条件下氧化有机化合物的试剂。

氧化硫醚至亚砜

硫醚和化合物(a)在氯仿溶液中回流可选择性地生成亚砜,收率良好[1a]。这样,氧化甲基对甲基苯硫醚可生成相应的亚砜,收率为 86%。该反应的一大优点是生成的产品非常容易通过硅胶柱分离。研究发现化合物(a)和催化量的氯化*m*－四苯基卟啉铁(Ⅲ)(b)可以非常有效地对硫醚进行选择性氧化成亚砜[反应式(1)]。一些不大容易被氧化的硫醚如对硝基苯苯硫醚,叔丁基硫醚也可以有效地被氧化成相应的亚砜,在该条件下炔键可以不受影响。

(a),(b), CH_2Cl_2; r.t. 84%　　(1)

氧化裂解羰基化合物

α－羟基羧酸和化合物(a)在氯仿的溶液中回流中加热可以非常有效地被氧化生成醛[反应式(2)][1a]。反应时间比过碘酸钠的方法短得多了。

$$\text{RCH(OH)CO}_2\text{H} \xrightarrow[\text{reflux}]{\text{(a), CHCl}_3} \text{RCHO} \tag{2}$$

$R=C_{14}H_{29}$ 90%; Ph 86%

用(a)在回流的二氧六环中氧化脱羧芳香基乙酸可生成苯甲醛的衍生物[2]，该方法被发现比次氯酸氧化方法好，后者一般会生成过氧化产物。苯乙酰溴和(a)在回流的二氧六环反应生成相应的苯甲酸，收率良好[反应式(3)][1a]。该反应是对苯酰溴的特殊氧化反应，在同等条件下氯丙酮就不会被氧化。

$$4\text{-BrC}_6\text{H}_4\text{COBr} \xrightarrow[\text{reflux}]{\text{(a), 1,4-dioxane}} 4\text{-BrC}_6\text{H}_4\text{COOH} \tag{3}$$

其他应用

苄氯和(a)在回流的二氧六环反应可以被有效地转化成苯甲醛[3]，该反应被发现是对苄氯特有的反应，因为对其他的化合物如苯乙基溴在同等的条件下就不能被氧化。氧化剂(a)被发现对 1,2 -乙二醇的亚甲锡烷基化合物进行有效的氧化裂解生成醛，且收率相当高[4]。烯丙基醇和苄醇也可以被化合物(a)和催化量的 *trans* -$[RuO_2(Py)_4][BF_4]_2 \cdot H_2O$(c)或 *trans* -$[Ru_2O_6(Py)_4]$的二氯甲烷溶液氧化成相应的醛[5]。在化合物(c)的存在下胡椒醇也可以被(a)氧化成胡椒醛，收率 99%。室温下苯酚在(a)的二氯甲烷溶液中可以被氧化成醌，收率相当高[6]。通过亚磷酸三酯合成寡脱氧核苷，四丁基过碘酸铵盐被发现在中性，非水条件下也可以氧化二核苷亚磷酸酯成二核苷磷酸酯[7]。在 1 当量的咪唑存在的条件下，化合物(a)和催化量的氯化 *m* -四苯基卟啉锰(Ⅲ)(d)可以对五价的磷进行高效的脱硫和脱砷氧化[反应式(4)][8]。如果只单独使用四丁基过碘酸铵，收率非常低。

$$R_3P{=}X \xrightarrow[\text{imidazole, CH}_2\text{Cl}_2\text{, r.t.}]{\text{(a), (d)}} R_3P{=}Y \tag{4}$$

X=S, R=Ph, Y=O 81%; X=Se, R=OMe, Y=O 100%

参考文献

1. (a) Santaniello, E. ; Manzocchi, A. ; Farachi, C. Synthesis 1980, 563. (b) Takata, T. ; Ando, W. Tetrahedron Lett. 1983, 24, 3631.

2. Santaniello, E. ; Ponti, F. ; Manzocchi, A. Tetrahedron Lett. 1980,

21,2655.

3. Ferraboschi, P. ; Azadani, M. N. ; Santaniello, E. ; Trave, S. Synth. Commun. 1986,16,43.

4. David,S. ;Thieffry,A. Tetrahedron Lett. 1981,22,2885.

5. El - Hendawy, A. M. ; Griffith, W. P. ; Taha, F. I. ; Moussa, M. N. J. Chem. Soc. , Dalton Trans. 1989,901.

6. Takata,T. ;Tajima,R. ;Ando,W. J. Org. Chem. 1983,48,4764.

7. Fourrey,J. - L. ;Varenne,J. Tetrahedron Lett. 1985,26,1217.

8. Davidson, R. S. ; Walker, M. D. ; Bhardwaj, R. K. Tetrahedron Lett. 1987,28,2981.

苄氧基羰基肼(Benzyloxycarbonylhydrazine)

$$PhCH_2OC(=O)NHNH_2$$

(碱式)[5331-43-1](盐酸盐)[2540-62-7]$C_8H_{10}N_2O_2$ (MW 166.18)

该试剂用 Cbz 保护肼的一个氨基，制备氨基酸的酰肼，应用于肽的合成。

别名：羰基苄氧基肼；肼碳酸苄酯。

物理数据：熔点 67～69℃；盐酸盐，熔点 170.5～170℃。

制备方法：由肼和碳酸二苄酯反应制备。

提纯：用乙酸乙酯和正己烷的混合溶剂，或用乙醚重结晶。

多肽合成

苄氧基碳基肼(a)可用于制备氨基酸酰肼和肽[1]。(a)与 N-保护(phthaloyl 或 Boc)氨基酸酰氯反应生成苄氧基羰基肼衍生物(b)[反应式(1)][1]。通过脱保护[反应式(2)]可得到自由 N 端，该氨基可和一个合适的活性羧酸衍生物进行耦合生成(d)[反应式(3)]；这种逐步的链增长可循环进行，直到得到所需的肽序列。用氢还原除去 Cbz 生成肽酰肼(e)[反应式(4)]。通过这种制备方法，即在氨基酸的阶段早期保护肼，避免通常一个复杂或敏感的肽酯和肼反应。事实上，用肼而不是与酯反应，对邻苯二甲酰氨基酸和肽的邻苯二甲酰基进行脱保护，转化成酰肼是不太可能，无法去除的邻苯二甲酰肼作用自组而。酰肼(e)可被进一步转换为酰基叠氮化合物(f)[反应式(5)]，为与氨基酸的氨基耦合作准备。

$$NHP\text{-}CH(R)\text{-}C(=O)Cl + CbzNHNH_2\ (a) \longrightarrow NHP\text{-}CH(R)\text{-}C(=O)NHNHCbz\ (b) \quad (1)$$

$$NHP\text{-}CH(R)\text{-}C(=O)NHNHCbz\ (b) \xrightarrow{\text{deprotect}} H_2N\text{-}CH(R)\text{-}C(=O)NHNHCbz\ (c) \quad (2)$$

$$H_2NCH(R)CONHNHCbz \ (c) + NHPhth\text{-}CH(R')CON_3 \longrightarrow NHPhth\text{-}CH(R')CO\text{-}NH\text{-}CH(R)CONHNHCbz \ (d) \quad (3)$$

$$NHPhth\text{-}CH(R')CO\text{-}NH\text{-}CH(R)CONHNHCbz \ (d) \xrightarrow{H_2,\ Pd} NHPhth\text{-}CH(R')CO\text{-}NH\text{-}CH(R)CONHNH_2 \ (e) \quad (4)$$

$$NHPhth\text{-}CH(R')CO\text{-}NH\text{-}CH(R)CONHNH_2 \ (e) \xrightarrow{HONO} NHPhth\text{-}CH(R')CO\text{-}NH\text{-}CH(R)CON_3 \ (f) \quad (5)$$

参考书目

1. (a) Hofmann, K.; Lindenmann, A.; Magee, M. Z.; Khan, N. H. J. Am. Chem. Soc. 1952, 74, 470. (b) Hofmann, K.; Haas, W.; Smithers, M. J.; Wells, R. D.; Wolman, Y.; Yanaihara, N.; Zanetti, G. J. Am. Chem. Soc. 1965, 87, 620.

三甲基胺乙酰肼的氯化盐

(Trimethylaminoacetohydrazide Chloride)[1]

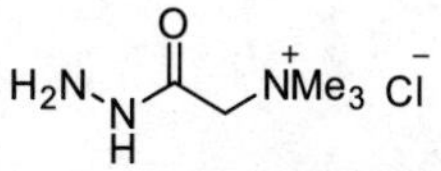

$H_2N-NH-C(=O)-CH_2-\overset{+}{N}Me_3\ \overset{-}{Cl}$

[123-46-6]　$C_5H_{14}ClN_3O$　(MW 167.67)

该试剂为四季铵盐的肼类化合物，通过和羰基生成腙类，四季铵盐的引入增加腙类化合物的水溶性，由于其生成的腙类可溶于水，从混合物中分离酮、醛[2]，对烯醇进行脱水成烯酮[4]。

别名：Girard T 试剂。

物理数据：熔点 188～192℃(分解)。

溶解性：极易溶于水，乙酸，溶于甲醇，冷乙醇。

供应形式：白色固体；可多渠道购得。

提纯：用乙醇进行重结晶。

操作、储存和注意事项：非常容易吸潮，在空气里有强的气味，在惰性气体里保存。

三甲基胺乙酰肼的氯化盐的主要用途是通过和醛，酮生成水溶性的腙，把它们从有机混合物中进行分离[反应式(1)和(2)]，迄今为止已经报道了多种不同的操作方法[2]。

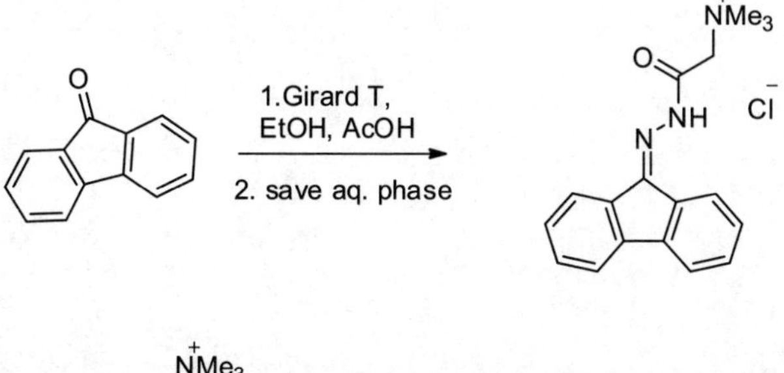

1.Girard T, EtOH, AcOH; 2. save aq. phase　(1)

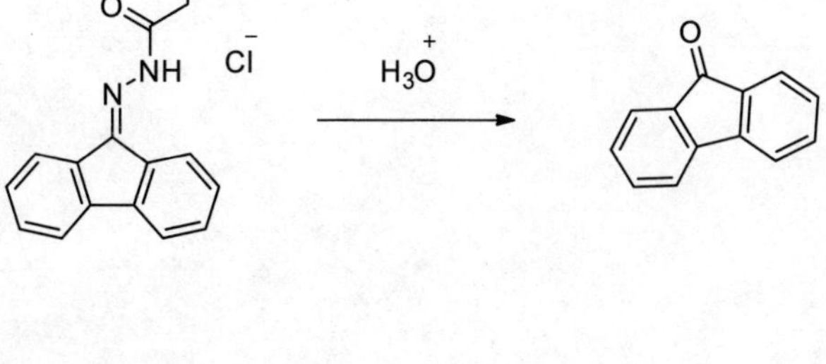

$H_3\overset{+}{O}$　(2)

由于柱分离和快速层析法的出现,该方法并没有广泛地使用。主要用于分离酮甾体从非酮甾体进行分离,一般采用萃取分离方法。最近,用硅作载体的试剂用于分离醛、酮化合物[3]。

用 Girard T 试剂的乙酸溶液对 3-酮-5-羟基甾体进行回流脱水可生成 3-酮-4-烯甾体[反应式(3)][4]。

Girard T, AcOH, reflux

OH

O O

(3)

参考文献

1. Wheeler, O. H. Chem. Rev. 1962, 62, 205.

2. (a) Girard, A.; Sandulesco, G. Helv. Chim. Acta 1936, 19, 1095. (b) Girard, A. Org. Synth., Coll. Vol. 1943, 2, 85. (c) Fieser & Fieser 1967, 1, 410

3. Singh, R. P.; Subbarao, H. N.; Dev, S. Tetrahedron 1981, 37, 843.

4. Ehrenstein, M.; Dunnenbergen, M. J. Org. Chem. 1956, 21, 774.

1-氯-N,N,2-三甲基丙烯基胺
(1-Chloro-N,N,2-trimethylpropenylamine)

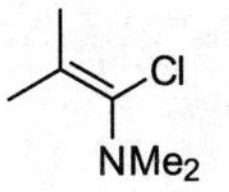

[26189-59-3] $C_6H_{12}ClN$
(MW 133.62)

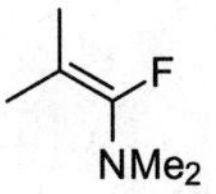

[65560-29-4] $C_6H_{12}FN$
(MW 117.17)

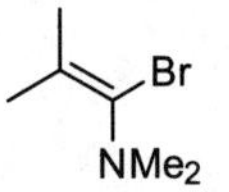

[73630-93-0] $C_6H_{12}BrN$
(MW 178.07)

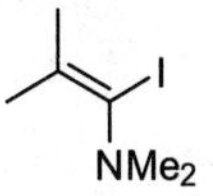

[65560-41-0] $C_6H_{12}IN$
(MW 225.07)

该试剂通常被作为卤化试剂,由于离去集团可转化为非常稳定的酰胺类化合物,所以该类试剂是羟基底物的非常好的卤化试剂。

在中性条件下可对醇和酸进行温和的卤化[2],将N保护氨基酸转化成多肽,且不会发生外消旋作用[3],用有机金属试剂对酸和烯丙醇进行偶合[9]。[2+2]环加成合成子,比二甲基烯酮更活泼[1b,4,5]。

系统命名:四甲基-2-氯烯胺。

物理数据:当X=Cl时,熔点:129~130℃(760mmHg);密度:1.01g·cm^{-3}。

当X=F时,熔点:89~92℃(760mmHg)。

当X=Br时,熔点:42~45℃(15mmHg)。

当X=I时,熔点:61~63℃(9mmHg);密度:1.55g·cm^{-3}。

溶解度:溶于多数有机溶剂,能迅速与水、醇和质子溶剂发生反应。

制备方法:1-氯-N,N,2-三甲基丙烯基胺能便易地通过N,N,2-三甲基丙酰胺和光气反应进行制备,然后将中间体氯化2-氯亚铵盐进行脱氯化氢反应[反应式(1)][1a,6]。最近,我们未公布的实验室结果显示三氯氧化磷、二聚光气或三聚光气也可用于TMCE的制备。

$$Me_2HC-C(=O)NMe_2 \xrightarrow[CH_2Cl_2]{OPCl_3 \text{ or } (COCl_2)_n\ (n=1,2,3)} [Me_2HC-C(Cl)=N^+Me_2\ Cl^-] \xrightarrow[CH_2Cl_2 \text{ then hexane}]{Et_3N} Me_2C=C(Cl)NMe_2\ \text{TMCE}\ 82\% \quad (1)$$

对应的1-氟,1-溴,1-碘-N,N,2-三甲基丙烯基胺(四甲基-2-氟-,2-溴和碘烯胺;TMFE,TMBE和TMIE)可以非常方便地通过卤素置换制备TMCE[反应式(2)][1a,7]。

反应物纯度分析:红外光谱,核磁共振氢谱和元素分析[6]。

处理、存储和预防措施:1-氯、1-氟和1-溴-N,N,2-三甲基丙烯胺具有热稳定性。它们必须在无水条件下储存在充满氮气的密封管里。如果不进行这些预防措施,可能进行光解生成沉淀,1-碘-N,N,2-三甲基丙烯基胺不太稳定,应该现制现用。

$$Me_2C=C(Cl)NMe_2 \xrightarrow{CH_2Br_2,\ \text{excess},\ 65\%} Me_2C=C(Br)NMe_2\ \text{TMBE}; \quad \xrightarrow{KI,\ CHCl_3,\ 75\%} Me_2C=C(I)NMe_2\ \text{TMIE}; \quad \xrightarrow{KF,\ \text{o-dichlorobenzene},\ 75\%} Me_2C=C(F)NMe_2\ \text{TMFE} \quad (2)$$

卤化反应

1-氯、1-溴和1-碘-N,N,2-三甲基丙烯胺是温和的卤化试剂,能够将醇转化成相应的卤化物[反应式(3)~(6)][2b]。这个反应在中性条件下进行,由此允许酸敏感的官能团的存在。这个反应会发生构型反转[反应式(4)]。二级的烯丙醇和丙炔醇能生成重排的卤化物[反应式(5)和(6)],但其重排是在卤化后进行的。

$$\text{(geraniol)-OH} \xrightarrow[CH_2Cl_2,\ 20℃,\ 99\%]{TMIE} \text{(geranyl)-I} \quad (3)$$

$$\text{OH (cholestanol)} \xrightarrow[CH_2Cl_2,\ 20℃,\ 99\%]{TMCE} \text{Cl (cholestane)}\ \ 100\%\ \text{inversion} \quad (4)$$

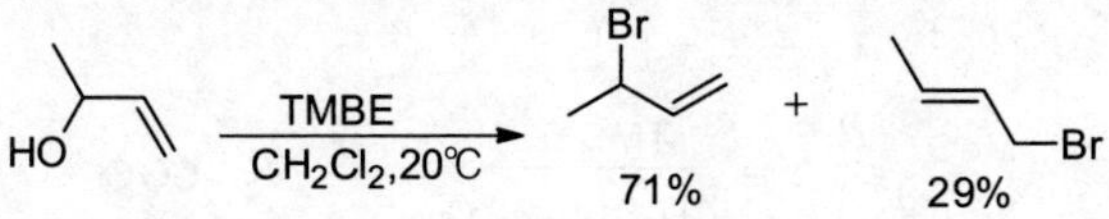

(5)

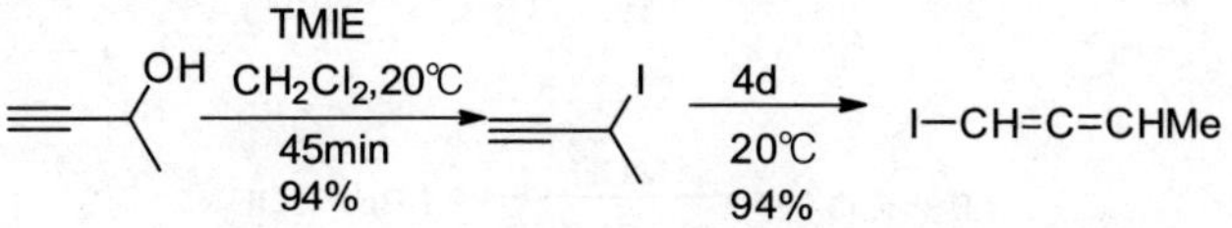

(6)

这个卤化反应被应用于对于呋喃和吡喃半缩醛的卤化[反应式(7)和(8)][8]。

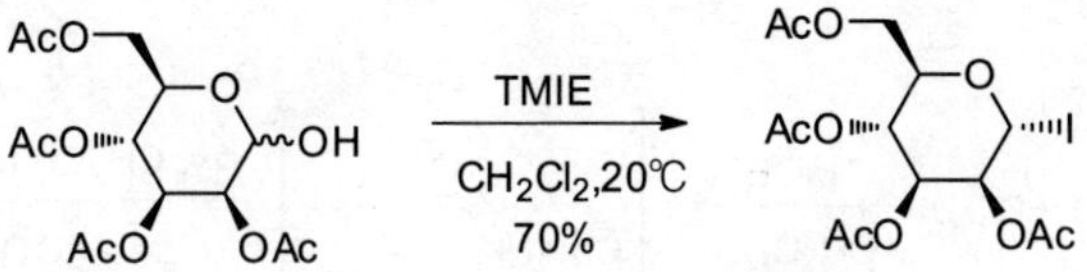

(7)

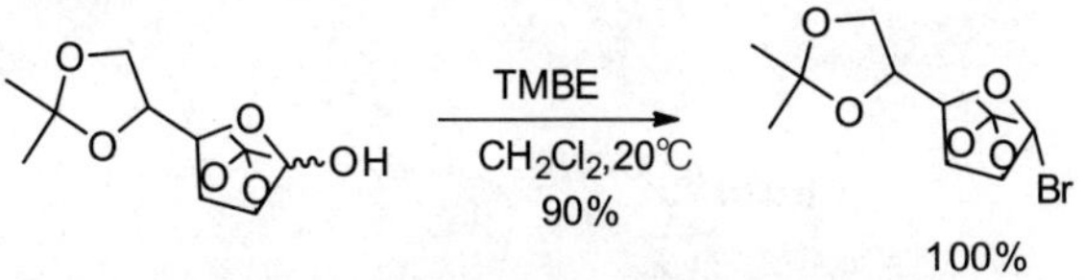

(8)

1-氟-N,N,2-三甲基丙烯胺和醇的反应通常生成一混合产物[2b]。在某些情况下采用大位阻衍生物可成功地将醇转化成氟化物[反应式(9)和(10)][2b,8]。

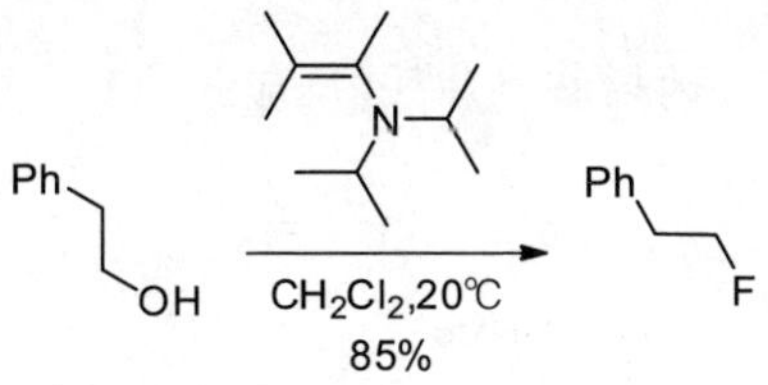

(9)

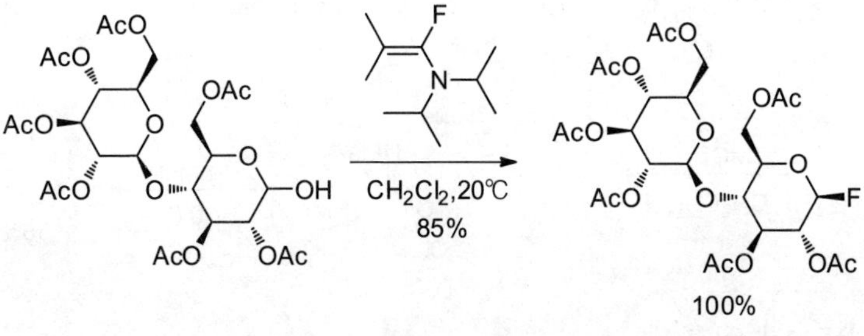

(10)

所有的1-卤-N,N,2-三甲基丙烯胺可迅速将酸转化成酰卤化物[反应式(11)和(12)][2a]。由于唯一的副产物是相对惰性的N,N,2-三甲基丙酰胺,没必要把酰卤化合物从体系里进行分离,该方法已应用于多肽的合成,没有观察到外消旋作用[反应式(13)][3]。

$$\mathrm{(MeO)_2CH{-}CO_2H} \xrightarrow[\text{94\%}]{\text{TMCE, }CH_2Cl_2,\ -40^\circ C} \mathrm{(MeO)_2CH{-}COCl}\ \text{(unstabie)} \tag{11}$$

$$t\text{-Bu}{-}CO_2H \xrightarrow[\text{100\%}]{\text{TMCE, }CH_2Cl_2,20^\circ C} t\text{-Bu}{-}COF \tag{12}$$

$$\text{Cbz-HN-CH(CH}_2\text{Ph)-CO}_2\text{H (s)} \xrightarrow{\text{TMCE, }CH_2Cl_2,\ 20^\circ C,10\text{min}} [\text{Cbz-HN-CH(CH}_2\text{Ph)-COCl (s)}] \xrightarrow{\text{Py, }CH_2Cl_2,0\sim20^\circ C,\ \text{(s)-}H_2N\text{-CH(CH}_3\text{)-CO}_2\text{Bz}} \text{CbzHN-CH(CH}_2\text{Ph)-CONH-CH(CH}_3\text{)-CO}_2\text{Bz (s)(s)}\ 85\% \tag{13}$$

耦合反应

1-氯-N,N,2-三甲基丙烯胺将羧酸[反应式(14)]或烯丙基醇[反应式(15)]与有机金属化合物进行耦合[9]。

$$\text{2-furyl-CO}_2\text{H} \xrightarrow{\text{TMCE, CuI(5\%),1h}} [\text{2-furyl-C(O)-O-C(=}\overset{+}{N}\text{HMe)CHMe}_2\ Cl^-] \xrightarrow{\text{CuI(5\%).1h, PhCH}_2\text{CH}_2\text{MgBr}} \text{2-furyl-CO-CH}_2\text{CH}_2\text{Ph}\ 85\% \tag{14}$$

$$\text{Me}_2\text{C=CH-CH}_2\text{OH} \xrightarrow{\text{TMCE, THF-}CH_2Cl_2(3:1),\ 0^\circ C} [\text{Me}_2\text{C=CH-CH}_2\text{-O-C(=}\overset{+}{N}\text{Me}_2\text{)CHMe}_2\ Cl^-] \xrightarrow{\text{PhMgBr, }-30^\circ C} \text{Me}_2\text{C=CH-CH}_2\text{Ph}\ 86\% \tag{15}$$

[2+2]环加成反应

TMCE可用于合成氯化四甲基乙烯胺[1a]。这种高度亲电性中间体可以被希夫碱捕获生成易于水解成内酰胺的氮杂环烷亚胺盐[反应式(16)][1b,5a]。这已经被发展为用叔酰胺制备β-内酰胺的一般合成方法[反应式(17)和(18)][5c,5d]。

Cl, NMe_2 ⇌ $Me_2\overset{+}{N}=C=CMe_2$ Cl^- —(CH_2Cl_2, 20℃)→ Ph, H, $Me_2\overset{+}{N}$, N, Me 74% —(OH^-)→ Ph, H, O, N, Me 82% (16)

Et, NMe_2, O —(1. $COCl_2$, CH_2Cl_2; 2. $PhCH_2SCH=N$-*t*-Bu, Et_3N; 3. $KClO_4$)→ H, SBn, H, $Me_2\overset{+}{N}$, N, *t*-Bu, ClO_4^- 58% —(OH^-, 97%)→ H, SBn, H, O, N, *t*-Bu (17)

NMe_2, O —(1. $COCl_2$, CH_2Cl_2; 2. H_2C $NCHPh_2$, Et_3N; 3. $KClO_4$; 50%)→ H, H, H, H, $Me_2\overset{+}{N}$, N, $CHPh_2$, ClO_4^- —(OH^-, 86%)→ H, SBn, H, H, O, N, $CHPh_2$ (18)

随着C-C双键或三键亲核性减弱,环加成反应只会在路易斯酸存在下发生,因为路易斯酸可以使得平衡向生成联烯方向进行[反应式(19)][1a,4]。$AgBF_4$、$ZnCl_2$、$AlCl_3$和$SnCl_4$已经成功的用于不同的环加成反应中,但氯化锌和TMCE的结合是最简洁和实效[4b]。由原位生成四甲基丙酮烯亚胺正离子表现为高活性,该离子相当于二甲基酮烯的等价试剂,而环丁酮和环丁烯亚胺正离子可被用水解生成环丁烯酮[反应式(20)~(23)]。

Cl, NMe_2 + $AgBF_4$ —(CH_2Cl_2, -60℃, 100%)→ $F_4\overset{-}{B}Me_2\overset{+}{N}=C=CMe_2$ stable (19)

TMCE —(1. $AgBF_4$; 2. cyclohexene; 83%)→ H, $Me_2\overset{+}{N}$, H, BF_4^- —(OH^-, 93%)→ H, O, H (20)

TMCE —(1. $AgBF_4$; 2. diene; 85%)→ $Me_2\overset{+}{N}$, BF_4^- —(OH^-, 93%)→ O (21)

TMCE → 1.$AgBF_4$ 2.H_2CCH_2 (excess) 68% → Me_2N^+ $ZnCl_3^-$ → OH^- 89% → (22)

TMCE → 1.$ZnCl_2$ 2. EtCCEt CH_2Cl_2,40℃ 100% → Et Et Me_2N^+ $ZnCl_3^-$ → OH^- 95% → Et O Et (23)

这个反应已经扩展生成 2 -取代 1 -氯- N,N -二烷基烯胺[10]。通过不对称的环加成生成如下产品[反应式(24)][11]。

O N H OMe → 1.$COCl_2$ 2.Et_3N → Cl N H OMe → $ZnCl_2$ → [$Me_2C{=}C{=}N^+$ H OMe] (24)

→ 1. 20℃ 2.NaOH 70% → O (R) (S) >97% ee

其他各类反应

1 -氯- N,N,2 -三甲基丙烯胺和叠氮负离子反应生成 2 -氨基- 1 -氮杂环丙烯啶。这些三元环脒是合成吡啶的有用的中间体[12]。1 -氯- N,N,2 -三烷基丙烯胺容易与富电子的芳香族化合物发生亲电取代反应,而不需要酸催化剂[13]。相应的乙烯胺金属试剂进行亲核氨烯基化反应[14]。TMCE 与氰化钾反应生成 1 -氰基- N,N,2 -三甲基丙烯胺,一个用于制备双酮的合成中间体[15]。在 N -氧化吡啶和三乙胺存在下 TMCE 可顺利转化为 N,N -二甲基甲基丙酰胺,这个反应已经应用到制备各种不饱和的酰胺[16]。TMCE 和三烷基亚膦酸酯反应可生成 1 -膦酸脂烯胺、金属羰基负离子和 TMCE 的反应也有描述,该方法可用于生成具有新型结构特征的过渡金属有机化合物[18]。

参考书目

1. (a) Ghosez, L.; Marchand - Brynaert, J. In Advances in Organic Chemistry; Raphael, R. A.; Taylor, E. C.; Wynberg, H., Eds.; Interscience: New York, 1976; Part 1, pp 421 - 523. (b) Ghosez, L.; O'Donnell, M. J. Pericyclic

Reactions;Marchand,A. P.; Lehr,R. C.,Eds.; Academic:New York,1977; Vol. 2,Chapter 2. (c)Ghosez,L. Medicinal Chemistry V;Elsevier:Amsterdam, 1977;pp 363 - 385. (d)Ghosez,L. Organic Synthesis Today and Tomorrow; Trost,B. M.;Hutchinson,C. R.,Eds.; Pergamon:Oxford,1981;pp 145 - 162. (e) Ghosez, L. New Synthetic Methodology and Functionally Interesting Compounds;Yoshida,Z.,Ed.;Kodansha:Tokyo,1986;pp 99 - 117.

2. a)Devos,A.;Rémion,J.;Frisque - Hesbain,A. - M.;Colens,A.;Ghosez, L. Chem. Commun./J. Chem. Soc., Chem. Commun. 1979, 1180. (b) Munyemana,F.; Frisque - Hesbain,A. - M.;Devos,A.;Ghosez,L. Tetrahedron Lett. 1989,30,3077. (c)Schmidt,U.;Werner,J. Chem. Commun./J. Chem. Soc.,Chem. Commun. 1986, 996.

3. (a)Schmidt,U.;Lieberknecht,A.;Griesser,H.;Utz,R.;Beuttler,T.; Bartkowiak,F. Synthesis 1986,361. (b)Schmidt,U.;Kroner,M.;Beutler,U. Synthesis 1988,475.

4. (a)Marchand - Brynaert,J.;Ghosez,L. J. Am. Chem. Soc. 1972,94, 2870. (b) Sidani,A.;Marchand - Brynaert,J.;Ghosez,L. Angew. Chem.,Int. Ed. Engl. 1974, 13,267. (c)Hoornaert,C.;Hesbain - Frisque,A. - M.;Ghosez, L. Angew. Chem.,Int. Ed. Engl. 1975,14,569. (d)Heine,H. - G.;Hartmann, W. Angew. Cheml 1981,93,805. (e)Heine,H. - G.;Hartmann,W. Synthesis 1981,706.

5. (a)De Poortere,M.;Marchand - Brynaert,J.;Ghosez,L. Angew. Chem., Int. Ed. Engl. 1974,13,267. (b)Marchand - Brynaert,J.;Moya - Portuguez,M.; Lesuisse, D.;Ghosez,L. Chem. Commun./J. Chem. Soc.,Chem. Commun. 1980,173. (c) Ghosez,L.;Bogdan,S.;Cérésiat,M.;Frydrych,C.;Marchand - Brynaert,J.; Moya - Portuguez,M.;Huber,I. Pure Appl. Chem. 1987,59,393. (d)Marchand - Brynaert,J.;Moya - Portuguez,M.;Huber,I.;Ghosez,L. Chem. Commun./J. Chem. Soc.,Chem. Commun. 1983,818.

6. (a)Haveaux,B.;Dekoker,A.;Rens,M.;Sidani,A. R.;Toye,J.;Ghosez, L. Q. Rev., Chem. Soc. 1979,59,26. (b)Ghosez,L.;Koch,I. Swiss Pat. 681 623A,1993.

7. (a)Colens,A.;Demuylder,M.;Téchy,B.;Ghosez,L. Nouv. J. Chim. 1977,1,369. (b)Colens,A.;Ghosez,L. Nouv. J. Chim. 1977,1,371.

8. (a)Ernst,B.;Winkler,T. Tetrahedron Lett. 1989,30,3773. (b)Ernst,B.; De Mesmaeker,A.;Hoffmann,P.;Ernst,B. Tetrahedron Lett. 1989,30,3773.

(c) Ernst, B. ; De Mesmaeker, A. ; Wagner, B. ; Winkler, T. Tetrahedron Lett. 1990, 31, 6167. (d) Ernst, B. Eur. Pat. Appl. 373 118A2, 1990.

9. (a) Fujisawa, T. ; Mori, T. ; Higuchi, K. ; Sato, T. Chem. Lett. 1983, 1791. (b) Fujisawa, T. ; Iida, S. ; Yukizaki, H. ; Sato, T. Tetrahedron Lett. 1983, 24, 5745. (c) Fujisawa, T. ; Umezu, K. ; Sato, T. Chem. Lett. 1985, 1453. (d) Fujisawa, T. ; Sato, T. Q. Rev. , Chem. Soc. 1988, 66, 116.

10. (a) Falmagne, J. - B. ; Escudero, J. ; Taleb - Sahraoui, S. ; Ghosez, L. Angew. Chem. , Int. Ed. Engl. 1981, 20, 879. (b) Schmit, C. ; Sahraoui - Taleb, S. ; Differding, E. ; Dehasse - De Lombaert, C. - G. ; Ghosez, L. Tetrahedron Lett. 1984, 25, 5043. (c) Génicot, C. ; Gobeaux, B. ; Ghosez, L. Tetrahedron Lett. 1991, 31, 3827.

11. (a) Houge, C. ; Frisque - Hesbain, A. - M. ; Mockel, A. ; Ghosez, L. ; Declercq, J. P. ; Germain, G. ; Van Meerssche, M. J. Am. Chem. Soc. 1982, 104, 2920. (b) Saimoto, H. ; Houge, C. ; Hesbain - Frisque, A. - M. ; Mockel, A. ; Ghosez, L. Tetrahedron Lett. 1983, 24, 2251. (c) Génicot, C. ; Ghosez, L. Tetrahedron Lett. 1992, 33, 7357. (d) Ghosez, L. ; Génicot, C. ; Gouverneur, V. Pure Appl. Chem. 1992, 64, 1849.

12. (a) Rens, M. ; Ghosez, L. Tetrahedron Lett. 1970, 3765. (b) Vittorelli, P. ; Heimgartner, H. ; Schmid, H. ; Hoet, P. ; Ghosez, L. Tetrahedron 1974, 30, 3737. (c) Demoulin, A. ; Gorissen, H. ; Hesbain - Frisque, A. - M. ; Ghosez, L. J. Am. Chem. Soc. , 1975, 97, 4409.

13. Marchand - Brynaert, J. ; Ghosez, L. J. Am. Chem. Soc. 1972, 94, 2869.

14. Wiaux - Zamar, C. ; Dejonghe, J. - P. ; Ghosez, L. ; Normant, J. - F. ; Villieras, J. Angew. Chem. , Int. Ed. Engl. 1976, 15, 371.

15. Toye, J. ; Ghosez, L. J. Am. Chem. Soc. 1975, 97, 2276.

16. Da Costa, R. ; Gillard, M. ; Falmagne, J. - B. ; Ghosez, L. J. Am. Chem. Soc. 1979, 101, 4381.

17. Ahlbrecht, H. ; Farnung, W. Synthesis 1977, 336.

18. (a) King, R. B. ; Hodges, K. C. J. Am. Chem. Soc. 1974, 96, 1263. (b) King, R. B. ; Hodges, K. C. J. Am. Chem. Soc. 1975, 97, 2702.

三甲基苄铵二氯化碘盐

(Benzyltrimethylammonium Dichloroiodate[1])

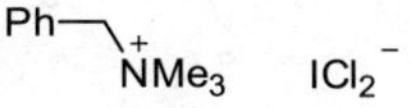

Ph—\ $\overset{+}{N}Me_3$ ICl_2^-

[114971-52-7] $C_{10}H_{16}Cl_2N$ (MW 348.05)

相转移类型的卤化试剂,该试剂既可以进行碘化,也可以进行氯化反应。

用于芳香化合物的碘化试剂[1];对不饱和键进行氯碘化物的加成[1];乙酰基衍生物进行氯化[1]。

物理数据:熔点 125~126℃.

溶解性:溶于乙腈、硝酸甲酯、二甲基亚砜、二甲基甲酰胺;微溶于甲醇、乙醇、醋酸乙酯;不溶于正己烷、乙醚、四氯化碳、氯仿、苯、醋酸。

供应形式:黄色针状化合物。

试剂的纯度分析:核磁共振(CD_3Cl)3.11(S,9h,3,CH_3),4.48(s,2H,CH_2),7.50(S,5H,C_6H_5)。

制备方法:在 30 分钟内,向苄基三甲基氯化铵(18.6g,0.1mol)的水溶液(100mL)滴加 ICl(16.2g,0.1mol)的二氯化碳溶液(200mL),产量 30g(86%)[2]。

提纯:用二氯甲烷-乙醚重结晶(3∶1)。

处理.储存和注意事项:稳定的固体;在水中逐渐分解。该试剂应在通风柜中进行操作。

芳香化合物的亲电碘化反应

三甲基苄铵二氯化碘盐(化合物 a)可代替黏性碘一氯化物,化学计量地对芳族化合物进行碘化反应[反应式(1)]。化合物 a 的碘化能力明显高于分子碘的碘化能力。

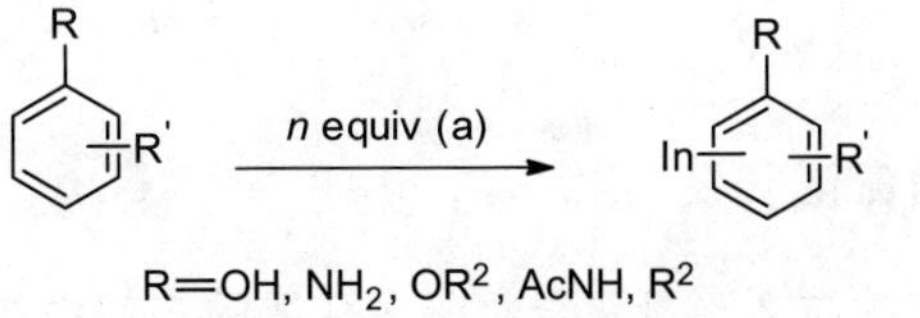

$$\text{C}_6\text{H}_4(\text{R})(\text{R}') \xrightarrow{n\ \text{equiv (a)}} \text{I}_n\text{-C}_6(\text{R})(\text{R}') \tag{1}$$

R═OH, NH_2, OR^2, AcNH, R^2

在粉末碳酸钙或碳酸氢钠存在下,酚类与化合物 a 的二氯甲烷-甲醇溶液在室温下反应数小时得到碘苯酚,产率为 63%~96%。甲醇的存在明显促进反应,所以活性物质很有可能是化合物 a 和甲醇反应产生的次碘酸甲酯(MeOI)。用碳酸氢钠主要用于带有吸电子取代基苯酚的碘化,而碳酸钙用于带有推电子基团的苯酚的碘化[2]。

在室温下芳香胺与化合物 a 的二氯甲烷-甲醇溶液进行反应,在碳酸钙粉末存在下得到碘取代的芳香胺(收率 73%～96%)。在这些情况下,需要加入碳酸钙粉末以除去所产生的盐酸。在氯化锌的存在下,在室温下芳族醚与化合物 a 的乙酸溶液反应,产生碘取代的芳族醚(收率 87%～98%)。该试剂在室温下不溶于乙酸,但是加入氯化锌增加其溶解度,允许芳香醚在温和条件下进行碘化。该反应需要相对于化合物 a 的等物质的量的氯化锌。因此,通过上述碘化,2-甲基苯甲醚得到产率为 97%的 4-碘-2-甲基苯甲醚[4]。

在室温或在 70℃下,乙酰苯胺与化合物 a 的醋酸-氯化锌的溶液反应产生碘取代的乙酰苯胺(60%～97%产率)。因此,在室温下用化合物 a 的醋酸-氯化锌溶液和乙酰苯胺 2 小时,得到 77%产率的 4-碘-N-乙酰苯胺[5]。

在室温或在 70℃下,简单芳烃与化合物 a 在醋酸-氯化锌溶液反应生成 40%～99%产率的碘取代产物。因此,在室温下用 1 当量的化合物 a 和 1,4-二甲苯反应 16 小时,得到 75%产率的 2-碘-1,4-二甲苯,用 2 当量的化合物 a 在 70℃下反应 72 小时,得到 67%产率的 2,5-二碘-1,4-二甲苯[6]。在室温碳酸钙存在下,4-氨基苯甲酸乙酯与 1 当量化合物 a 的二氯甲烷-甲醇和碳酸钙体系反应 48 小时,得到 4-氨基-3-碘苯甲酸乙酯,产率为 97%[7]。在温和条件下,噻吩类化合物与化合物 a 的醋酸-氯化锌溶液反应得到碘取代的噻吩(产率 39%～98%)。例如,在室温氯化锌存在下,3-甲基噻吩与 2 当量的化合物 a 的乙酸溶液反应 4 小时,得到 2,5-二碘-3-甲基噻吩,产率为 92%[8]。

氯代碘加成不饱和键

在室温下,烯烃与化合物 a 的二氯甲烷溶液反应可生成反式的立体选择性和区域选择性的氯碘加合物[反应式(2)];在甲醇中,除了生成该加合物外,还生成和甲醇一起形成加合物[9]。

R (a) CH_2Cl_2 R Cl I (2)

乙酰基衍生物的氯化

芳族乙酰基衍生物与 2 当量化合物 a 在合适的溶剂中的反应得到氯乙酰基衍生物[反应式(3)]。因此,苯乙酮与化合物 a 在回流二氯二乙硫醚-甲醇中反应 3 小时,得到 97%产率的氯乙酰苯[10],在室温下 2-乙酰基吡咯与化合物 a 的 THF

溶液中反应 12 小时,得到 2-氯乙酰基吡咯,产率为 85%[11]。

$$ArCOCH_3 \xrightarrow{\text{2 equiv (a)}} ArCOCH_2Cl \tag{3}$$

Ar=Ph, 2-pyrrolyl

参考文献

1. Kajigaeshi, S.; Kakinami, T. Yuki Gosei Kagaku Kyoukai Shi 1993, 51, 366 (Chem. Abstr. 1993, 119, 94 683a).

2. Kajigaeshi, S.; Kakinami, T.; Yamasaki, H.; Fujisaki, S.; Kondo, M.; Okamoto, T. Chem. Lett. 1987, 2109.

3. Kajigaeshi, S.; Kakinami, T.; Yamasaki, H.; Fujisaki, S.; Okamoto, T. Bull. Chem. Soc. Jpn. 1988, 61, 600.

4. Kajigaeshi, S.; Kakinami, T.; Moriwaki, M.; Watanabe, M.; Fujisaki, S.; Okamoto, T. Chem. Lett. 1988, 795.

5. Kajigaeshi, S.; Kakinami, T.; Watanabe, F.; Okamoto, T. Bull. Chem. Soc. Jpn. 1989, 62, 1349.

6. Kajigaeshi, S.; Kakinami, T.; Moriwaki, M.; Tanaka, T.; Fujisaki, S.; Okamoto, T. Bull. Chem. Soc. Jpn. 1989, 62, 439.

7. Hirschfeld, J.; Buschauer, A.; Elz, S.; Schunack, W.; Ruat, M.; Traiffort, E.; Schwartz, J.-C. J. Med. Chem. 1992, 35, 2231.

8. Okamoto, T.; Kakinami, T.; Fujimoto, H.; Kajigaeshi, S. Bull. Chem. Soc. Jpn. 1991, 64, 2566.

9. Kajigaeshi, S.; Moriwaki, M.; Fujisaki, S.; Kakinami, T.; Okamoto, T. Bull. Chem. Soc. Jpn. 1990, 63, 3033.

10. Kajigaeshi, S.; Kakinami, T.; Moriwaki, M.; Fujisaki, S.; Maeno, K.; Okamoto, T. Synthesis 1988, 545.

11. Croce, P. D.; Ferraccioli, R.; Ritieni, A. Synthesis 1990, 212.

苄基三甲基铵四氯碘酸盐
(Benzyltrimethylammonium Tetrachloroiodate)[1]

$$PhCH_2\overset{+}{N}Me_3ICl_4^-$$

[121309－88－4]　$C_{10}H_{16}Cl_4IN$　(MW 418.96)

相转移类型的卤化试剂，该试剂主要用于氯化反应。

芳香族化合物的氯化试剂[1]；也可用于芳香族化合物的侧链氯化[1]；烯烃的氯加成[1]反应。

物理数据：熔点 106～125℃(在 106～107℃烧结，并在 125℃完全熔化)。

溶解性：溶于乙腈、硝酸甲酯、二甲基亚砜、二甲基甲酰胺；微溶于甲醇、乙醇、乙酸、乙酸乙酯、氯仿、二氯甲烷；不溶于正己烷、四氯化碳、苯、水。

供应形式：黄色针状物。

试剂的纯度分析：^1H 核磁共振(CD_3CN)3.07(S，9H，$3CH_3$)，4.40(s，2H，CH_2)、7.50(S，5H，C_6H_5)。

制备方法：将氯气鼓泡通入苄基三甲基氯化铵(18.6g，0.1mol)和碘(12.7g，0.05mol)的二氯甲烷(300mL)溶液中反应 15 分钟；产量 40g(95%)[2]。另一替代方法，参见 Kajigaeshi 等[3]。

操作、储存和注意事项：稳定的固体，但与空气长时间接触后会逐渐分解，释放 Cl_2。该试剂应在通风橱中处理。

芳香族化合物的亲电氯化

该固体试剂(a)用于氯化芳香族化合物[反应式(1)]比有毒的氯气更安全且使用更方便。

$$R-C_6H_4-R^1 \xrightarrow{n\ \text{equiv(a)}} R-C_6H_3(Cl_n)-R^1 \qquad (1)$$

R=OH,NH$_2$,OR^2,AcNH,R^2

在室温下，酚与(a)的二氯甲烷溶液反应得到氯取代的酚(产率 66%～91%)。在这些情况下，芳环中具有推电子基团的酚的氯化往往得到多氯取代的酚；然而，具有吸电子基团的酚的氯化可以逐步进行氯化控制[4]。

在室温或在 70℃下，芳胺与计算量的(a)的乙酸溶液反应得到氯取代的芳族胺(产率 66%～99%)。氯化中的活性物质可能是乙酰次氯酸酐(AcOCl)。在这些情况下，芳环中具有吸电子基团的胺的氯化可生成所需的氯取代产物，但是具有供电子基团的芳胺的氯化导致氧化产物的生成[5]。

在温和条件下，芳族醚与计算量的(a)的乙酸或二氯甲烷溶液反应选择性地产生氯取代的芳族醚(产率71%～96%)。但对硝基苯甲醚不能进行氯化[6]。

在室温或在70℃下，乙酰苯胺与计算量的(a)的乙酸溶液反应选择性地生成预期的氯代乙酰苯胺(产率81%～93%)。但硝基乙酰苯胺的氯化不能进行[7]。

在室温或在70℃下，芳烃与计算量的(a)的乙酸溶液反应得到芳族氯化物(产率40%～99%)。因此，用1，2和3当量的(a)和1，3，5-三甲基苯得到1-氯-，1，3-二氯-和1，3，5-三氯-2，4，6-三甲基苯[8]。在室温或在70℃下，噻吩与(a)的乙酸溶液反应生成氯取代的噻吩。例如，3-甲基噻吩与2当量的(a)反应得到2，5-二氯-3-甲基噻吩，产率81%[9]。

芳香化合物的侧链氯化

存在下芳烃与(a)的四氯化碳溶液回流得到氯取代的化合物。因此，甲苯与1当量的(a)反应4小时分别得到苄基氯和亚苄基二氯化物，产率分别为77%和11%[3]。苯乙酮[反应式(2)]与1当量的(a)的1，2-二氯乙烷-甲醇溶液回流得到氯乙酰基衍生物(产率95%～99%)。因此，用(a)和苯乙酮反应3小时，得到99%产率的氯乙酰苯。在70℃下苯乙酮与2当量的(a)的乙酸溶液反应，得到二氯乙酰基衍生物(产率66%～99%)。以这种方式，用2当量的(a)氯化苯乙酮5小时，得到2，2-二氯-1-苯基乙酮，产率为90%[10]。

$$\text{Ar-COMe} \xrightarrow[\text{solvent, }\triangle]{n\text{ equiv(a)}} \text{Ar-COCH}_2\text{Cl or Ar-COCHCl}_2 \tag{2}$$

solvent: n=1, $ClCH_2CH_2Cl$-MeOH; n=2, AcOH

烯烃的氯加成

在室温下，烯烃与1当量的(a)的二氯甲烷溶液反应以非立体选择性方式得到预期的氯加合物[反应式(3)]。在甲醇或乙酸中，该反应以区域选择性方式与溶剂一起产生氯加合物[11].

(3)

(1), CH_2Cl_2, rt

(1), ROH. rt (R=Me, Ac)

参考文献

1. Kajigaeshi,S. ;Kakinami,T. Yuki Gosei Kagaku Kyokai Shi 1993,51,366 (Chem. Abstr. 1993,119,94 683a).

2. Kajigaeshi, S. ; Kakinami, T. ; Ikeda, H. ; Okamoto, T. Chem. Express 1988,3,659(Chem. Abstr. 1989,111,23 161c).

3. Kajigaeshi,S. ;Kakinami,T. ;Moriwaki,M. ;Tanaka,T. ;Fujisaki,S. Tetrahedron Lett. 1988,29,5783.

4. Kajigaeshi,S. ; Shinmasu, Y. ; Fujisaki, S. ; Kakinami, T. Chem. Express 1990,5,141(Chem. Abstr. 1990,113,40 051a).

5. Kakinami, T. ; Nozu, T. ; Yonemaru, S. ; Okamoto, T. ; Shinmasu, Y. ; Kajigaeshi,S. Nippon Kagaku Kaishi 1991, 44 (Chem. Abstr. 1991, 114, 163 624t).

6. Kajigaeshi, S. ; Shinmasu, Y. ; Fujisaki, S. ; Kakinami, T. Chem. Lett. 1989,415.

7. Kajigaeshi, S. ; Shinmasu, Y. ; Fujisaki, S. ; Kakinami, T. Bull. Chem. Soc. Jpn. 1990,63,941.

8. Kajigaeshi, S. ; Ueda, Y. ; Fujisaki, S. ; Kakinami, T. Bull. Chem. Soc. Jpn. 1989,62,2096.

9. Okamoto, T. ; Kakinami, T. ; Fujimoto, H. ; Kajigaeshi, S. Bull. Chem. Soc. Jpn. 1991,64,2566.

10. Kakinami,T. ;Urabe,Y. ;Hermawan,I. ;Yamanishi,H. ;Okamoto,T. ; Kajigaeshi, S. Bull. Chem. Soc. Jpn. 1992,65,2549.

11. Kajigaeshi,S. ;Moriwaki,M. ;Fujisaki,S. ;Kakinami,T. Chem. Express 1991,6,185(Chem. Abstr. 1991,114,228 435d).

苄基重氮甲烷(Phenyldiazomethane)[1]

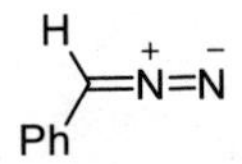

[334-88-3]　$C_7H_6N_2$　(MW 118.15)

酸和醇的烃基化试剂，和亚胺、烯烃反应生成苯基氮杂环丙烷和苯基环丙烷[1]。

物理数据：室温下为液体，熔点 37～41℃(1.5mmHg)。

溶解性：溶于大多数有机溶剂，包括醚、二氯甲烷、甲醇、乙腈。

制备方法：可以用不同的方法制备[2]。最常用的方法是对由苯甲醛制备的甲苯磺酰腙的钠盐进行真空裂解，该方法收率也最高[3]。即在 0.1mmHg 真空条件下，220℃对其钠盐进行无溶剂的热解。生成的红色苯基重氮甲烷用接受瓶在低温下收集，而后在低于室温下进行减压蒸馏，然后马上使用。

处置、储存和注意事项：可在－80℃储存好几个月，但是在－20℃时几周后会进行大量分解。该化合物易爆，如其溶液在室温下搁置 1 小时就会发生剧烈的分解而后马上爆炸。如在高于 30℃进行蒸馏也会发生爆炸。因为这个原因，操作时必须特别小心，必须在通风橱里的防爆柜中进行反应。重氮化合物，一般来说有毒，有刺激性，也对光敏感。所以操作时必须是在通风良好的通风橱中进行，而且不能接触皮肤。如果要看重氮化合物的危害，可参阅重氮甲烷。

杂原子进行烃基化

和重氮甲烷一样，苯基重氮甲烷最主要的作用是对酸进行烃基化。一旦重氮烷烃加入到溶液，反应马上进行。反应后的唯一副产物是氮气，这样就简化了后处理。这个反应一般需要酸先对苯基重氮甲烷的碳原子进行质子化生成相应的重氮盐。然后由羧酸根进行亲核进攻生成苄酯和氮气。该方法也可以把羧酸转化其相应的苄酯而进行保护，然后通过氢解还原成羧酸。这种方法是一非常好的保护方法，特别是有些酸对碱比较敏感，不能进行皂化反应。该方法对一系列官能团也是相容的，如酮、酰胺、醇[反应式(1)][4]、亚胺、硫醚[反应式(2)][5]、硝基[反应式(3)][6]，以及其他的非酸性官能团。

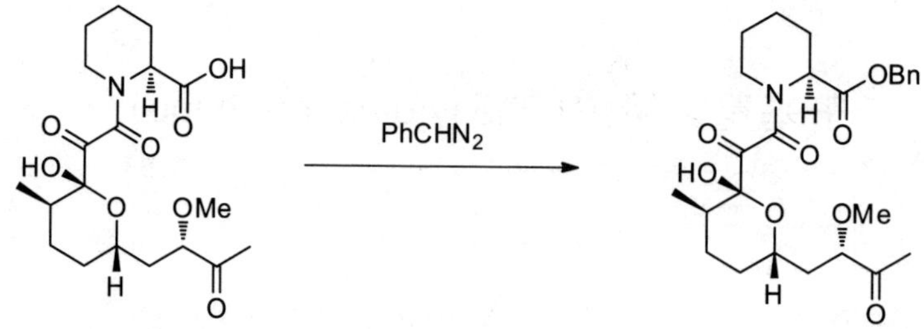

N H OH O O O HO O OMe H O —— $PhCHN_2$ ——> N H OBn O O O HO O OMe H O (1)

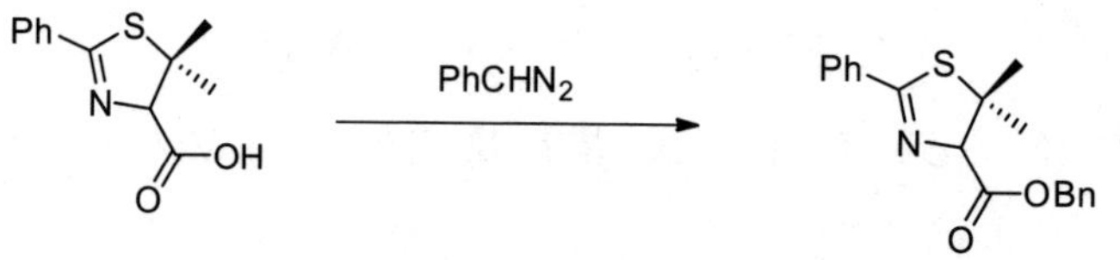

Ph S N OH O —— $PhCHN_2$ ——> Ph S N OBn O (2)

HO O O_2N O N H NH —— $PhCHN_2$ ——> BnO O O_2N O N H NH (3)

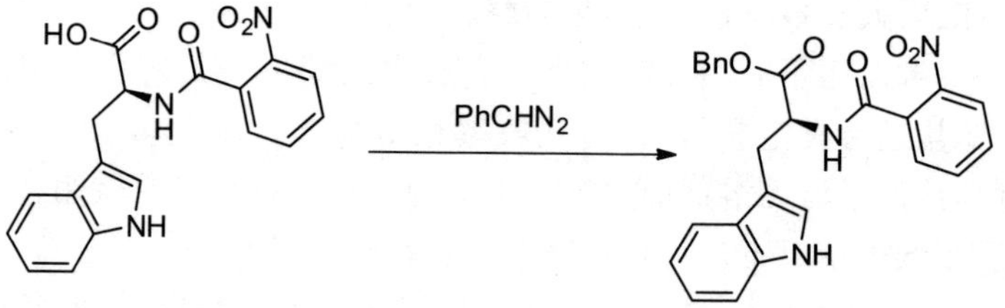

其他的酸性官能团也可以用苯基重氮甲烷进行烃基化。磷酸酯[反应式(4)][7]和异噁唑[反应式(5)][8]都非常容易和苯基重氮甲烷进行酯化反应。对于异噁唑,发现O和N同时进行烃基化,得到混合产品。如果用重氮甲烷进行酯化,酸性较弱的化合物需催化剂进行催化才能进行反应。譬如对醇和胺进行烃基化一般用三氟乙酸做催化剂,效果相当好[反应式(6)、(7)][9]。由于氨基反应较慢,所以当氨基和羟基同时存在的时候,一般先对羟基进行烃基化。$SnCl_2$也可以用作对醇进行苄基化的催化剂;但是这个试剂对1,2-二醇只能进行单烃基化[10],收率至多中等。

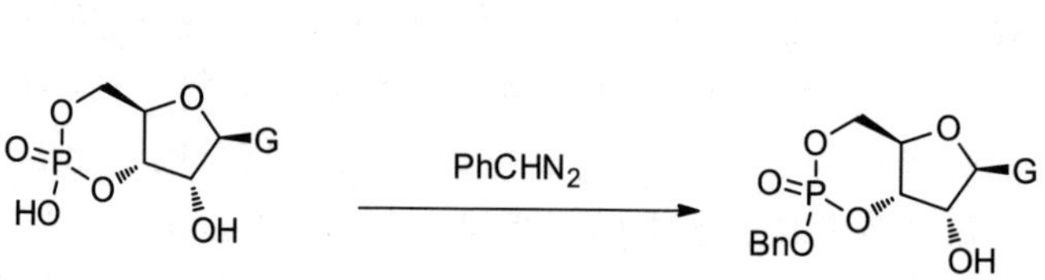

O O=P HO O O G OH —— $PhCHN_2$ ——> O O=P BnO O O G OH (4)

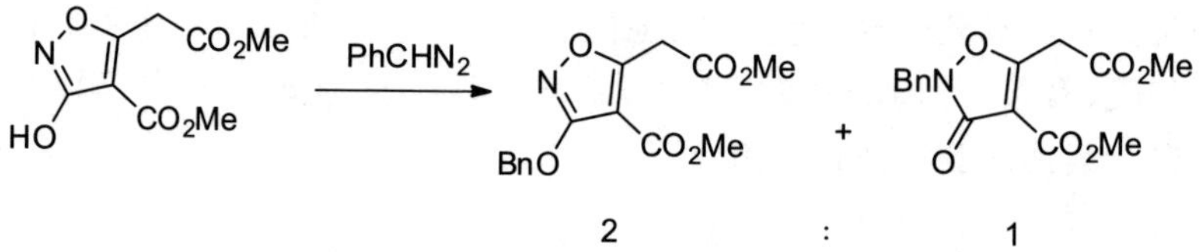

N O HO CO_2Me CO_2Me —— $PhCHN_2$ ——> N O BnO CO_2Me CO_2Me + BnN O O CO_2Me CO_2Me (5)

2 : 1

(6) cyclohexanol + $PhCHN_2$ / HBF_4 → cyclohexyl-OBn

(7) cyclohexylamine (NH_2) + $PhCHN_2$ / HBF_4 → cyclohexyl-NBn_2

环加成反应

和其他的重氮烃基化试剂一样，当和烯烃反应时可生成吡唑啉[11]。吡唑啉加热，脱去一分子的氮气生成环丙烷。如果烯烃含有 TMS 取代基，生成的吡唑啉在脱氮的同时会消除 TMS，生成苯基取代 α，δ 不饱和酯[反应式(8)][12]。该反应并不是一般的重氮化试剂的反应，只能对某些重氮化试剂如苯基重氮甲烷进行反应。苯基重氮甲烷还可以用来对烯烃进行环丙烷反应；该反应可以在光化学条件下进行[13]，也可以用金属 Ru 或 $ZnCl_2$ 作为催化剂[14]。非常有趣的是，这两者不同条件下进行的反应主要得到顺式的产品混合物，但比例不同[反应式(9)、(10)]。用金属 Rh^{II} 进行催化的反应主要对富电子烯烃，如乙烯醚；而用 $ZnCl_2$ 作为催化剂的一般使用过量的烯烃。在 ZnI_2 存在下，苯基重氮甲烷对亚胺进行加成反应生成氮杂环丙烷[15]。反应的收率可高(74%)，也可低(9%)，一般收率为 50%左右。这个对于重氮烷烃来说，不是普遍进行的反应。比如重氮甲烷、重氮乙酸乙酯、重氮乙腈、重氮丙二酸二甲酯等就不能进行。

(8) TMS-CH=CH-C(O)OMe + $PhCHN_2$ → [pyrazoline: Ph, TMS, CO_2Me, N=N] → Ph-CH=CH-CH_2-C(O)OMe

(9) cis-2-butene + $PhCHN_2$ / hv → Ph-cyclopropane isomers + ; 1.1 : 1

(10) cis-2-butene + $PhCHN_2$ / $ZnBr_2$ → Ph-cyclopropane isomers + ; 4.7 : 1

同系化

苯基重氮甲烷可以用来对醛进行同系化反应[反应式(11)]。该反应一般需要LiBr的催化,对于一系列不同的醛都可以进行反应,收率都不错。但是对α,β-烯醛不进行反应。其他的卤化锂催化效果不如溴化锂,如果换作其他的碱金属,基本不起作用[16]。

$$\mathrm{RCHO}\ \xrightarrow[\mathrm{LiBr}]{\mathrm{PhCHN_2}}\ \mathrm{RCOCH_2Ph} \qquad (11)$$

R=alkyl,Ph

参考文献

1. Regitz, M.; Maas, G. Diazo Compounds, Properties and Synthesis; Academic: Orlando,1986.

2. For a discussion of other methods for the preparation of phenyldiazomethane,see: Ref. 3;Gutsch,C. D.;Jason,E. F. J. Am. Chem. Soc. 1956,78,1184;Bamford, W. R.;Stevens,T. S. J. Chem. Soc. 1952,4735; Closs,G. L.;Moss,R. A. J. Am. Chem. Soc. 1964,86,4042;Kaufman,G. M.;Smith,J. A.;Vander Stouw,G. G.; Shechter,H. J. Am. Chem. Soc. 1965,87,935;Yates,P.;Shapiro,B. L. J. Org. Chem. 1958,23,759.

3. Creary,X. Org. Synth. ,Coll. Vol. 1990,7,438.

4. Goulet,M. T.;Boger,J. Tetrahedron Lett. 1990,31,4845.

5. Bose,A. K.;Manhas,M. S.;Chib,J. S.;Chawala,H. P. S.;Dayal,B. J. Org. Chem. 1974,39,2877.

6. Buchi,G.;DeShong,P. R.;Katsumura,S.;Sugimura,Y. J. Am. Chem. Soc. 1979,101,5084.

7. Engels,J. Bioorg. Chem. 1979,8,9.

8. Stork,G.;Hagedorn,A. A. J. Am. Chem. Soc. 1978,100,3609.

9. Liotta, L.; Ganem, B. Tetrahedron Lett. 1989, 30, 4759; Liotta, L.; Ganem,B. Isr. J. Chem. 1991,31,215.

10. Christensen,L. F.;Broom,A. D. J. Org. Chem. 1972,37,3398

11. Kano,K.;Scarpetti,D.;Warner,J.;Anseleme,J-P.;Springer,J. P.; Arison,B. H. Can. J. Chem. 1986,64,2211;Overberger,C. G.;Anseleme,J-P. J. Am. Chem. Soc. 1964,86,658.

12. Cunico,R. F.;Lee,H. M. J. Am. Chem. Soc. 1977,99,7613.

13. Closs,G. L. ;Moss,R. A. J. Am. Chem. Soc. 1964,86,4042.

14. Doyle,M. P. ;Griffin,J. H. ;Bagheri,V. ;Dorow,R. L. Organometallics 1984,3, 53;Goh,S. H. ;Closs,L. E. ;Closs,G. L. J. Org. Chem. 1969,34,25.

15. Bartnik,R. ;Mloston,G. Synthesis 1983,924.

16. Loeschorn,C. A. ;Masayuki,N. ;McCloskey,P. J. ;Anselme,J – P. J. Org. Chem. 1983,48,4407.

苄基磺酰基重氮甲烷(Benzylsulfonyldiazomethane)[1]

$Ph\diagdown\diagup SO_2CHN_2$

[1588-80-3]　$C_8H_8N_2O_2S$　(MW 196.22)

安全的、非爆炸的、储存稳定的重氮甲烷替代试剂[2]；和重氮甲烷进行类似的反应，例如扩环[3]和 Arndt-Eistert 合成[4]；也可以用来制备各种取代的苄基砜。

别名：BSDM。

物理数据：熔点 98～99℃；亮黄色固体。

溶解性：溶于含卤的有机溶剂。

供应形式：不可商购。

制备方法：从相应的氨基甲酸酯用亚硝酰氯化物进行亚硝化后，随后在中性氧化铝上进行重排进行制备[2]，或通过在三乙胺存在下，通过苄基磺酰基乙酸乙酯与对甲苯磺酰叠氮化物的反应进行制备[5]。

处置、储存和注意事项：还没有报道毒性数据；非爆炸性，在－20℃下可稳定保存 4 个月以上。在通风橱中使用。

重氮甲烷的替代反应

苄基磺酰基重氮甲烷(BSDM)的许多反应类似于重氮甲烷的反应，因为这个原因其充作为重氮甲烷替代物。当在氯化钛(Ⅳ)的存在下用 BSDM 处理时，环烷酮转化成相应的环扩大的苄基磺酰基酮。然后将它们在溴化之后，再和银离子反应可转化为合成上有用的乙烯基砜[反应式(1)]。BSDM 也可以很好地用于制备重氮磺酰基酮，该酮是 Wolff 重排前体[反应式(2)][6]。当苄基磺酰基重氮酮和用醇反应时也可以转化成磺酰基酯[反应式(3)][4]。

$n(H_2C)$ 环酮 $\xrightarrow[TiCl_4, CH_2Cl_2, 40\%\sim85\%]{BnSO_2CHN_2}$ $n(H_2C)$ 环扩大的 2-(SO_2Bn)环酮

$(n=1\sim10)$　$\xrightarrow[2.AgNO_3, 40\%\sim60\%]{1.Br_2, HOAc, Et_2O, 35\%\sim95\%}$ $n(H_2C)$ 环烯基 SO_2Bn　(1)

$$BnSO_2CHN_2 \xrightarrow{RCOCl} RC(O)C(N_2)SO_2Bn \xrightarrow[2.Na,EtOH,THF,70\%\sim75\%]{1.H_2O,PhMe,60\%\sim85\%} RCH_2CO_2H \qquad (2)$$

$$BnO_2SC(N_2)C(O)R \xrightarrow[PhMe,4h,92\%,R=Ph]{BnOH} RCH(CO_2Bn)SO_2Bn \qquad (3)$$

取代砜

当用亚硝酰氯和BSDM反应时,生成三种产物,主要产品为α-氯砜,同时也生成肟作为腈氧化物的前体[反应式(4)][1]。BSDM与次磺酰氯反应得到α-氯-次磺酰基砜[反应式(5)][7],而如和叔丁基次氯酸酯的醇溶液反应能够合成α-烷氧基α-氯砜,其中烷氧基来自于醇溶剂[反应式(6)][8]。最后,如BSDM和对甲苯磺酸反应得到相应的对甲苯磺酸酯,收率为88%[5]。

$$BnSO_2CHN_2 \xrightarrow[CCl_4,-5℃]{ClNO} \underset{26\%}{BnSO_2(Cl)C{=}NOH} + \underset{10\%}{\text{3,4-bis}(BnSO_2)\text{-1,2,5-oxadiazole}} + \underset{43\%}{BnSO_2CH_2Cl} \qquad (4)$$

$$BnSO_2CHN_2 \xrightarrow[CH_2Cl_2,-5℃,\ 55\%\sim97\%,R=Ar,Et]{ClSR} BnSO_2CH(SR)Cl + N_2 \qquad (5)$$

$$BnSO_2CHN_2 \xrightarrow[ROH]{t\text{-}BuOCl} BnSO_2CH(OR)Cl \qquad (6)$$

92%,R=Et　95%,R=*t*-Bu

参考文献

1. van Leusen, A. M.; Strating, J. Q. Rep. Sulfur Chem. 1970, 5, 67.

2. van Leusen, A. M.; Strating, J. Recl. Trav. Chim. Pays - Bas 1965, 84, 151.

3. Toyama, S.; Aoyama, T.; Shioiri, T. Chem. Pharm. Bull. 1982, 30, 3032.

4. Kuo, Y. - C.; Aoyama, T.; Shioiri, T. Chem. Pharm. Bull. 1982, 30, 526.

5. Hua, D. H.; Peacock, N. J.; Meyers, C. Y. J. Org. Chem. 1980, 45, 1717.

6. Kuo, Y. - C.; Aoyama, T.; Shioiri, T. Chem. Pharm. Bull. 1982, 30, 2787.

7. Strating, J.; Reitsma, J. Recl. Trav. Chim. Pays-Bas 1966, 85, 421.

8. Zwanenburg, B.; Middelbos, W.; Hemke, G. J. K.; Strating, J. Recl. Trav. Chim. Pays-Bas 1971, 90, 429.

烯丙叉三苯基膦(Allylidenetriphenylphosphorane)[1]

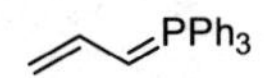

[15935-94-1]　$C_{21}H_{19}P$　(MW 302.36)

维蒂希试剂用于1,3-二烯的合成[2]和迈克尔加成反应[3]。

物理数据:已进行过^{13}C NMR和^{31}P NMR研究[4],钼和钨配合物的X射线结构[5]和生成热已见报道[6]。

溶解性:溶于四氢呋喃[7]、甲苯[8]。

供应形式:制备后直接使用。

制备方法:该维蒂希试剂通常是从烯丙基三苯基溴化膦或氯化膦,用正丁基锂或苯基锂制备[2,3,9]。结构相关的类似物也可以用类似的方法制备:2-丁烯叉三苯基膦[10];3-甲基-2-丁烯叉三苯基膦[10];反式-2-辛烯叉三苯基膦[11];(反)戊二烯叉三苯基膦[11];(*E*)-2,4-己二烯叉三苯基膦[12];2-烷烯叉三苯基膦[12];烯丙基三丁基膦[13];烷基取代的烯丙基叉三苯基膦可以通过二异丁基铝烯酰胺与甲叉三苯基膦反应制备[14]。

处理、储存及注意事项:必须在惰性气体里制备,转移时需用Ar或N_2保护,不能接触氧气和水分。

Wittig反应

烯丙叉三苯基膦,通常在与醛的羰基进行反应,得到(*E*)-和(*Z*)-1,3-二烯的混合物,收率良好[反应式(1)][2]。这一反应已被用于合成白三烯B4的中间体[反应式(2)][15]。该试剂与酮进行维悌希反应需在较高温度下进行[反应式(3)][16]。与此相反,如用DBU在甲醇中回流生成烯丙叉三苯基正膦,再与醛类的缩合反应优先形成3′-取代产物[17]。

PhCHO —(=PPh$_3$, Et_2O)→ Ph　(1)

E:*Z*=55:45; 58%

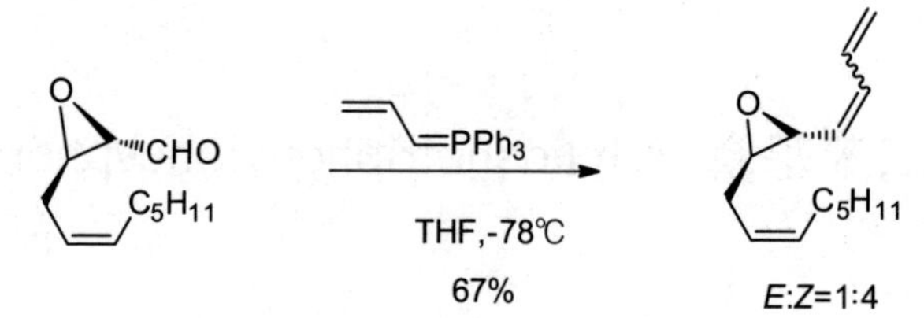

(2)

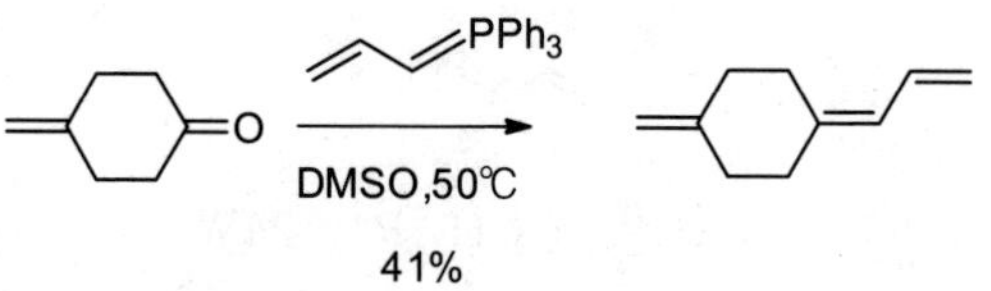

(3)

结构上相关的烯丙叉三苯基膦已被广泛用于维蒂希烯化反应[11-13]。(*E*)-2-辛烯叉三苯基膦与丙烯醛反应生成(*E*)-三烯和(*Z*)-三烯比例为 3∶2 的混合物[反应式(4)][11]。在该反应中起始原料 2-辛膦鏻溴化物(*E*)式的几何结构不管是在叶立德形成期间,还是和醛的后续反应生成烯烃的过程中一直保留。醛类与烯丙基磷叶立德的维悌希烯化的立体化学已经被田村等人广泛研究[18]。(*Z*)-1,3-二烯的选择性的合成已经通过从烯丙基二苯基膦制备的烯丙基钛试剂,和醛的缩合来制备[(*E*)-1,3-二烯的合成,也见烯丙基二苯基氧化膦][19]。

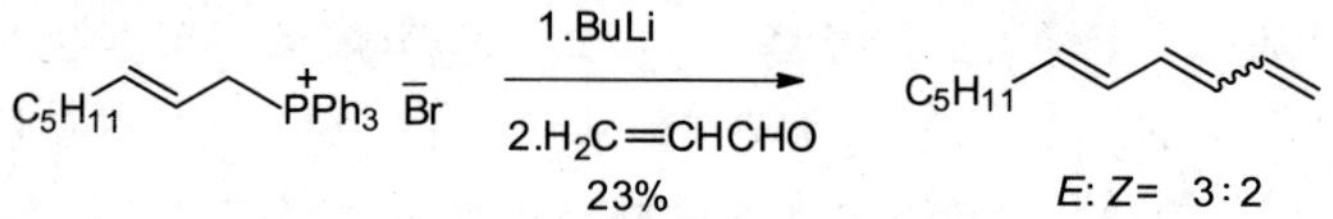

(4)

共轭加成

烯丙叉三苯基膦和烯酮发生反应,得到环状 1,3-二烯[反应式(5)][3,20]。在该反应中内鎓盐向烯酮的 4-碳的先发生加成反应,然后生成的内鎓盐(a)经历分子内的 Wittig 缩合以产生-1,3-二烯。有张力的桥头烯烃(b)也通过这个方法成功地制备[20]。相反,和氯代的不饱和酮的反应,接着和苯甲醛反应,得到三烯(c)[21]。

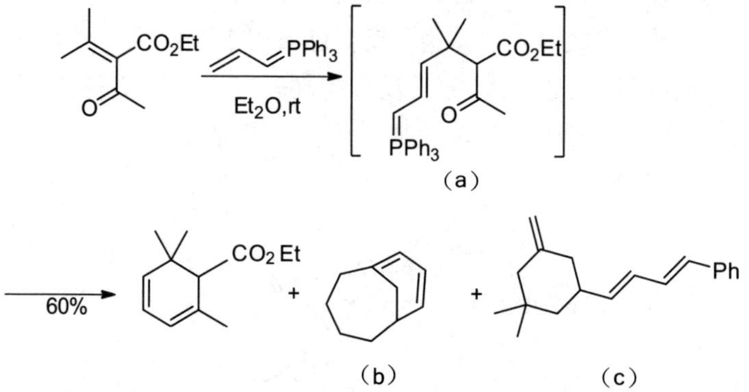

(3)

其他反应

烯丙叉三苯基膦对苯炔进行加成反应，随后用 HBr 进行处理得到肉桂溴化鏻[22]。与三甲基氯硅烷进行硅烷化反应区域选择性的发生在 4 -位[23]，与异氰酸酯反应得到 3 -吡啶基膦[24]。

参考文献

1. (a) Maercker, A. Org. React. 1965, 14, 270. (b) Bestmann, H. J.; Zimmermann, R. Organic Phosphorus Compounds; Kosolapoff, G. M., Maier, L., Eds.; Wiley - Interscience: New York, 1972; Vol. 3, pp 1 - 183. (c) Larock, R. C. comprehensive Organic Transformations; VCH: New York, 1989; pp 173 - 184. (d) Maryanoff, B. E.; Reitz, A. B. Chem. Rev. 1989, 89, 863 - 927.

2. Wittig, G.; Schöllkopf, U. Ber. Dtsch. Chem. Ges. /Chem. Ber. 1954, 87, 1318

3. Büchi, G.; Wüest, H. Helv. Chim. Acta 1971, 54, 1767.

4. (a) Albright, T. A.; Gordon, M. D.; Freeman, W. J.; Schweizer, E. E. J. Am. Chem. Soc. 1976, 98, 6249. (b) Schlosser, M.; Lehmann, R.; Jenny, T. J. Organomet. Chem. 1990, 389, 149.

5. (a) Bassi, I. W.; Scordamaglia, R. J. Organomet. Chem. 1973, 51, 73. (b) Greco, A.; Scordamaglia, R. Chim. Ind. (Milan) 1973, 55, 241.

6. Arnett, E. M.; Wernett, P. C. J. Org. Chem. 1993, 58, 301.

7. Okada, K.; Nozaki, M.; Takashima, Y.; Nakatani, N.; Nakatani, Y.; Matsui, M. Agric. Biol. Chem. 1977, 41, 2205.

8. Davies, D. L.; Knox, S. A. R.; Mead, K. A.; Morris, M. J.; Woodward, P. J. Chem. Soc., Dalton Trans. 1984, 2293.

9. Schlosser, M.; Schaub, B. Chimia 1982, 36, 396.

10. Ipaktschi, J.; Saadatmandi, A. Justus Liebigs Ann. Chem. /Liebigs Ann. Chem. 1984, 1989

11. Näf, F.; Decorzant, R.; Thommen, W.; Willhalm, B.; Ohloff, G. Helv. Chim. Acta 1975, 58, 1016.

12. Boland, W.; Schroer, N.; Sieler, C.; Feigel, M. Helv. Chim. Acta 1987, 70, 1025.

13. Lubineau, A.; Augé, J.; Lubin, N. J. Chem. Soc., Perkin Trans. 1 1990, 3011.

14. Bogdanovic, B.; Konstantinovic, S. Synthesis 1972, 481.

15. (a) Mills, L. S.; North, P. C. Tetrahedron 1983, 24, 409. (b) Corey, E. J.; Marfat, A.; Goto, G.; Brion, F. J. Am. Chem. Soc. 1980, 102, 7984.

16. Tobe, Y.; Kishimura, T.; Kakiuchi, K.; Odaira, Y. J. Org. Chem. 1983, 48, 551

17. Vedejs, E.; Bershas, J. P.; Fuchs, P. L. J. Org. Chem. 1973, 38, 3625.

18. (a) Tamura, R.; Kato, M.; Saegusa, K.; Kakihana, M.; Oda, D. J. Org. Chem. 1987, 52, 4121. (b) Tamura, R.; Saegusa, K.; Kakihana, M.; Oda, D. J. Org. Chem. 1988, 53, 2723.

19. (a) Ukai, J.; Ikeda, Y.; Ikeda, N.; Yamamoto, H. Tetrahedron 1983, 24, 4029. (b) Ikeda, Y.; Ukai, J.; Ikeda, N.; Yamamoto, H. Tetrahedron 1987, 43, 723

20. (a) Dauben, W. G.; Hart, D. J.; Ipaktschi, J.; Kozikowski, A. P. Tetrahedron 1973, 4425. (b) Dauben, W. G.; Ipaktschi, J. J. Am. Chem. Soc. 1973, 95, 5088

21. Vedejs, E.; Bershas, J. P. Tetrahedron 1975, 31, 1359.

22. Zbiral, E. Monatsh. Chem. 1967, 98, 916

23. Shen, Y.; Wang, T. Tetrahedron 1990, 31, 543.

24. Capuano, L.; Willmes, A. Justus Liebigs Ann. Chem./Liebigs Ann. Chem. 1982, 80.

亚苄基三苯基膦(Benzylidenetriphenylphosphorane)[1]

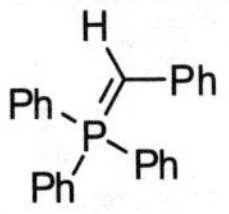

H
Ph—P(=CH—Ph)(Ph)Ph

[16721-45-2]　$C_{25}H_{21}P$　(MW 352.41)

用于将醛转化为烯烃的维蒂希试剂[1]。

供应形式：通常维蒂希试剂由适当的鏻盐原位制备。因此，通常制备苄基三苯基氯化膦作为白色粉末或与氨基钠 $NaNH_2$ 的混合物进行制备。

苄基三苯基氯化膦通过许多不同的碱和溶剂组合完成由该盐形成叶立德[1,2]。在最近的制备中，该盐通常在惰性气体保护下和碱的无水 THF 溶液进行制备。另一制备方法：亚苄基三苯基膦由 BuLi 或 KHMDS 制备，通过注射器加入进行制备[3a,b]；或者在干燥器中将该盐和 $NaNH_2$ 转移到烧瓶中，然后加入苯[4a]。也可以使用醇盐的质子溶剂中生成叶立德[5]（如乙醇钠-乙醇）或在相转移条件下（二氯甲烷/水和氨基钠）进行制备[6]。

提纯：苄基三苯基氯化膦可以从无水乙醇或三氯甲烷-石油醚中进行重结晶。

操作、储存和注意事项：苄基三苯基氯化膦是一种微吸湿固体。其可以在真空下的适当温度下（低于 10 托和 40℃）下过夜进行有效干燥。

亚苄基三苯基正膦如暴露于空气中可迅速和氧气或水分反应而遭到破坏，因此通常在使用前制备。然而，当在保护的条件下，叶立德的溶液可长时间保持稳定[7]。

用于醛转化成烯烃的维蒂希试剂

亚苄基三苯基膦与醛反应生成烯烃和三苯基氧化膦，该反应的实验在温和条件下、室温下就可以进行[1a]。Wittig 方法的一个有价值的特征是，生成双键的位置被明确确定的烯烃，这一点与许多通过消除和热分解反应生成烯烃相反。底物醛可以含有多种其他官能团，例如羟基、醚、酯、卤素和末端炔，这些官能团通常不干扰反应[1a,1b]。该反应可用于许多烯烃的合成，包括相当多的天然产物[1b,c,d]。通常，反应的区域选择性非常好，要么选择性的生成(Z)-（具有不稳定的叶立德）或(E)-烯（具有稳定的叶立德）。而对于亚苄基三苯基膦（中等活泼的内鎓盐）的情况，(Z)∶(E)选择性通常较差[1b]，并且其结果对反应条件显然非常敏感（见表 1）。

表 1 $Ph_3P=CHPh$ 和 PhCHO 反应生成:PhCH=CHPh

条目	碱	溶剂	(*Z*):(*E*)
1	PhLi	Et_2O	30 : 70[8]
2	BuLi	THF	60 : 40[5]
3	BuLi	C_6H_6	34 : 66[9]
4	$NaNH_2$	C_6H_6	44 : 56[4]
5	NaHMDS	C_6H_6	48 : 52[13]
6	NaOEt	EtOH	66 : 34[10]
7	NaOEt	EtOH	53 : 47[11]
8	NaOEt	DMF	74 : 26[11]
9	KO-*t*-Bu	*t*-BuOH	25 : 75[12]
10	NaOH	CH_2Cl_2/H_2O	59 : 41[6]

该叶立德具有其重要的历史意义,因为第一次广泛地尝试探索其与芳族醛的反应,来试图理解维蒂希反应的机理[1a,c]。遗憾的是,关键的 Ph_3PCHPh 和 PhCHO 的反应被证明是最难控制的维蒂希反应体系。表 1 显示当不同条件的反应进行时,该反应的(*Z*):(*E*)比率的没有连贯性[4-6],[8-12]。例如,在无锂盐情况下报道的(*Z*)选择性从 74%[11]到 25%[12]。诸如这些的戏剧性变化有时被引用来支持在维蒂希反应机制中的翻转、阳离子效应、阴离子效应、电子效应或溶剂效应[14]。最近的研究开始阐明这些机理问题并解释进行选择性反应的原因[15]。

在文献中,亚苄基三苯基正膦与脂族醛的维蒂希反应实例不常见,并且与芳族醛相比,(*Z*):(*E*)选择性差。然而,如果叶立德中磷取代基的结构发生变化,则可观察到反应选择性的显著变化。文献也已经报道过一些结构效应的例子。两个最引人注目的例子如反应式(1)和(2)所示[16]。

$$PhCH_2P(Ph)_2{=}CHPh + PhCHO \longrightarrow PhCH{=}CHPh \quad (Z):(E)=1:99 \tag{1}$$

$$[2\text{-}(MOMOCH_2)C_6H_4]_3P{=}CHPh + PhCHO \longrightarrow PhCH{=}CHPh \quad (Z):(E)=96:4 \tag{2}$$

参考文献

1. (a)Maryanoff,B. E. ;Reitz,A. B. Chem. Rev. 1989,89,863. (b)Gosney, I. ; Rowley, A. G. In Organophosphorus Reagents in Organic Synthesis; Cadogan,J. I. G. ,Ed. ;Academic:New York,1979. (c)Schlosser,M. Top. Stereochem. 1970, 5, 1. (d) Reucroft, J. ; Sammes, P. G. Q. Rev. , Chem. Soc. 1971,25,135.

2. Johnson,A. W. Ylid Chemistry;Academic:New York,1966.

3. References with detailed experimental procedures:(a)BuLi:Ward,W. J. , Jr. ; McEwen, W. E. J. Org. Chem. 1990, 55, 493. (b) KHMDS: Vedejs, E. ; Marth,C. F. ;Ruggeri,R. J. Am. Chem. Soc. 1988,110,3940

4. (a)Schlosser,M. ;Christmann,K. F. Justus Liebigs Ann. Chem. /Liebigs Ann. Chem. 1967, 708, 1. (b) House, H. O. ; Jones, V. K. ; Frank, G. A. J. Org. Chem. 1964,29,3327.

5. Allen,D. W. J. Chem. Res. (S)1980,384.

6. Märkl,G. ;Merz,A. Synthesis 1973,295.

7. A moderated ylide, $Ph_2MeP=CHPh$, has been isolated as a crystalline solid. See Ref. 3a. A detailed procedure for the isolation of several crystalline ylides is found in: Vedejs, E. ; Meier, G. P. ; Snoble, K. A. J. J. Am. Chem. Soc. 1981,103,2823.

8. (a) Wittig, G. ; Schöllkopf, U. Ber. Dtsch. Chem. Ges. /Chem. Ber. 1954, 87, 1318. (b) Bergelson, L. D. ; Shemyakin, M. M. Tetrahedron 1963, 19,149.

9. Bergelson,L. D. ;Barsukov,L. I. ;Shemyakin,M. M. Tetrahedron 1967, 23,2709.

10. Wittig, G. ; Haag, W. Ber. Dtsch. Chem. Ges. /Chem. Ber. 1955, 88,1654.

11. Bergelson,L. D. ;Shemyakin,M. M. Tetrahedron 1963,19,149.

12. Wheeler,O. H. ;Battle de Pabon,H. N. J. Org. Chem. 1965,30,1473.

13. Bestmann, H. J. ; Stransky, W. ; Vostrowsky, O. Ber. Dtsch. Chem. Ges. /Chem. Ber. 1976,109,1694.

14. See the review papers in Ref. 1.

15. Leading references only: (a) Vedejs, E. ; Marth, C. F. J. Am. Chem. Soc. 1988,110,3948. (b) Schlosser, M. ; Schaub, B. J. Am. Chem. Soc. 1982,

104, 5821. (c) Bestmann, H. J.; Vostrowsky, O. Top. Curr. Chem. 1983, 109, 85.

16. (a) (E) selectivity: Bandmann, H.; Bartik, T.; Bauckloh, S.; Behler, A.; Brille, F.; Heimback, P.; Louven, J. - W.; Ndalut, P.; Preis, H. - G.; Zeppenfeld, E. Z. Chem. 1990, 30, 193. (b) (Z) selectivity: Tsukamoto, M.; Schlosser, M. Synlett 1990, 605. Jeganathan, S.; Tsukamoto, M.; Schlosser, M. Synthesis 1990, 109.